W0260466

Erneuerbare Energien

Erzeugung, Speicherung,
Einsatzmöglichkeiten

Prof. Dr. Dr.-Ing. Herbert F. Mataré
Dr. Peter Faber

VERLAG

Die Deutsche Bibliothek – CIP-Einheitsaufnahme

Mataré, Herbert F.:
Erneuerbare Energien : Erzeugung, Speicherung,
Einsatzmöglichkeiten / Herbert F. Mataré ; Peter Faber. –
Düsseldorf : VDI-Verl., 1993

ISBN-13: 978-3-540-62102-7   e-ISBN-13: 978-3-642-86641-8
DOI: 10.1007/978-3-642-86641-8

NE: Faber, Peter:

Herstellung: PROserv, Berlin
Satz: Thomson Press India Ltd., New Delhi

Vorwort

Der Begriff „Erneuerbare Energien" ist heute zu einem Reizwort geworden, das durch seine ökologische, ökonomische und soziologische Bedeutung zu seiner angestammten technisch-wissenschaftlichen Dimension eine neue, starke politische Dimension entwickelt hat. So wird z.B. die Ernsthaftigkeit eines Parteiprogrammes in bezug auf ökologische Maßnahmen auch streng an dem Bekenntnis zum Aufbau „Erneuerbarer Energiequellen" gemessen.

Dabei wird dieses von Haus aus äußerst komplexe Unternehmen durch formal stark vereinfachte Forderungen und auch Angebote thematisch verzerrt und verfälscht, so daß ökologisch ernsthaft interessierte Menschen Mühe haben, versachlichend und dem Thema wirklich dienlich in die von Leichtfertigkeit und Mißbrauch gezeichnete Diskussion einzugreifen. Die Dinge liegen in Wahrheit nicht so einfach, wie mancher sich wünschen möchte.

Es gibt viele ausführliche Darstellungen zur Frage der alternativen – auch „sanft" genannten – Energiequellen. Nicht wenige versuchen durch einfache Berechnungen zu zeigen, ein Übergang zur Nutzung ausschließlich regenerativer Energiequellen könne rasch vollzogen werden – unter Durchsetzung konsequenter Sparmaßnahmen und Erhöhung der Wirkungsgrade industrieller und privater Anlagen, in einem Zuge mit dem konsequenten Abbau des Beitrages der Kernbrennstoffe und der fossilen Brennstoffe.

Wie kann der unvoreingenommene Leser sich vergewissern, ob er, diesen Darstellungen folgend, sich auf festem Grund bewegt. Wie kann der Finanzmann, dem sich ein breites Spektrum zu Investitionen bietet, abschätzen, ob sich seine Investitionen in Energieanlagen auszahlen werden.

Selten wird bedacht, daß die Ernährung aller Menschen dieser Erde mehr und mehr vom Energieeinsatz für die Produktion der Nahrungsmittel abhängig ist, dies besonders durch die wachsende Zahl der Menschen in Entwicklungsländern. Ein leichtfertiges Stillegen von Kraftwerken oder auch die infolgedessen erhöhte Abhängigkeit vom Öl können schwerwiegende Folgen haben.

Das vor uns liegende Projekt einer umweltverträglichen Energiepolitik ist so vielschichtig und komplex, daß es sehr genauer Analysen aller Faktoren bedarf, um sinnvolle Schlußfolgerungen für die Art und das Maß der notwendigen Schritte zu formulieren. Der Umbau der Energieversorgung wird Jahrzehnte in Anspruch nehmen. Die Realisierung bedarf aller noch zur Verfügung stehenden konventionellen Energiequellen. Das heißt nicht, daß ein Aufschub der Problemlösung angezeigt sei.

Dieses Buch soll helfen, die notwendigen Techniken einer umweltfreundlichen Energieerzeugung zu verstehen. Es soll Faktoren der Berechnung sowie Komponenten der natürlichen und technischen Möglichkeiten zusammenstellen, welche zu einer ökologisch verträglichen Energieversorgung führen können. Dabei dürfen weder unfundierter Optimismus noch einseitige und starre vorgefaßte Meinungen einen Platz finden.

Zunächst werden die zur Verfügung stehenden Alternativen zu unseren konventionellen Energiequellen beschrieben und ihre möglichen Beiträge dargelegt. Basierend auf der Entwicklung der letzten Jahre und den außerordentlichen Fortschritten in Technik und Material der photovoltaischen Bauelemente werden Fortschritte und Entwicklungen, die die nahe Zukunft bringen wird, abgeschätzt. Weil die so dringend notwendige Änderung der Energieproduktion nur in globaler Zusammenarbeit verwirklicht werden kann und auch nur unter Berücksichtigung der globalen Energieprobleme letztlich sinnvoll ist, sollen die besonderen Probleme der Energieverteilung erörtert werden. Die Kostenanalyse globaler Energieerzeugung und Verteilung wird so gut wie möglich durchgeführt. Dabei spielen die Themen Energie und Ernährung, der Fortschritt auf dem Gebiet der Verkehrselektrifizierung eine besondere Rolle. Die komplizierten Verhältnisse auf dem Gebiet der Umwelteinflüsse, besonders Probleme des Treibhauseffektes und des Ozonverlustes, werden genauer behandelt, da auf diesem Gebiet nur recht vage Vorstellungen vorherrschen.

Inhalt

0 Einleitung
Die Zukunft erneuerbarer Energien

Das Wort „Energie" umfaßt heute als Begriff alles, was mit der Erzeugung und dem Betrieb von Kraftanlagen zu tun hat.

Zum Überleben braucht der Mensch in wachsendem Maße Energie in allen Formen und für alle Betätigungsfelder seines Lebens, sei es sein täglicher Erwerb, seine kulturelle Entfaltung, seine eigene Fortbewegung, der Warentransport, die Bearbeitung des Bodens, die unübersehbare Produktpalette der Industrie — am wichtigsten aber seine Ernährung.

Die Zukunft erneuerbarer Energiequellen ist heute zu einem Kernproblem der Menschheit geworden. Der Golfkrieg hat demonstriert, welcher Stellenwert der Energiequelle Öl zukommt. Das Überleben im wahrsten Sinne des Wortes hängt von der Energie ab.

Nimmt man als Beispiel nur jene Energie, die getreideexportierende Staaten (USA, Kanada, Australien und Neuseeland) in Form von Kunstdünger, Maschinen- und Transportkraft, Bewässerung, Pestiziden etc. für 150 Millionen Tonnen Getreide aufzubringen haben, von deren Export ein Großteil der Weltbevölkerung lebt, so kommt man auf Kilowattstundenzahlen in der Größenordnung von 10^{11} kWh/annum. Allein für die Deckung des Nahrungsmitteldefizits der übrigen Welt, der GUS (frühere UdSSR) und der Dritten Welt müssen die genannten Erzeugerländer das gesamte Energieaufkommen von Staaten, wie Indien oder Brasilien, einsetzen; dies, weil der Energieeinsatz für die Kornherstellung bereits um Faktoren über dem Energiegehalt des gewonnenen Getreides selbst liegt—mit wachsender Tendenz [1].

Somit bewahrheitet sich mehr und mehr der Satz: „Our bread comes more from oil than from soil". Dies beleuchtet schlagartig, daß das Überleben eines großen Teiles der Menschheit eine direkte Funktion des Energieaufkommens ist.

Es kommt hinzu, daß das Bruttosozialprodukt in direktem Zusammenhang mit dem Energieaufkommen steht; auch noch in den hochindustrialisierten Ländern, in denen die Entwicklung der Hochtechnologie viele Arbeitskräfte auf das Dienstleistungsgewerbe verlagert hat.

Nun ist anzunehmen, daß das Öl als Hauptenergieträger nicht länger als bis zur Mitte des nächsten Jahrhunderts zur Verfügung stehen wird. Da Benzin je Volumeneinheit einen höheren Energiegehalt hat als selbst verflüssigter Wasserstoff (Faktor 4, siehe [1]), ist es nicht leicht, diesen für den Land- und Lufttransport so entscheidenden Brennstoff durch $(H_2)_L$ zu ersetzen.

Da alle fossilen Brennstoffe, wie Kohle und Gas, teurer werden, insbesondere wenn Umweltschäden eingerechnet werden müssen, so bleibt abgesehen von der Kernenergie im wesentlichen nur die Sonnenenergie. Zum Aufbau einer alle Länder versorgenden Solarenergietechnik wird aber zunächst Energie benötigt. Diese kann anfänglich nur von den konventionellen Energiequellen kommen.

Mit dem Übergang vom Energieträger Kohle zum Öl nach dem Zweiten Weltkrieg zeichnete sich eine wachsende Abhängigkeit aller Aktivitäten der Industriegesellschaft von der Verfügbarkeit dieser billigen und wirksamen Energiequelle ab. Die Vorteile der leichten Erschließung, der universalen Verfügbarkeit durch einfachen Transport und sichere Lagerung und nicht zuletzt die schier endlos erfolgreich scheinende Suche nach Ölquellen waren ein Grund für die starke industrielle Entwicklung auf der nördlichen Erdhalbkugel. Sie bescherte die Verbesserung der Lebensbedingungen mit der Folge weltweiten Zuwachses der Menschheit.

Die Herstellung von Kunstdünger aus der Energie des Erdöls als energiereiche Verbindung für den Einsatz in der Nahrungsmittelproduktion spielte hierbei eine entscheidende Rolle.

Welche Wirkung die Verfügbarkeit von Energie für die Menschheit hat, zeigte sich zum erstenmal am Beispiel Englands, als die ersten Dampfmaschinen (James Watt, 1736–1819) die Energie der Kohle für die menschliche Arbeit nutzbar machten. Die hierdurch eingeleitete Industrialisierung und der erleichterte Seetransport ließen die Bevölkerungsziffer exponentiell steigen. Heute strebt sie einer Sättigung zu (Abb. 0-1).

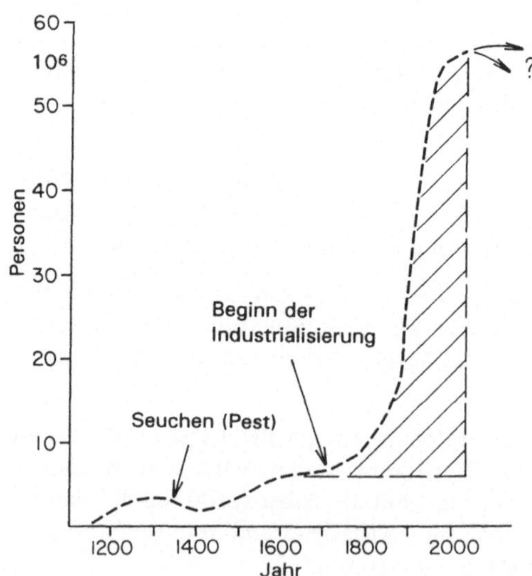

Abb. 0-1. Sättigung einer Industrie-Bevölkerung (Beispiel: England).

Für die Stagnation der Bevölkerungszahl in den Industrienationen gibt es mehrere Gründe. Jedoch ist die Verfügbarkeit von Energie auch hier der erste Grund. Die Verbesserung der Lebensbedingungen und Erhöhung der Lebenserwartung ermöglichte während der politischen Entwicklung auch die Verbesserung der Erziehung mit ihrem Einfluß auf den Lebensstil. Die Verwirklichung eines guten Lebensstils, der jedem einzelnen Menschen unserer Zeit die notwendige Entscheidungsfreiheit sichert, gewährt unsere Gesellschaft durch die Bereitstellung von Energie. Unter Außerachtlassung einer Komponente namens Verschwendung zeigt sich in unserer heutigen freiheitlichen, sozial geordneten und risikogesicherten Gesellschaft eine strenge Korrelation zwischen akzeptablem Lebensstil (Lebensstandard) und Energieverbrauch. So kann der Energieverbrauch einer Volkswirtschaft, angegeben in kWh/annum, als Maß für den Lebensstandard der Bevölkerung gelten.

Das anfangs sinkende Preisniveau für Öl hatte einen immer weiterreichenden Einfluß auf die Struktur der Arbeitswelt. Maschinenkraft erleichterte eine Fülle von Projekten in Stadt- und Straßenbau. Die Landwirtschaft wurde mehr und mehr mechanisiert. Viele ungelernte Arbeitskräfte übernahmen einfache Tätigkeiten zur Maschinenüberwachung.

Als dann um 1973 das Ölkartell (OPEC) entstand und die Ölpreise stark anstiegen, wurde die Tragik der großen Abhängigkeit vom Energieträger Öl klar. Der Ölschock betraf vor allen die USA. Dort hatte man den eigenen Ölvorrat stark abgebaut und sich schon fast bis zur Hälfte des Bedarfs von importiertem Öl abhängig gemacht.

Mit jeder Verknappung der Energie wächst die Arbeitslosigkeit—so auch damals mit der Ölpreiserhöhung durch die OPEC. Die Industriestaaten verstärkten ihre Bemühungen, die Abhängigkeit ihrer Wirtschaft vom Energieträger Öl zu verringern. Der Ausbau der friedlichen Nutzung der Kernenergie hat einen Beitrag zur Verringerung dieser Abhängigkeit geleistet. Dieser Beitrag wird aber aus vielen noch zu erwähnenden Gründen das Energiedefizit der Welt nicht decken können. Das gilt besonders für die Entwicklungsländer.

Dessen ungeachtet wird die Kerntechnik auch noch in absehbarer Zeit für die Energieversorgung der nördlichen sonnenarmen Industriestaaten eine bedeutende Rolle spielen müssen. Auch Gegnern der Kerntechnologie wurde klar, daß diese Energie nicht ohne Gefahr durch das Verbrennen von Öl und Kohle ersetzt werden kann. Die Abgase aus Öl- und Kohlekraftwerken enthalten in großer Menge Giftstoffe. Filter haben begrenzte Wirksamkeit. Das an sich ungiftige CO_2 kann zwar befristet gebunden werden, gelangt aber letztendlich doch immer in die Atmosphäre. Das führt zu einer weiteren CO_2-Dichteerhöhung in der Stratosphäre. Sie betrug um 1800 etwa 280 ppm und ist heute in den Bereich von 340 ppm gelangt. Da CO_2 im 15-μm Bereich des Strahlungsspektrums ein Absorptionsmaximum hat, agiert die CO_2-Schicht wie auch Wasserdampf als Wärmesenke und trägt so zur Erwärmung der Troposphäre bei. Dieser

Treibhauseffekt wird von Meteorologen für die gemessene graduelle
Temperaturerhöhung von 0, 8 Grad innerhalb der vergangenen hundert Jahre
verantwortlich gemacht (siehe Details dazu in Kapitel 15). Bis zum Jahre 2030
wird mit einer Erhöhung um 1 bis 3 Grad gerechnet. Die Folgen für die Umwelt
sind bereits drastisch dargestellt worden [2].

Im Hinblick auf die verbleibenden Energiequellen ergibt sich für die Menschheit
die Notwendigkeit, alle alternativen Energiequellen voll auszunutzen. Dabei
spielt die Solarenergie eine herausragende Rolle. Wenn auch der Schritt in eine
umweltfreundliche Energietechnik kostspielig ist, so zeichnen sich doch klar
Methoden ab, die zu einer wirksamen und ökonomisch tragbaren Umwandlung
der Weltenergieversorgung führen.

Diese Methoden und die damit zusammenhängenden neuen Techniken sollen
im folgenden Themenkomplex dargestellt werden.

Wir wollen zunächst eine Übersicht über die zur Verfügung stehenden Quellen
geben und dann besonders die Solartechnik diskutieren, die in den letzten Jahren
große Fortschritte zu verzeichnen hatte. Die Weiterentwicklung der Photovoltaik
hat zu hohen Wirkungsgraden geführt, was eine Grundbedingung für großtech-
nische Anwendung ist.

Nach Besprechung der Prinzipien und Methoden bei der Herstellung von photovoltaischen Zellen wird auch auf die modernen Materialtechniken eingegangen
und die Kombination von thermischen und photovoltaischen Energieerzeugern
erläutert.

Der Vollständigkeit halber wird auch auf Solarsatelliten mit zur Erde gerichteter
gebündelter Mikrowellenenergie eingegangen. Die Speicherung solarer Energie
ist ebenfalls ein wichtiger Punkt für die Ausnutzung dieser auf der Erde inter-
mittierenden Energiequelle, wenn man noch nicht von einem globalen Elektri-
zitätsverteilungsnetz ausgehen kann.

Die Kapitel 9 bis 11 (Dr. P. Faber) über elektrochemische Energiespeicher,
Brennstoffelemente und die Elektrotraktion ergänzen den Problemkreis. Schließlich müssen die möglichen alternativen Energiequellen im Zusammenhang mit
den globalen Bedürfnissen gesehen werden. Dazu wird in den Kapiteln 12 bis
16 kurz auf die Rolle eingegangen, welche die Energie auf dem Ernährungssektor
und in der Industrie spielt.

Das Buch enthält am Ende einige Modellrechnungen für größere Solaranlagen
sowie für die Wasserstoffherstellung und Erzeugung von Ammoniak.

Literatur:

[1] H. F. Mataré: „Energy, Facts and Future" CRC-Press Inc., 2000 Corporate Blvd. N.W. Boca Raton, Florida 33431; 1989 (im Folgenden auch als E.F.F. zitiert)

[2] Zwischenbericht der Enquete-Kommission des 11. Deutschen Bundestages: „Vorsorge zum Schutz der Erdatmosphäre" 9. März 1989. Deutscher Bundestag, Referat Öffentlichkeitsarbeit. Bonn 1989. Zweite, erweiterte Auflage

1 Übersicht über die erneuerbaren Energiequellen

1.1 Einleitung zum Problem der erneuerbaren Energiequellen

Alle wesentlichen Energiequellen stammen von der Sonne. Außer der direkten Einstrahlung stammen auch die fossilen Brennstoffe, wie Kohle, Öl und Erdgas, von organischen Substanzen, die ihre Energie zum Wachstum von der Sonne bekamen und unter Luftabschluß in Jahrmillionen ihren Wasseranteil verloren und zu Kohlenwasserstoffen bzw. Kohle kondensierten.

Ebenso sind die Erdgasfunde durch die Zersetzung organischer Stoffe zu erklären, so wie die Biomasse (so auch Exkremente) zur direkten Erzeugung von CH_4 führt.

Die Energie des Windes ist Sonnenenergie, da Wärmefluß, Seewasserverdunstung, Luftturbulenzen etc. eine Folge der Sonneneinstrahlung sind.

Außerdem ist die in Flußläufen ausnutzbare Wasserkraft, bei der die Regenwassersammlung (Meerwasserverdampfung) in Gefälleunterschieden bzw. Talsperren verwandt wird, eine direkte Funktion der Sonneneinstrahlung. Auch die Ozeanwellenenergie hat ihren Ursprung in der durch Wind angeregten Wasserbewegung als Folge lokaler Temperaturunterschiede.

Dagegen sind radioaktive Mineralien, wie Uranerze, erdimmanente Elemente und auch die Erdwärme ($+30\,°C/km$) planetentypische Attribute aus der Entstehungszeit vor 4 Milliarden Jahren.

Diese Energiequellen sind, verglichen mit direkter Sonneneinstrahlung, nicht erneuerbar.

Eine andere erdimmanente Energiequelle ist z.B. auch die Gezeitenbewegung der Meere, die durch die Erdrotation sowie die Gleichgewichtsstörung durch den Mond hervorgerufen wird.

Schließlich gibt es Vorschläge zur Ausnutzung der Osmose dort, wo Süßwasserflüsse in den Ozean einmünden. Da aber der osmotische Druck eine Funktion des Diffusionsflusses durch semipermeable Wände ist, ergibt sich für eine brauchbare Leistung, d.h. genügend Durchfluß und Wassersäulendifferenz, eine ungeheuer hohe Zahl, d.h. Fläche von semipermeablen Wänden (Bereich $10^8\,m^2$) [1]. Dies ist ein technisch noch ungelöstes Problem.

Die Biomasse als Energiequelle, z.B. in Form von CH_4 und einfach als Verbrennungsmaterial, verdient Erwähnung, wenn man bedenkt, daß in Industrieländern je Person rund 300 kg Hausmüll/a anfallen.

Die Ausnutzung aller erneuerbaren Energiequellen ist entscheidend für die neueren Szenarien einer umweltfreundlichen Energietechnik. Denn sowohl bei der Solarenergienutzung als auch bei den Wasserkraftwerken, der Ozeanenergie und der Windenergie sind die Umweltschäden sehr gering. In keinem Fall werden die Schadgase CO_2, CO, H_2S, SO_2, NO_x erzeugt. Nur im Falle einer Ausnutzung der Biomasse, entweder durch CH_4-Herstellung oder durch Verbrennung, entstehen die genannten Gase. Sie können aber wie bei der Kohleverbrennung (s. E.F.F.) durch entsprechende Filterung aufgefangen werden.

Die Sonne ist als ein riesiger Fusionsgenerator aufzufassen, in dem Wasserstoff zu Helium verbrennt und dabei Energie in Form breitbandiger Strahlung auf die Erde sendet. Die Sonne verliert täglich dabei 360 Milliarden Tonnen Masse. Da die gesamte Sonnenmasse zu $3,4 \times 10^5$ Erdmassen angegeben ist, also rund 10^{27} Tonnen beträgt, bedeutet ein Verlust von 36×10^{10} Tonnen/Tag oder 13×10^{13} Tonnen/Jahr eine Lebensdauer von 10^{13} Jahren. Aber schon nach 10 Milliarden Jahren wird der Wasserstoff auf der Sonne erschöpft sein. Man kann überdies voraussagen, daß die Erde lange vor diesem Zeitraum für organisches Leben unbrauchbar geworden sein wird. Die Sonne wird vorher zu einem roten Riesenstern degeneriert sein, der die Erde dabei verschlingt (s. Hertzsprung-Russel-Diagramm) [2].

Nach menschlichem Maßstab ist die Sonnenenergie und damit alle von ihr abhängigen sekundären Energieträger, wie Wasserkraft, Wind und auch Biomasse, erneuerbar.

1.2 Solarenergie

Gibt man die Solarenergie an, die extraterrestrisch auf die Erde fällt, so ergibt sich ein hoher Wert von $1,5 \times 10^{18}$ kWh/a [3]. Man kann diesen Wert jedoch nicht einfach mit Verbrauchsenergiewerten auf der Erde in Beziehung setzen bzw. vergleichen, da die ungestörte Einstrahlung auf die Stratosphäre allenfalls von den geplanten Sonnenenergiesatelliten umgewandelt werden könnte (s. E.F.F. und Kap. 6).

Geht man vom Spitzenwert 1 kW/m² Einstrahlung auf der Erde aus, so erhält die Erde (Halbkugel mit $2,5 \times 10^8$ km²) etwa $2,5 \times 10^{17}$ Watt Strahlungsenergie. Die entsprechende Leistung in kWh/annum hängt nun von der geographischen Breite, der mittleren Einstrahldauer (Bewölkung), der Solarzellenausrichtung etc. ab. Nimmt man hier z.B. den Mittelwert von 3 kWh/m² Tag (Südeuropa) an, entspricht dies einer jährlichen Einstrahlung auf die Halbkugel von $2,5 \times 10^8$ TWh/a oder $2,8 \times 10^4$ TWa/a.

Bei einer angenommenen mittleren Einstrahlung von 1 kWh/m² Tag (nördliche Halbkugel) sind das ungefähr 10^8 TWh/annum. Zum Vergleich: Der Weltenergieverbrauch beträgt rund 10^5 TWh/a. Daher ist die globale Solarenergieeinstrahlung etwa einen Faktor 1000 höher. Es ist zu bedenken, daß dies die gesamte Halbkugel betrifft, Ozeane eingeschlossen.

Für die USA mit einer Landfläche von 5×10^6 km^2 und einer mittleren täglichen Insolation von 3 kWh/m^2 ist die insgesamt eingestrahlte Energie $15 \times 10^{12} \times 365$ kWh/a $= 5,5 \times 10^{15}$ kWh/a. Während dies zwar 100mal mehr als der US-Energieverbrauch von 2×10^{10} MWh/a ist, so ist zu bedenken, daß die Solarenergie für die gesamte Fläche und für 100% der Insolation gilt.

Moderne Solarkraftwerke mit III-V-PV-Zellen und Kogeneration machen aber bestenfalls 50% Umsatz in Elektrizität, so daß man über $2,3 \times 10^{15}$ kWh/a verfügt. Also müßte man eine Fläche von 1/100 der USA mit Solaranlagen bedecken, um die gesamte Energie mit der Sonne zu erzeugen: 5×10^4 km^2 oder 224 km $\times$ 224 km.

In kleinerem Maßstab dient die Sonnenenergie jedoch als bedeutende Zusatzquelle. Die Wirkungsgrade der Solarzellen, die Licht direkt in Strom verwandeln, haben in Form der III-V-Konzentratorzellen Werte über 30% erreicht (s. Kap. 3).

Eine 1 km^2 große PV-Solaranlage mit $\eta = 30\%$ Umsatz und einer Insolation von 5 kWh/m^2 Tag (z.B. Südspanien, Südasien, Arizona oder Kalifornien) könnte $5,47 \times 10^8$ kWh/km^2 a erzeugen.

Die USA importieren 7×10^6 Barrel Öl am Tag oder $2,55 \times 10^9$ Barrel pro Jahr, was $4,2 \times 10^{12}$ kWh Energie entspricht. So stellt die Energie eines 30% wirksamen Solarkraftwerkes von 1 km^2 Fläche gerade $10^{-2}\%$ der importierten Ölquote dar. Um das importierte Öl durch Solarenergie (solaren Wasserstoff) zu ersetzen, müßte man ein Solarkraftwerk mit einer Fläche von rund 10^4 km^2 (100 km $\times$ 100 km) aufbauen.

In Deutschland kann man mit einer Einstrahlung von höchstens 2 kWh/m^2 Tag rechnen. Wollte man nun z.B. den Elektrizitätsverbrauch der Landwirtschaft (etwa 100 TWh/a) durch Solarstrom ersetzen, so müßte man also $45,5 \times 10^3$ km^2 mit Solarzellen bedecken oder eine Fläche von 213 km $\times$ 213 km.

Oder wollte man z.B. nur die in Deutschland verheizte Braunkohle von 40×10^6 t SKE/a $= 40 \times 10^6 \times 0,9 \times 10^{-9}$ TWa/a $= 36 \times 10^{-3}$ TWa/a $\approx 3 \times 10^8$ MWh/a durch Solarenergie ersetzen, so müßte man dafür bei einer 50% wirksamen Anlage eine Fläche von 820 km^2 oder 29 km $\times$ 29 km mit Solarzellen bedecken.

Es ist eine typische Eigenschaft der Solarenergie, große Flächen zu benötigen. Insofern ist die Solarenergie vergleichbar der Agrartechnik, bei der ebenfalls die Sonnenenergie durch große Flächen aufgefangen werden muß.

Die modernen PV (photovoltaischen)-Zellen, die mit Konzentration arbeiten, nutzen das Sonnenspektrum besser als normale Siliziumflachzellen. Wenn außerdem die Wärmestrahlung durch Kogeneration mit Generatoren ausgenutzt wird, so kann in sonnenreichen Gegenden die notwendige Fläche durchschnittlich auf 1/5 verringert werden bei gleichem Energiegewinn.

Schon bei einem Wirkungsgrad von 30% liefert eine Solaranlage 330 GWh/km^2 a (bei einer mittleren Insolation von 3 kWh/m^2 Tag), was einer installierten Energie von etwa 40 MW$_i$ je km^2 entspricht. Für eine 1000-MW-Anlage, die einer normalen Kohle- bzw. Kernkraftanlage entspricht, wären also etwa 25 km^2 Fläche erforderlich.

Es sind Rechnungen angestellt worden, wonach die jährlich in Deutschland gedeckten Dachflächen von 60 000 m^2 etwa 6 TWh/a liefern könnten [4]. Dies entspräche dem Verbrauch an Strom für Licht aller Haushalte in der Bundesrepublik oder dem Elektrizitätsverbrauch der Nahrungsmittelindustrie [5].

Man kann leicht zeigen, daß hier zu optimistisch gerechnet wurde: Nimmt man an, daß die mittlere Sonneneinstrahlung 2 kWh/m^2 Tag ist (was dem Wert für Süddeutschland entspricht), so sieht man, daß die 60 000 m^2 Dachfläche einen sehr viel geringeren Beitrag leisten. Wir gehen von PV-Zell-Wirkungsgraden im 10%-Bereich aus, was bei der beliebigen Orientierung der Dächer optimistisch ist. Man erhält die Gesamtleistung:

$$E = 60\,000 \times 365 \times 0,2 \text{ kWh/a} = 4,38 \text{ GWh/a,}$$

also 1/1000 der in [4] angegebenen Leistung. Diese Jahresleistung der 60 000 Dächer erbringt ein normales 500-MW-Kraftwerk, das zu 80% im Jahr betriebsbereit ist, in weniger als 10 Betriebsstunden.

Um eine Kernkraftanlage von 1000 MW installierter Leistung und 80% Einsatzbereitschaft zu ersetzen, würde man bei einer angenommenen mittleren Einstrahlung von 2 kWh/m^2 Tag eine Fläche von 100 km^2 benötigen, wenn man mit 10%-wirksamen Zellen (Silizium) auf nach Süden ausgerichteten Dächern arbeiten würde. Dies entspricht einer Fläche von 100×10^6 m^2. Bei einer mittleren Dachfläche von 100 m^2 ist dies also eine PV-Dachbedeckung für eine Million Häuser!

Das vom BMFT (Bundesministerium für Forschung und Technologie) lancierte 1000-Solardächer-Projekt liefert also bestenfalls pro Jahr: $E = 1000 \times 100 \times 2 \times 365$ kWh/a $= 730 \times 10^2$ MWh/a. Diese Leistung wird von einer 500-MW-Kraftstation in 7 bis 8 Tagen geliefert.

Man sieht hier, daß die Vorausberechnungen des Einflusses der Solarenergie auf die Energiebilanz in den Industriestaaten der nördlichen Halbkugel mit Vorsicht zu behandeln sind. Weder die Solarenergie noch die benötigte Landfläche sind vorhanden, um z.B. die Kernkraftwerke auch nur lokal zu ersetzen. Nur die großen südlichen Wüstengebiete (Arabien, Afrika) erlauben die Errichtung großer Solarkraftwerke (s. E.F.F.).

Wenn berechnet wird, daß z.B. 7,2% des Energieaufkommens Deutschlands oder 20×10^6 t SKE/a durch Solaranlagen zu gewinnen wären, dann wären also $1,6 \times 10^8$ MWh/a zu erzeugen. Nimmt man eine mittlere Insolation von 2 kWh/m^2 Tag oder 730×10^3 MWh/a an (sonnenreiches süddeutsches Gebiet), so ergibt sich bei 10%-Ausnutzung eine Fläche von 2200 km^2 (47 km × 47 km). Eine Annahme vor nur 425 km^2 [6] würde bedeuten, daß mit 50% Wirkungsgrad gerechnet wird, was nur in wolkenlosen Gebieten mit III-V-Kogenerationsanlagen und nach Aufnahme der Massenproduktion der III-V-Zellen zu verwirklichen wäre (Ausnutzung der Wüstengebiete der Erde).

Die früheren einschränkenden Überlegungen zur Anwendung von alternativen Energiequellen gelten grundsätzlich noch heute [7], auch wenn inzwischen besonders die Technik der photovoltaischen Zellen entscheidende Fortschritte gemacht hat. Die in [7] berechneten Beiträge, z.B. der thermischen Solarkollektoren (0,8% des Primärenergiebedarfs von 500 Millionen Tonnen SKE = 8 MWh × $5 \times 10^8 = 4 \times 10^9$ MWh/a oder ein Beitrag von 3×10^7 MWh/a ergibt bei einer mittleren Insolation von 2 kWh/m^2 Tag eine bedeckte Fläche von 40 km^2 oder rund 10 000 Dachflächen), sind konservativ. Sie zeigen aber klar die Kosten, die hier entstehen. Bezüglich der photovoltaischen Zelle zeigen schon frühe Übersichten [8], daß die Technik der Siliziumzellen und der III-V-Zellen, insbesondere der GaAs-basierten Heterojunktionszellen, die höchsten Wirkungsgradwerte realisieren. Alle außerhalb der III-V-Gruppen erstellten Kombinationen, die besonders die II-VI-Gruppen einschließen, wie Zink, Cadmium, Quecksilber bzw. Schwefel, Selen und Tellurium, erweisen sich aus zwei Gründen als wenig brauchbar:

1. Die Schwierigkeit kristalliner Darstellung und Instabilität. Im amorphen Zustand treten die bekannten Probleme Bindungsinstabilität und niedrige Aktivierungsenergie der Wasserstoffbindung hervor.
2. Der Ionenanteil an der Gitterbindung und damit der höhere Bandabstand führen zu Dotierungsschwierigkeiten.

Dagegen liefert die III-V-Heterojunktion stabile Bauelemente, deren Anwendungen weit über das Gebiet der Solarzellen hinausgehen und welche die erstaunliche Erweiterung der Si-Elektronik eingeleitet haben (Laser, LED's, Mikrowellenbauelemente, opt. Computer u.a.m.) [9 bis 11].

Die Fortschritte auf dem Gebiet der III-V-PV-Solarzellen sind so, daß heute ernsthaft Kombinationen von PV-Zellen unter Konzentration im Verein mit Wärmekraftmaschinen in sonnenreichen Gebieten als Alternative zum Öl geplant werden. Da die Preise per kWh bei höheren Fertigungskapazitäten mit den Preisen bei Kohlekraftwerken und auch Kernkraftwerken konkurrieren können, wenn Umweltschäden und ihre Kosten einfakturiert werden [6], kann man solche Anlagen besonders in Entwicklungsländern einplanen. Es kommt hinzu, daß Betrieb und Wartung von Solaranlagen durchaus von einer wenig geschulten Bevölkerung übernommen werden können. Das ist bei Anlagen für fossile Brennstoffe und besonders bei Kernkraftanlagen nicht möglich.

1.3 Hydroelektrizität

Die Ausnutzung von Wasserkraft an Niveauunterschieden ist eine alte Methode der Energiegewinnung. Die Wassermühle ist zwar nur ein Relikt, wo sie erhalten ist, aber das Potential der Wasserkraft ist von großer Bedeutung. Für Westdeutschland (frühere Bundesrepublik) wird dieses Potential im MW-Bereich, genauer mit 26,9 TWh/annum angegeben. (Heutige Leistung für Anlagen unter sowie über 1 MW liegt bei 15,53 TWh/a.)

Es wird angegeben, daß diese Leistung bis zum Jahre 2020 7,5% des westdeutschen Gesamtverbrauchs bedeuten könnte [6]. Diese Zahlen sind optimistisch. 26,9 TWh/a entspräche dem gesamten Verbrauch in Deutschland für Licht, Herd und Warmwasserbereiter [5]. Da die hydroelektrischen Anlagen in Deutschland in der Größenordnung von 10 bis 20 MW liegen, würde eine solche Leistung 10 000 Wasserkraftanlagen erfordern. Da auch Talsperren mit ihren Landschaftsveränderungen, Verdunstung und Wärmekapazität Umweltstörung verursachen, ist ein solcher Ausbau, insbesondere am Rhein, unwahrscheinlich.

Eine der größten Wasserkraftanlagen befindet sich in Brasilien (das Itaipu-Kraftwerk, das für 12 GW angelegt wurde). Besonders in Ländern mit großen Flußläufen besteht noch die Möglichkeit des Ausbaues der hydroelektrischen Generatoranlagen. Im allgemeinen deckt die Wasserkraft etwa 1% des Energieaufkommens ab. Nur in Ländern mit starker Gebirgsstruktur, wie Schweden und die Schweiz, liegt dieser Prozentsatz höher. In vielen Fällen erreicht der Wirkungsgrad dieser Anlagen 85% für die Transformation von kinetischer in elektrische Energie. (Für die weltweit mögliche Erweiterung der hydroelektrischen Option siehe E.F.F.)

In den Entwicklungsländern besteht noch ein großes ungenutztes Potential in der hydroelektrischen Option. Nicht in allen Fällen wird jedoch ein Ausbau erwünscht sein. Wie jede Energiequelle, so hat auch diese ihre Umweltprobleme. Stärkere Wasserverdunstung durch Stauseen wird Wetter- und Grundwasserspiegeländerungen verursachen sowie das Salzniveau erhöhen. Solch ökologische Gleichgewichtsstörungen sind reichlich bekannt (siehe Assuan-Damm). In diesem Zusammenhang sei der interessante Plan erwähnt, das Grönland-Schmelzwasser in Bahnen zu leiten, so daß es Turbinen antreiben kann. Wenn man annimmt, daß etwa 2% der Eisfläche von $1,5 \times 10^6 \, km^2$ so genutzt würden, ergäbe eine Fläche von $4 \times 10^4 \, km^2$ mit Abschmelzhöhen von 1 bis 2 m während der Sommerzeit eine Wassermenge von optimal $10^{11} \, m^2/a$.

Eine Fallhöhe von 3,3 km multipliziert mit Erdbeschleunigung und Dichte ergibt die potentielle Energie.

Mit einer Annahme von nur 2 km Fallhöhe erhält man eine potentielle Energie von 10^{18} Joule. Also könnte man bei einem angenommenen Wirkungsgrad von 85% eine Kraftwerksleistung von 25 G Watt gewinnen und mit etwa 20

Kraftwerken dieser Art genügend Wasserstoff örtlich erzeugen und verflüssigen bzw. in Rohrleitungen einspeisen, um 2% des weltweiten Heizungsbedarfs zu befriedigen [1].

Wie bei allen Anlagen zur Ausnutzung der erneuerbaren Energiequellen ist auch hier der erste Kostenaufwand unverhältnismäßig hoch.

1.4 Ozeanenergie

Hier gibt es die Optionen der Energieausnutzung:

—durch die Wellenbewegung,
—durch den Gezeitenschub.

Im ersten Fall wird die durch den Wind angefachte Wasserbewegung in potentielle Energie verwandelt bzw. in Turbinen zu Strom verarbeitet. Die technische Anwendung der Wellenenergie lohnt sich nur in Ozeangegenden mit entsprechend hohem Wellengang. Man kann dabei sowohl die potentielle wie die kinetische Energie ausnutzen.

Im ersten Fall werden die Wellenbewegung bzw. der Wellenhub oder die Druckschwankungen unter der Oberfläche ausgenutzt. Im zweiten werden der Wellenlauf ausgenutzt bzw. die Brandungswellen in Küstennähe.

Eine Berechnung der Wellenenergie für den Fall der Ausnutzung des Wellenhubs gemäß Abb. 1-1 basiert auf der Differenz der potentiellen Energie ΔE_p zwischen Wellenberg und Wellental und der Frequenz f_ω. Die abgegebene Leistung ist $L = \Delta E_\mathrm{p} \times f_\omega$. ΔE_p errechnet sich auf Grund der bewegten Wassermasse M.

Bei Annahme einer Sinuswelle der Breite b, Höhe h und Wellenlänge λ entlang der x-Achse, ergibt sich:

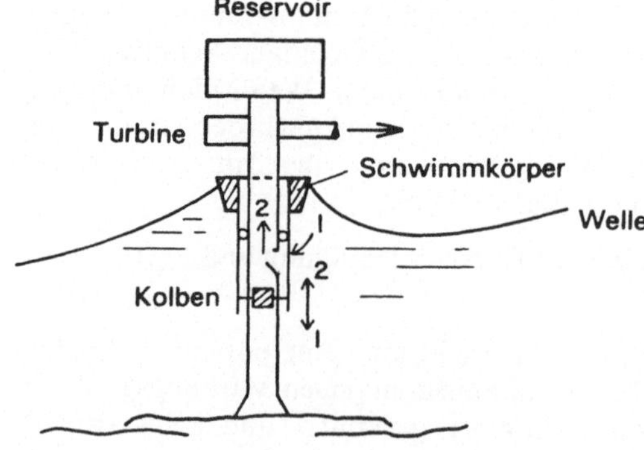

Abb. 1-1. Wellengenerator. Die Wellenbewegung hebt den Schwimmkörper an, der einen Kolben nach oben mitnimmt, wodurch Wasser in das Reservoir bzw. die Turbine dringt. Bei Abwärtsbewegung ist das Ventil geschlossen.

$$M = b\rho_{\mathrm{H_2O}}(h/2) \int_0^{\lambda/2} \sin(2\pi x/\lambda)\,\mathrm{d}x,$$

$$M = b\lambda h/2\pi \, (\rho_{\mathrm{H_2O}} = 1 \text{ gesetzt}).$$

Nun ist die Differenz der potentiellen Energie zwischen Wellenberg und Wellental $\Delta E_{\mathrm{p}} = Mg2\,h_{\mathrm{s}}$, mit $h_{\mathrm{s}} =$ Schwerpunktshöhe und $g =$ Erdbeschleunigung ($10\,\mathrm{m/s^2}$).

Die Schwerpunktshöhe errechnet sich in diesem Fall zu $h_{\mathrm{s}} = \pi h/16$. Damit wird $\Delta E_{\mathrm{pot}} = M\,g\pi h/8$, also mit M:

$$\Delta E_{\mathrm{pot}} = b\,g\lambda h^2/16.$$

Die Leistung L für praktische Fälle ist groß. Wenn z.B. die Wellenlänge $\lambda = 50\,\mathrm{m}$, die Wellengeschwindigkeit $v_{\mathrm{w}} = 9\,\mathrm{m/s}$, so ist die Frequenz: $f_\omega = v_\omega/\lambda = 9$ m/s/$50\,\mathrm{m} = 0,18\,\mathrm{sec^{-1}}$. Mit $h = 5\,\mathrm{m}$ und $b = 100\,\mathrm{m}$ z.B. ergibt sich eine Leistung $L = 14\,\mathrm{M\,Watt}$.

Die technischen Schwierigkeiten, eine $100\,\mathrm{m}$-Wellenfront im Meerwasser in einem stabilen Gerät zu nutzen, sind allerdings hoch. Viele Vorschläge liegen vor, die meist vom Prinzip eines Schwimmkörpers (Boje) ausgehen, durch deren Auf- und Abbewegung eine Pumpe betrieben wird, durch welche das Wasser in ein höher gelegenes Reservoir gepumpt wird, von wo aus es in Turbinen geleitet wird. Während die einfachste Form (Abb. 1-1) aus einem Saugrohr mit Ventil besteht, laufen andere Vorschläge auf größere Strukturen am Meeresboden hinaus, bei denen der Schwimmkörper die Pumpbewegung auf eine tiefer gelegene Turbinen-anlage überträgt (Abb. 1-2). Korrosionssicherer Aufbau erfordert neueste Kompositmaterialien und SiC-Schmierung, wobei auch die Wartung ein schwie-riges Problem ist.

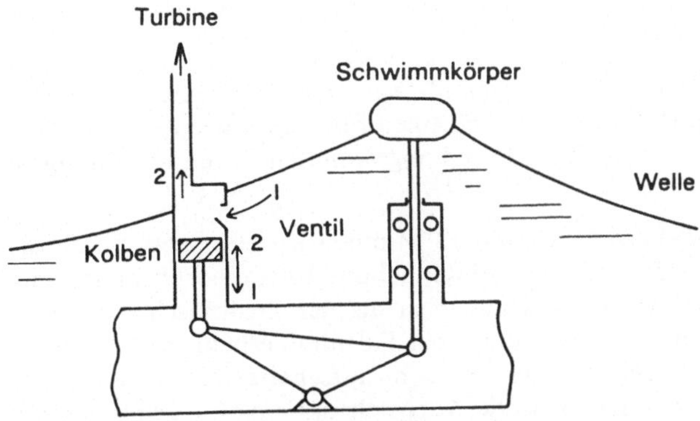

Abb. 1-2. Wellenpumpanlage mit Hebelübertragung vom Schwimmkörper zur Pumpe bzw. Turbine.

Andere Arten der Ausnutzung von Wellengang basieren auf der direkten mechanischen Übertragung der Wellenbewegung, wobei z.B. Bojen oder Schwimmkörper ihre Bewegung direkt auf ein Getriebe zum Antrieb von elektrischen Generatoren übertragen.

Nimmt man z.B. an, daß jeder Schwimmkörper eine Wasserverdrängung von $30\,m^3$ hat, so verdrängen 4 solcher Bojen $120\,m^3$ Wasser. Nehmen wir einen Wellengang von $1{,}20\,m$ an, der im Mittel um $0{,}6\,m$ schwankt und dabei also $72\,m^3$ verdrängt, so ist das Wassergewicht $72 \times 10^3\,kg$ oder 72 Tonnen und entspricht einer Bewegungsenergie von $72 \times 10^3 \times 0{,}6\,mkg = 43{,}2 \times 10^3\,mkg$. Bei einem Wellengang von 10 Wellen/Minute ergibt sich eine Verdrängungsenergie von $4{,}3 \times 10^5\,mkg/min$ oder $258 \times 10^5\,mkg/h = 7 \times 10^4\,Watt$.

Daher erzeugt ein Boberarm mit 4 Bojen $168 \times 10^4\,Wh$ am Tag. 10 dieser Arme würden $16\,MWh/Tag$ liefern. Berechnet man den Wert der kWh mit $0{,}10\,DM$, so bedeutet dies ein Einkommen von $1600\,DM/Tag$ oder $584\,000\,DM/Jahr$. Die anfallenden Investitionskosten sind zwar sehr hoch, aber eine Amortisierung über längere Zeit wäre durchaus gesichert, da weder Umweltschäden entstehen, noch Material zu transportieren ist. Höhere Kosten verursacht die Wartung der Geräte im korrodierenden bewegten Medium.

Wie für alle Kraftanlagen, die erneuerbare Energiequellen verwenden, ist die Installation aufwendig. Über längere Zeiträume können diese Anlagen jedoch mit konventionellen, nicht erneuerbaren energiebasierten Anlagen konkurrieren.

Im zweiten Fall der Ausnutzung des Gezeitenschubs wird die durch die Erdrotation und deren Störung durch die veränderliche Mondanziehung und die Sonnengravitation entstehende zyklische Wasserbewegung ausgenutzt. Zusätzlich zur Fliehbeschleunigung $\vec{b}_f$ erfährt jeder Massenpunkt der Erde durch den Mond eine Gravitationsbeschleunigung $\vec{b}_m$, wobei der Abstand eines Massenpunktes vom Mond jeweils um den Erdradius variiert. Dabei hat $\vec{b}_m$ die Größe von $(3{,}32 \pm 0{,}11) \times 10^{-5}\,m/s^2$ (zum Vergleich: Die Erdgravitationskonstante ist $g = 10\,m/s^2$).

Von Bedeutung sind nur die tangential zur Erdoberfläche wirkenden Komponenten dieser Kraft. Sie verursachen einen Flutberg sowohl auf der dem Mond zugewandten als auch der dem Mond abgewandten Seite in 6-stündigem Wechsel.

Eine Verschiebung des Tidenwechsels um 13 Minuten ist verursacht durch die Rotation des Mondes um die Erde. Die Flutanhebung bzw. die Ebbeabsenkung beträgt durchschnittlich 1 Meter, was höher ist als der theoretisch errechnete Betrag von $50\,cm$. Resonanzeffekte können den Tidenhub erheblich vergrößern. Er kann sich in einzelnen Buchten bis auf $20\,m$ aufschaukeln. Daher werden solche Stellen insbesondere für Kraftwerke vorgesehen. Es gibt z.Zt. nur wenige Stellen, an denen der Tidenwechsel energetisch ausgenutzt wird, z.B. in der Bucht von St. Michel in Frankreich (Rancemündung) mit einer Leistung von 240 MWatt sowie in der Barents-See bei Kislogubsk mit einer Leistung von 300 kWatt.

Die größeren projektierten Leistungen würden sich ergeben

—in der Mesen-Bucht des weißen Meeres (Rußland):   14 GW
—in der Bucht des Mont-Saint-Michel, Chansey-Insel (Frankreich):   10 GW
—in der Fundy-Bay (USA/Canada):   10 GW
—im Bristol-Kanal, Severn-Mündung (England):   35 GW
—im Indischen Ozean, The Kimberleys (Nordwestaustralien):   bis 270 GW [1]

Wie zu sehen ist, sind solche Leistungswerte einen Faktor 10 höher als die der größten Kernkraftwerke, könnten also 10 solcher Anlagen ersetzen.

1.5 Windenergie

Die Windenergie hat ihren Ursprung in der Sonneneinstrahlung. Sie stellt 2% der Insolationsenergie dar. Die Ausnutzung der Windenergie ist über 5000 Jahre alt. Schon die Ägypter bauten Segelschiffe. Die Windräder haben ebenfalls eine alte Geschichte in ihrem Einsatz als Energiespender für mechanische Arbeit. Windstärke und Windhäufigkeit sind am höchsten in Küstennähe. So haben diese Landstriche historisch den größten Anteil an der Entwicklung der Windräder. Die Ausnutzung des Windes muß in einer Höhe von mindestens einigen Metern erfolgen wegen der Verringerung der Windstärke nahe dem Erdboden durch Reibung. In Küstengegenden liegt die Windstärke bei 4 bis 6 Metern pro Sekunde in etwa 10 m Höhe vom Boden. In den Zonen der Arktis beträgt die Windstärke bis zu 8 m/s, d.h. bis zu 30 km/h. Im Landesinnern erreicht die Windstärke selten Werte über 4 m/s (15 km/h).

Die Berechnung der Windenergie geht vom Druck auf eine Oberfläche aus. Die Bewegungsenergie ist:

$$E = M v^2/2 = (v \cdot \rho_L) v^2/2$$

Hier ist ρ_L die Dichte der Luft in kg/m^3 (1,29 kg/m^3); v in m/s ist die Windgeschwindigkeit. Drückt man E pro Flächeneinheit aus, so folgt:

$$E/F = (\rho_L/2) v^3 \left[\frac{\text{mkg/s} \times b}{m^2} \right]$$

b in m/s^2 ist die Beschleunigungsgröße, wobei sich E/F in Watt/m^2 (kg/s^3) ergibt.

Im allgemeinen Fall müßte die Kraft des Windkonverters also mit der dritten Potenz der Windgeschwindigkeit zunehmen. In praxi ergibt sich jedoch für jedes Windrad eine obere Windgeschwindigkeit v, bei der die Kraft wieder abnimmt. Das ist jene Geschwindigkeit, bei welcher das Verhältnis λ = Flügelkanten-

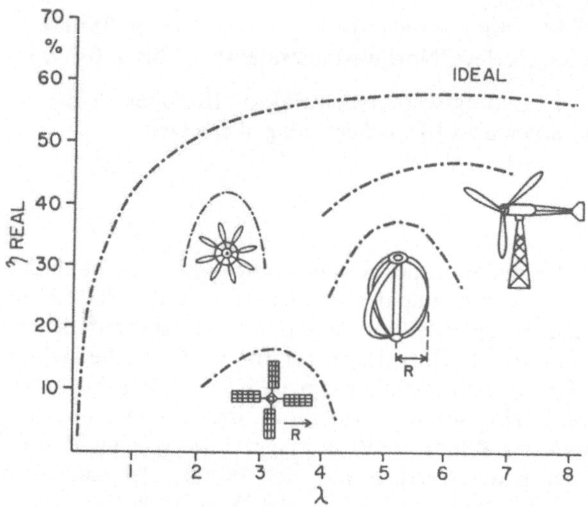

Abb. 1-3. Wirkungsgrad η in in % für die verschiedenen Windgeneratoren, aufgetragen gegen λ (Verhältnis von Blattkanten-Geschwindigkeit/Windgeschwindigkeit).

geschwindigkeit/Windgeschwindigkeit einen bestimmten Wert überschreitet. Die Begründung liegt darin, daß dann eine Bremsung der Flügelbewegung durch den Luftstrom erfolgt. Dies erklärt den steilen Abfall von η in %. Wie Abb. 1-3 zeigt, ist dieser Punkt bei modernen Windradformen weiter nach höheren λ-Werten verschoben. Dabei nimmt auch der Wirkungsgrad des Windmotors zu, der im Idealfall bei 55% liegt. Die optimale Windgeschwindigkeit hat für die verschiedenen Formen verschiedene Werte. Z.B. liegt η beim Bandrotor maximal bei 36% (für $\lambda = 5$), wobei keine Verbesserung für Windgeschwindigkeiten über 12 m/sec zu erhalten ist. Beim drehbaren Propellertyp liegt λ bei 6 und η ist etwa 40% [1, 12].

Dieser Windrotortyp kann höheren Windgeschwindigkeiten standhalten. Die Energiewerte solcher Windgeneratoren liegen im 1 bis 10 kWatt-Bereich. Größere Systeme, wie der bekannte Growian (150 m Höhe), erreichen 2 bis 3 MWatt, jedoch bei schlechterem Wirkungsgrad [13].

1.6 Geothermische Energie

Hierbei handelt es sich um eine altbekannte Wärmequelle. Schon Griechen und Römer nutzten die unterirdischen Wärmequellen bzw. Wasseradern, um ihre Städte und Badehäuser zu heizen.

Orte, an denen warme Quellen an die Oberfläche kamen, wurden für den Bau von Städten ausgewählt.

Die industrielle Nutzung geothermischer Quellen begann 1913 in Italien mit der Erschließung der Larderello-Quelle, die 250 kW liefert [14].

Solche Warmwasserenergiequellen verdanken ihre Wärme unterirdischen, exothermen, chemischen Reaktionen und auch radioaktiven Umsetzungen in der Lithosphäre.

Die Ausnutzung der normalen Erdwärme ergibt nur eine Temperatursteigerung von 30 K/km Tiefe. Jedoch gibt es an manchen Stellen der Erdkruste Magmaeinschlüsse, die erheblich höher in die oberen Schichten eindringen, wodurch dann ohne tiefe Bohrungen wärmetragende Schichten zugänglich werden. Ohne solche Einschlüsse ist grundsätzlich überall ein Zugang zur Erdwärme durch mehrere Kilometer tiefe Bohrung möglich. Durch Wassereinlauf an einer Stelle und Auslauf an einer anderen kann Erdwärme genutzt werden. Diese Technik ist wegen der Tiefbohrung und notwendigen Isolation des Heizrohrsystems kostspielig. Hinzu kommt, daß häufig das eingepumpte oder auch natürlich vorhandene Wasser stark verunreinigt ist, weshalb Wärmeübertrager eingebaut werden müssen, so daß eine andere Flüssigkeit den Wärmetransport in die zu heizenden Häuser oder Generatoren übernimmt. Solche Tiefbohranlagen sind kostenmäßig z.Zt. noch nicht mit den üblichen fossilen und nuklearen Energieträgern konkurrenzfähig.

Sie sind aber umweltfreundlich und daher auf lange Sicht dennoch rentabel, da sie weder Kohle- noch Mineraltransport noch Filterung von Abgasen oder Endlagerungskosten verursachen.

Die Erstinvestition ist immer dort am geringsten, wo durch vulkanische Einflüsse Magma in die oberen Erdschichten vorgedrungen ist. Solche Erdkrustenverschiebungen (Abb. 1-4), bei denen der Wärmefluß durch die Felsenschichten in die obere Erdkruste befördert wird, können in geringerer Tiefe also auch mit geringeren Kosten angezapft werden. Wenn außerdem durch Wassereinbruch in ein horizontales Becken die Erwärmung durch Konvektionsströme weitergeleitet wird, ergibt sich häufig eine Möglichkeit für Geiser.

Etwa 10% der vorhandenen Magmadurchbrüche sind ökonomisch ausnutzbar, da zum Magmadurchbruch noch Fehler in der Lithosphäre sowie Oberflächendepressionen notwendig sind, in denen Grundwasser erhitzt wird.

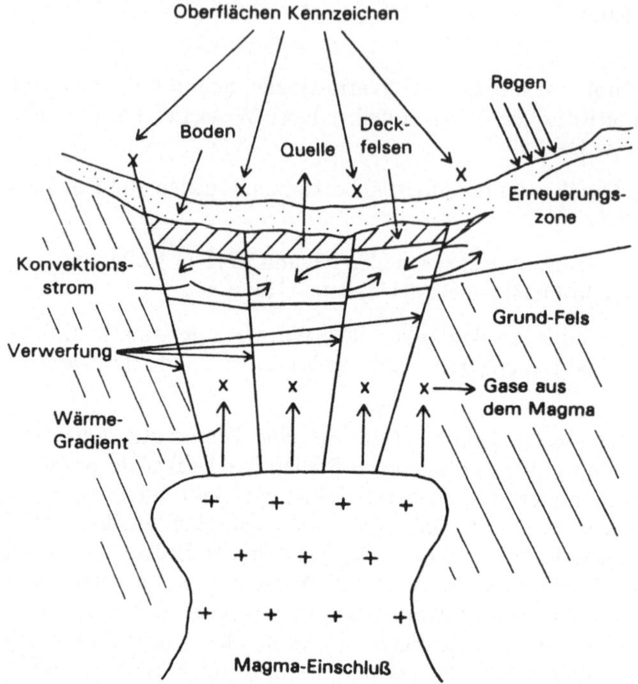

Abb. 1-4. Wärmeaustausch zwischen Magma-Einschluß im Felsgestein und Konvektions-
strömung der Grundwasserschicht.

In den USA werden z.Zt. 1500 MWe (elektrisch) aus geothermischen Quellen
gewonnen. Hohe Kontraktsummen werden seitens des DOE (Department Of
Energy) vergeben für Wärmezyklenforschung, Geothermchemie, Reservoir-
konstruktionen, Instrumentation für Bohrung, physikalische Modelle u.a.m.
[15, 16].

In Europa sind praktische Anwendungen dort vorhanden, wo durch Magma-
einbruch (Abb. 1-4) weniger tief zu bohren ist. Um z.B. 90°-Wasser zu erreichen,
müßte man normalerweise 3 bis 4 km tief gehen. Diese Temperatur ist bei
Magmadurchbruch oft schon in einigen 100 m Tiefe erzielbar. In Paris z.B.
werden 15 000 Häuser mit Warmwasser aus oberen Erdschichten beheizt. Man
nimmt an, daß sich diese Zahl in ein paar Jahren mehr als verzehnfacht. Ebenso
werden in Mecklenburg ganze Siedlungen mit geothermischem Wasser beheizt.
Die dortige Ingenieurgruppe, die diese Projekte betreibt, steht nun Berichten
zufolge unter dem Zwang, die kWatt-Stunde zu Marktpreisen zu liefern, was
bei einem Preis von 3 Milliarden DM je Bohrloch nicht realisierbar ist, wenn
kurzfristig geplant wird. Um hier richtig zu planen, müßte man die Gegenrechnung

so machen, daß die durch Ölfeuerung oder Kohle entstehenden Umweltschäden in Rechnung gestellt werden.

Leider ist, wie auch bei anderen umweltfreundlichen Techniken, die erste Investition zunächst einmal höher als bei den üblichen fossilen Brennstoffen. Auf längere Sicht amortisiert sich eine solche Investition jedoch sehr wohl, da die weitersteigenden Kosten durch Umweltschäden vermieden werden.

1.7 Biomasse

Alle organischen Stoffe, die CO_2 aus der Luft und Nährstoffe und Wasser aus dem Boden zu Verbindungen verarbeiten, erzeugen damit brennbare Substanzen, in denen der Kohlenstoff weniger stark gebunden ist als in CO_2, z.B. in Zucker $C_6H_{12}O_6$ bzw. $C_{12}H_{22}O_{11}$.

Die pflanzliche Umwandlung von CO_2 in komplexere organische Verbindungen mit C, O, H, N, S als Basisatomen durch die Photosynthese hat einen Wirkungsgrad von gerade 10%, wobei die bevorzugte Lichtfrequenz im 1,8 eV-Bereich liegt. Der C-Gehalt von Biomasse ist je nach Herkunft verschieden. Geschätzte Werte sind für:

Sümpfe, Grasland und Wüsten	24×10^9 Tonnen C/Jahr
Baumbestand	29×10^9 Tonnen C/Jahr
Kulturland	10×10^9 Tonnen C/Jahr

Der Brennwert von neu entstandener Biomasse aus Rohrzucker, Mais und Zuckerrüben ist relativ hoch: 50–73 g C per m^2 und Jahr.

Beim Anbau ist allerdings mit wachsendem Kunstdüngeranteil zu rechnen, also mit äußerer Energiezuführung [1].

Abfälle, Strohreste, Holz und tierische Exkremente können noch bis zu 25–50% zur Biomasse beitragen. Insbesondere könnte durch Alkoholproduktion und Biogas ein wertvoller Beitrag zum Energieaufkommen in der Landwirtschaft geleistet werden. Man schätzt, daß diese Quellen bis zu 10% des gesamten Energieverbrauchs decken könnten.

1.8 Andere (nicht fossile) Energiequellen

Die Suche nach geothermischen Gasen ist ein aktiver Forschungssektor. Auch ohne die Anwesenheit von Geisern oder heißen Quellen können tiefer gelegene Reservoire Gaseinschlüsse haben.

Dazu gehören insbesondere sulfatreiche heiße Einschlüsse, wobei eine Vielzahl von Gasen gebunden sein können, wie H_2, He, Ar; O_2, N_2, CH_4, C_2H_6, CO_2 und H_2S [17, 18].

Zu erwähnen sind auch Anlagen, welche die Temperaturdifferenz im Meerwasser ausnutzen.

Meistens handelt es sich aber um geringe Differenzen z.B. zwischen Tiefenwasser von 4 °C und dem Oberflächenwasser von 20–28 °C. Im Carnot-Prozeß entscheidet bekanntlich $\Delta T = T_1 - T_2$ (T_1 = Temperatur am Hochpunkt, T_2 = Temperatur am Tiefpunkt), wobei die Arbeitsleistung der Maschine durch den Ausdruck

$$A = R(T_1 - T_2)\ln (v_2/v_1)$$

mit R = Gaskonstante; v_1 = Volumen bei Temperatur T_1; v_2 = Volumen bei Temperatur T_2 gegeben ist.

Um A bei geringem ΔT zu vergrößern, bleibt nur eine Vergrößerung von v_2/v_1, was heißt, daß das Flüssigkeitsvolumenverhältnis möglichst groß sein muß, da es nur logarithmisch eingeht. Es bringt einen Faktor 2,3 für $v_2/v_1 = 10$. Dies erklärt die enorme Größe von Anlagen, die zur Energieerstellung auf dieser Basis geplant sind.

Es gibt andere Vorschläge zur Energieerzeugung, z.B. durch Ausnutzung der Gezeiten in Küstennähe, oder auch Vorschläge zur direkten Wasserstoffherstellung durch photovoltaische Elektrolyse. Diese und ähnliche Vorschläge sind bisher an den schwierig zu lösenden Materialproblemen gescheitert.

Literatur:

[1] K. Heinloth: „Energie"; Teubner Studienbücher, Physik. G. B. Teubner, Stuttgart 1983

[2] W. A. Fowler: „Nuclear Astrophysics", Jayne Lectures, American Philosoph. Soc., Philadelphia 1967

[3] A. Goetzberger und V. Wittwer: „Sonnenenergie", Teubner Studienbücher, Physik G. B. Teubner, Stuttgart 1986

[4] „Erneuerbare Energien", Der Bundesminister für Forschung und Technologie; Bonn 1987. Druck „Roco", Wolfenbüttel

[5] H. Schaefer: „Struktur und Analyse des Energieverbrauchs der Bundesrepublik Deutschland." Techn. Verlag Resch K. G., Gräfelfing-München 1980

[6] J. Nitsch und J.Luther: „Energieversorgung der Zukunft"; Springer-Verlag, 1990, p. 55

[7] P. Schnell: „Alternative Energien, Illusion und Wirklichkeit", Elektrizitätswirtschaft, Heft 17/18, 1981

[8] E. Bucher: „Solar Cell Materials and their basic parameters", Applied Physics, 17; 1–25, 1978

[9] H. F. Mataré: „Light Emitting Devices" Part I; Methods. In Advances in Electronics and Electron Physics; Vol. 42, Academic Press, 1976, p. 179–279

[10] H. F. Mataré: „Energy, Facts and Future", CRC-Press Inc., Boca Raton, Florida, 1989

[11] H. F. Mataré and G. A. Wolff: „Concentration Enhancement of Current Density and Diffusion Length in III-V-ternary compound solar cells." Appl. Phys. 17 335–342; 1978

[12] Körber F. „Growian Study"; Informationsstudie über Windenergie; Kernkraft-Forschungsanstalt Jülich für BMFT, 1978

[13] McCabe, F. F. „Analysis of Wind Energy Systems for Selected Electric Utilities." Final Report, J. B. F.-Scientific Corp. for Solar Research Institute, US-DPT. Energy, Washington, D.C. 1984

[14] „Alternative Energy Sources": Glossarium, Brüssel-Luxembourg 1983

[15] Proceedings, Geothermal Program; Review IV. Coordinator Meridian Corp. Falls Church, VA for US-Dpt. of Energy, Washington, D.C. 1985

[16] The Transfer of Hot-Dry-Rock Technology, Report LA-10601 HDR, Los Alamos Nat. Laboratories, Los Alamos, N.M. 1985

[17] Collection and Analysis of Geothermal Gases. LA-10482 OBES UC-66b, Los Alamos National Laboratories, Los Alamos, N.M. 1985

[18] Geothermal Project in the New Town of Cergy-Pontoise (France); Plant for the Production of Biogas from Poultry Breeding Residue; Using Geothermal Energy for Urban Heating in Bordeaux (France); Project for the Utilization of a High-Temperature Water-dominated, Geothermal Reservoir, The Latera Back-Pressure Power Plant (Italy); Geothermal Heating (Urban) at Pessac (France); Biogas Production from Farm-Waste, European Community Demonstration Projects for Energy-Saving and Alternative Energy Sources, 1984–1985

2 Aktueller Stand auf dem Gebiet der Solarenergietechnik

2.1 Einleitung

Die Sonne liefert eine beträchtliche Zahl von Kilowattstunden zur Erde in Form breit gestreuter Lichtfrequenzen. Die spektrale Verteilung entspricht in etwa der eines schwarzen Körpers. Sie hat ein Maximum im grünen Spektralbereich (um 0,4 µm), wodurch das Pflanzengrün als Farbe für günstigste Absorption in der Natur entstand.

Die Sonne ist ein riesiger ICF (Inertial Confinement Fusion)-Reaktor, in dem Wasserstoff zu Helium verbrannt wird (siehe E.F.F. und Kap. 11).

Durch Energieabstrahlung verliert die Sonne eine Masse von 360 Milliarden Tonnen pro Tag. Da die Sonne die Größe von 340 000 Erden hat und letztere $5,9 \times 10^{24}$ kg wiegt, ist die Sonnenmasse etwa 2×10^{27} Tonnen. Daher hat die Sonne trotz des Verlustes von täglich 36×10^{10} Tonnen oder 13×10^{13} Tonnen/Jahr eine Lebensdauer von $\sim 10^{13}$ Jahren.

Es werden natürlich lange vor diesem Zeitpunkt Umwandlungen im Spektrum stattgefunden haben, die das Leben auf der Erde völlig verändert, wenn nicht beendet haben. Insbesondere wird die Sonne gemäß dem Hertzsprung-Russel-Diagramm lange zuvor einer Kontraktion unterliegen, wobei sich das Spektrum ins Blaue verschiebt und die Erde erkaltet.

Immerhin errechnet man, daß Leben noch 3×10^6 mal solange möglich sein wird, wie es bereits existiert hat.

Wir können daher die Sonne als eine für irdische Verhältnisse konstante Energiequelle betrachten.

Nun wird häufig angegeben, daß die Erde reichlich Solarenergie erhält, die alle menschlichen Bedürfnisse decken könnte.

Diese leichthin gemachte Bemerkung beruht darauf, daß die totale Insolation bzw. Einstrahlung auf die Erdhalbkugel, also auf $2\pi r^2 = 2\pi \times 6370^2 \mathrm{km}^2 = 2,5 \times 10^8 \mathrm{km}^2$, eine Gesamtstrahlungsenergie von $3,5 \times 10^{17}$ Watt enthält. Hierbei ist die durch Satelliten gemessene Einstrahlungshöhe von $I_0 = 1,353 \pm 0,021 \mathrm{\,kW/m^2}$ angesetzt. Die daraus folgende Zahl der kWh/Jahr von $\approx 3 \times 10^{18}$ wird dann einfach mit der Zahl für den Weltenergieverbrauch verglichen ($6,9 \times 10^{13}$ kW/a) und daraus geschlossen, daß die verfügbare Sonnenenergie um rd. 4×10^4 fach größer als der Weltenergieverbrauch ist.

In Wirklichkeit wird ein großer Teil dieser Energie reflektiert, ehe er auf die Erde fällt. Die Albedo (Verhältnis von reflektierter zu durchdringender Strahlung) variiert je nach Erdatmosphäre und Bedeckung [1]:

Albedo in %	Bedeckung
20 – 70	Wolken
5 – 25	Wasser
30 – 70	Schnee
10 – 20	Grünland
30	Wüste

Im Mittel muß angesetzt werden, daß 25% der Solarenergie nicht am Erdboden verfügbar ist. Der Rest der Strahlung erleidet Absorptionsverluste im Wasserdampf in Erdnähe und teilweise Transformation in optische Energie von geringerer Frequenz.

Abb. 2-1 gibt die mittlere, globale Einstrahlung in kWh/m^2 Tag. Man darf daher nicht mit dem stratosphärischen Wert ($\sim 3 \times 10^{17}$ W oder 3×10^9 TWh/a) rechnen. Vielmehr muß vom Strahlungswert auf der Erdoberfläche ausgegangen werden, also im Mittel von $3,5 \, kWh/m^2$ Tag $= 1,3 \times 10^9 \, kWh/km^2$ a.

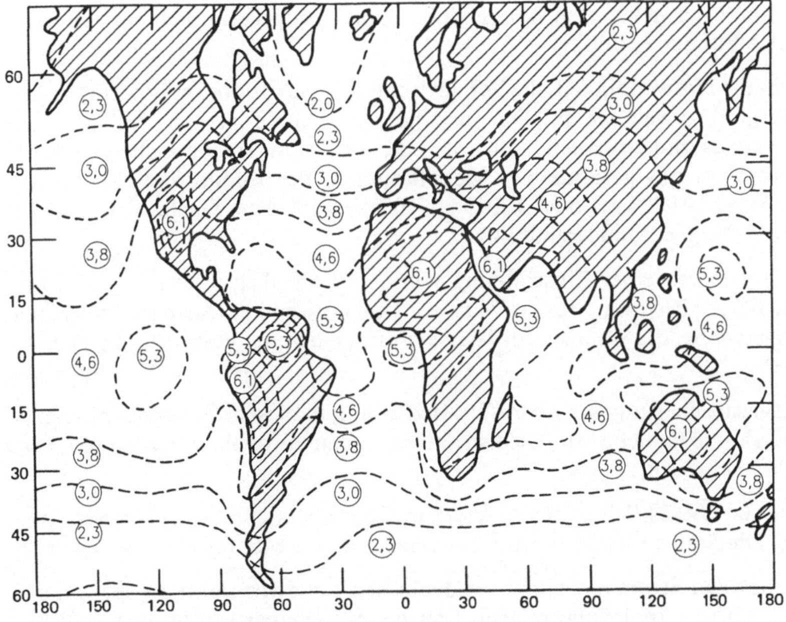

Abb. 2-1. Iso-Insolations-Linien auf der Weltkarte. Werte bedeuten: kWh/m^2 Tag.

Über die Erdkugel gesammelt ergibt sich also: $3{,}25 \times 10^{17}$ kWh/a oder $3{,}25 \times 10^5$ TWh/a.

Der Energiegesamtverbrauch der Menschheit mit dem augenblicklichen Wert von $= 1{,}3 \times 10^9$ kWh/km^{2}a $= 8 \times 10^{13}$ kWh/a angesetzt kann also 4000 mal von der Sonne geliefert werden, wenn die gesamte Erdoberfläche ausgenutzt und dazu mit 100% Wirkungsgrad gearbeitet werden könnte.

Die Solarenergie kann tatsächlich nur als eine Zusatzenergie betrachtet werden, die aber wegen ihrer Umweltfreundlichkeit große Bedeutung hat [2].

Industrieländer müßten einen hohen Prozentsatz ihrer Oberfläche mit Solaranlagen bedecken, um ihre jetzige Energie von der Sonne zu beziehen. Dies ist schon aus Kostengründen nicht diskutabel. Dagegen kann durchaus die zusätzliche elektrische Energie, z.B. für die einzuführenden elektrischen Automobile, durch Solaranlagen gedeckt werden.

Für die Bundesrepublik darf man ebenfalls nicht mit der extraterrestrischen Insolation rechnen (vgl. [2]), sondern mit der mittleren Zahl von 2 kWh/m^2 Tag. Eine Oberfläche von 245 289 km^2 erhält also rund $2{,}5 \times 10^5 \times 2 \times 10^6$ kWh/Tag $= 1{,}8 \times 10^{14}$ kWh/a. Bei einem Energieverbrauch von 5×10^9 MWh/a oder 5×10^{12} kWh/a ist das gerade 36mal soviel.

Nimmt man einen Wirkungsgrad von 20% der Solarzellen an, so bleibt nur ein Faktor von 7 der gelieferten Solarenergie zum Gesamtverbrauch für die ganze Fläche der Bundesrepublik.

Man sieht die Notwendigkeit, die Sonne durch Kogenerationsanlagen mit hohem Wirkungsgrad so weit wie möglich auszunutzen. Wenn es gelingt, Anlagen nahe 50% Wirkungsgrad zu bauen, so würde eine Anlage in sonnenreichen Gebieten (3 kWh/m^2 Tag) das gesamte Energieaufkommen der Bundesrepublik decken, wenn sie rund 10 000 km^2 oder 100 km $\times$ 100 km bedecken würde. Das sind 4% der Oberfläche der Bundesrepublik!

In den Tropen mit einer Einstrahlung von 5 kWh/m^2 Tag wären nur 6000 km^2 oder eine Fläche bestimmt durch 77 km $\times$ 77 km notwendig. Darin sind allerdings nicht eingerechnet die Anlagen für Wasserstoffherstellung, Umformung, Wasserzufuhr etc.

Die Energiespeicherung ist von großer Bedeutung in diesem Zusammenhang, da über ein Jahr die tägliche Globaleinstrahlung in den nördlichen Breiten um einen Faktor > 5 schwankt.

Der Wert von $\bar{E} \approx 3$ kWh/m^2 Tag gilt z.B. in Deutschland nur zwischen März und Oktober. Die Spitze von 5 kWh/m^2 Tag wird nur von Mai bis August erzielt [2].

Um z.B. nur den Stromverbrauch der deutschen Landwirtschaft zu decken, also etwa 10 TWh/a, wären Solaranlagen (mit $\eta = 50\%$) einer Größe von 2000 km^2 (rund 45 km $\times$ 45 km) notwendig.

Solche Anlagen zu erstellen bedarf es hochwirksamer PV-Zellen im Verein mit
Konzentrator- und Kühlanlagen, in denen die Wärme in einem Carnot-Zyklus
ausgenutzt wird, um Generatoren anzutreiben. Solche Anlagen werden sinnvol-
lerweise in Spanien oder in afrikanischen Wüstengebieten erstellt.

Die Heliotechnologie unterteilt sich in 3 Sparten: Heliochemie, Helioelektrizität
und Heliothermik. Z.B. ist die Photosynthese ein heliochemischer Prozeß. Dieser
Pflanzenwachstumsprozeß hat sich vor Jahrmillionen evolutionär gebildet und
ist immer noch der Prozeß, mit dem sich Flora, Fauna und der Mensch entwickelt
haben: $6CO_2 + 6H_2O + hv$ (Sonne) ergibt in Anwesenheit des Katalysators Chlorophyll, Glukose bzw. $C_6H_{12}O_6 + 6O_2$.

Damit ist Photosynthese der Prozeß für die Bildung auch aller nichterneuerbaren
Energiequellen, wie Kohle, Öl und Gas.

Die Photosynthese ist ein Forschungsgebiet, das es zu erweitern gilt, denn es
besteht Aussicht, daß ähnliche Vorgänge mit höherer Ausbeute gefunden werden,
durch die auch flüssige und gasförmige Antriebsstoffe herstellbar werden.

Das „Farmen" auf dem Ozean ist z.B. ein modernes Arbeitsgebiet. Proteinreiche
Nahrung in Form von Kelp kann direkt auf warmer Meeresströmung gezüchtet
werden. Solche Biomasse benötigt die wasserreiche Umgebung und höhere
Temperatur, die z.B. bei Kühlanlagen von Kraftwerken entstehen. Auch Algen
und Chorella können dort gezüchtet werden, die verglichen mit Sojabohnen
200fachen Proteingehalt haben.

2.2 Heliothermische Prozesse

Das allgemeine Prinzip der thermischen Solarsammler besteht in einer optimalen
Absorption unter Minimierung der Energieverluste durch Wärmeableitung, Konvektionsströme und Abstrahlung.

In einer Reihe von Ländern haben sich bereits Methoden herausgebildet, nach
denen Heißwasserspeicher mittels Solarabsorbern auf Hausdächern eingerichtet
werden (Australien, USA, Israel). In Kalifornien sind Schwimmbecken zum
großen Teil mit Solarerhitzern ausgerüstet, in denen das Wasser durch schwarze
Kunststoffplatten, die der Sonne ausgesetzt sind, gepumpt wird.

In sonnenreichen Ländern, wie Indien, beginnt man, die Sonnenstrahlen zur
Erhitzung des Frions im Umlaufkreis von Absorberkühlanlagen auszunutzen
und so direkt mit der Sonnenenergie zu kühlen.

Passive Solarheizung, gekoppelt mit Wärmepumpen, kann einen beträchtlichen
Beitrag zur Energieversorgung auch in gemäßigten Zonen liefern. Insbesondere
kann man als Wärmespeicher eutektische Salzverbindungen verwenden, welche
zur Zeit der Einstrahlungsspitze Energie absorbieren und diese bei Abkühlung

wieder freisetzen. Z.B. kann eine Mischung von Natriumkarbonat mit Natriumoxid und Natriumhydroxid diesem Zweck dienen: $Na_2CO_3 + Na_2O + NaOH$ (im Molprozente-Verhältnis: 6,5:7,4:8,6) oder auch: $NaNO_3 + KNO_3$ (54:46) bzw. $NaNO_3 + NaOH$ (70:30). Andere eutektische Salzkombinationen zur Wärmestauung sind:

$$NaCl + NaNO_3 + Na_2SO_4 \ (8,4:86,3:5,3)$$
$$NaBr + NaOH \ (22,3:77,7)$$
$$Ca(NO_3)_2 + LiCl \ (40,85:59,15).$$

Die Schmelzpunkte dieser Salzkombinationen liegen alle zwischen 240 und 280 °C, also günstig für Solarkonzentratoren [4].

Für Lithiumnitrat ($LiNO_3$) beträgt die Fusions- oder Schmelzwärme 50–150 BTU/lb oder 15–45 Wh/lb bei einer Dichte von $2 \, g/cm^3$. Eine Röhre, die z.B. 500 lb dieses Salzes enthält (mit z.B. 100 BTU/lb Schmelzwärme), würde beim Abkühlen rd. 15 kWh freisetzen.

Eine Reihe von Verbindungen werden besonders bei hohen Temperaturen verwandt, um z.B. anfallende Energie in Form von Dampf in Kraftanlagen zu speichern. Hier nimmt man Salze, wie $NaCl + CaCl_2$, die bei Temperaturen über 510 °C schmelzen und dabei eine hohe Energiedichte aufweisen ($17 \times 10^3 \, BTU/ft^3 = 180 \, kWh/m^3$).

Dagegen werden die oben aufgeführten Salze bei der Wärmedämmung im Verein mit Sonnenabsorption eine Rolle spielen. Ihre Eigenschaften: richtig gelegene eutektische Temperatur, thermische Stabilität, hohe Energiedichte, niedriger Gestehungspreis (unter 0,12 DM/lb), geringer Korrosionseinfluß, geringe Hygroskopie und Ungiftigkeit machen diese Salze sehr geeignet für die Einlagerung in die Zwischenschicht an Hauswänden, denen eine infrarot-absorbierende Glaswand oder Plastikwand vorgesetzt ist. Zunächst wird hierdurch die Absorption für die Sonnenwärme von 60% auf 90% erhöht (für schwarze Innenwand). Außerdem wird das sichtbare Sonnenlicht durch die Glaswand hindurchgelassen, verwandelt sich an der Hauswand durch Frequenzdegradation in Wärmestrahlung und wird durch die stärkere Reflektion des Glases für langwellige Strahlen zurückgehalten. Die entstehenden Temperaturen können dabei leicht in den Bereich kommen, bei dem die eutektischen Salze in dort angebrachten Röhren zum Schmelzpunkt gebracht werden. Sie absorbieren die Wärme zur Mittagszeit, lassen diese dann am Abend durch Erstarren wieder frei.

2.3 Wirkungsgrad der thermischen Kollektoren

Die Solareinstrahlung oder die auf der Erde gemessene Strahlenenergie wird angegeben in kWh/m^2 Tag (siehe Abb. 2-1).

Da die Sonne als quasi-schwarzer Körper abstrahlt, gilt die Plancksche Energie-verteilung der Photonen:

$$E_v(T)\,dv = (2\pi h v^3/c^2)[\exp(hv/kT) - 1]^{-1}\,dv,$$

$hv = h \cdot c/\lambda =$ Energie der Photonen; $c =$ Lichtgeschwindigkeit: $h =$ Plancksche Konstante; $v = c/\lambda =$ Frequenz; $\lambda = c/v =$ Wellenlänge.

Da $dv = -(c/\lambda^2)\,d\lambda$, so gilt für die spektrale Energieverteilung auch:

$$E(T)_\lambda = (2\pi h c^2/\lambda^5)[\exp(hc/\lambda kT) - 1]^{-1}.$$

Integriert man diese Verteilung über alle Frequenzen, so folgt:

$$\bar{E}(T)_v = \int_0^\infty E(T) = \int_0^\infty (2\pi h v^3/c^2)[\exp(hv/kT) - 1]^{-1}\,dv.$$

Das Integral wird durch Reihenentwicklung gelöst, und es ergibt sich

$$\bar{E}(T) = (2\pi^5 k^4/15c^2 h^3)T^4.$$

Der Klammerausdruck ist die bekannte Boltzmann-Konstante:

$$\sigma = 5{,}67 \times 10^{-12}\,\text{W cm}^{-2}\,\text{K}^{-4}.$$

Dieses Gesetz besagt, daß die Ausstrahlung eines schwarzen Körpers der vierten Potenz seiner Temperatur gleicht. Dieses Stephan-Boltzmannsche Gesetz ist die Basis für viele Überlegungen, die bei thermischen Solaranlagen auftreten. Der optimale Wirkungsgrad eines Solarkollektors ist von der Temperaturdifferenz des erhitzten Teiles und der Außenluft abhängig, also im Prinzip von

$$V_{th} = C_L(\bar{T}_c - T_a)/I_c$$

$C_L =$ Kollektorverlustfaktor; $\bar{T}_c =$ mittlere Kollektortemperatur; $T_a =$ Außen-temperatur; $I_c =$ Insolation (einfallende Solarenergie).

Da die Verluste mit $\Delta T = \bar{T}_c - T_a$ steigen, so ist für $\Delta T = 0$ die theoretisch höchste Wirksamkeit eines thermischen Sammlers gegeben. Das heißt, man muß Maßnah-men ergreifen, den Wärmeaustausch zwischen Sammler und Außenluft zu ver-ringern. Das geschieht z.B. in hervorragender Weise bei den bekannten Vakuum-röhrenkonzentratoren aus Glas, in die der Absorber eingebaut ist. Andere Maßnahmen sind: gute Isolation des Absorbers bei gleichzeitig geringem Wär-mewiderstand in Richtung auf den zu erhitzenden Generator oder die zu erhitzende Wand etc. [5].

Wie in Abb. 2-2 ersichtlich, sind die Wärmeverluste gegeben durch:

$\dot{q}_u =$ Nutzwärmeableitung der Absorberwand
$\dot{q}_{LC} =$ Verlust durch Konvektion
$\dot{q}_{Lr} =$ Verlust durch Reflektion
$\dot{q}_{lr} =$ Verlust durch innere Reflektion
$T_1 > T_2 > T_3$

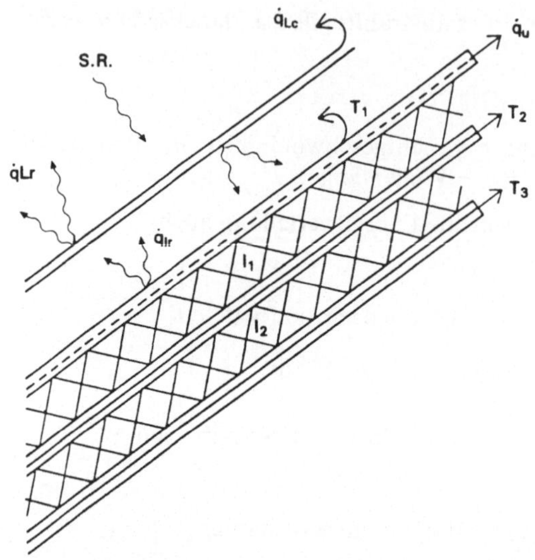

Abb. 2-2. Flachplatten-Solarkondensor.
S.R. = Solar Energy
$\dot{q}_{Lr}$ = Wärmeverlust durch Reflektion
$\dot{q}_{Lc}$ = Wärmeverlust durch Konvektion $\Big\}$ an transparenter Scheibe
$\dot{q}_{Ir}$ = Reflektionsverluste am Absorber
ρ_m = Glas (Spiegel-) Reflektion
$\dot{q}_u$ = Wärmeleitungsverlust
I_1, I_2 = Isolatoren

Die innere Reflektion zwischen transparenter Abdeckung und Absorber ist im wesentlichen auf den Infrarotanteil beschränkt und ist Teil des Temperaturaufbaues. In Abb. 2-2 sind z.B. zwei Isolierschichten eingezeichnet, so daß man 2 Temperaturen erzielen kann, wobei $T_2 > T_3$ ist (z.B. wenn eutektische Materialien zur Wärmespeicherung in der ersten Schicht untergebracht werden sollen).

Soll eine Wärmekraftmaschine im Carnot-oder Rankine-Zyklus (z.B. ein Stirling-Motor) betrieben werden, so ist deren Nutzarbeit durch

$$A = R(T_c - T_a)\ln(v/v'), \text{ wobei } \eta = \Delta T/T_c$$

gegeben (R = Gaskonstante, v/v_0 = Volumenverhältnis bei adiabatischer Entspannung im Rankine-Prozeß, $T_c - T_a$ = Temperaturdifferenz zwischen Absorber- und Außentemperatur).

Danach ist man bei der Umwandlung von Wärme in Arbeit daran interessiert, $\Delta T = T_c - T_a$ möglichst hoch zu halten.

Im Falle einer solarthermisch angetriebenen Maschine muß man einen Kompromiß eingehen. Es muß einerseits hohe Temperatur T_c erreicht werden, anderer-

Tabelle 2-1. Wärmedurchgangskoeffizient und optimaler Wirkungsgrad verschiedener Absorbertypen. Nach [2]

Kollektortyp	Wärmedurchgangs-koeffizient k in W/m²K für $T = 40$ K	optimaler Wirkungsgrad $\tau \times \alpha$ in %
Schwarzer Absorber ohne Abdeckung	> 10	95
Schwarzer Absorber mit einer vorgesetzten Scheibe	6	90
dito mit 2 Scheiben	4	80
Selektive Absorber mit einer Scheibe	4	90
Vakuumrohrkollektor	1	70
Aerogelkollektor	< 1	75
Honeycombkollektor	1	70

seits müssen die thermischen Verluste verringert werden. Dies erfordert einen hohen Grad von Isolierung, das heißt, daß z.B. in Abb. 2-2 die Nutzwärmeableitung $\dot{q}_\mathrm{u}$ verlustarm an die Wärmekraftmaschine abgegeben werden muß, während Reflektionsverluste, wie $\dot{q}_\mathrm{lr}$ sowie die Temperaturen T_2 und T_3, klein gehalten werden müssen (geringe k-Werte in Watt/m² K für die Isolatoren I_1 und I_2).

Für verschiedene Absorbertypen ergeben sich für einen bestimmten Wert von $T_\mathrm{c} - T_\mathrm{a}$, z.B. 40 K, die Werte der Tabelle 2-1.

τ ist der Transmissionsgrad der Abdeckung und α der Absorptionsgrad des Absorbers. $\alpha \cdot \tau =$ Anteil der Solarstrahlung, die vom Absorber aufgenommen wird. Der praktische Wirkungsgrad ist um $k\Delta T/I_\mathrm{c}$ kleiner als $\alpha\tau = \eta_0$

$$\eta = \eta_0 - k(\bar{T}_\mathrm{c} - T_\mathrm{a})/I_\mathrm{c}.$$

Für $\Delta T/I_\mathrm{c}$ zwischen 0,01 und 0,14 ergibt sich ein möglicher η-Wert von 50 bis 60%.

Solche Werte sind in praktischen Fällen von thermischen Sammlern auch gemessen worden. Die Wärmeverluste eines Flachplattenkollektors mit 2 Schichten sind:

$$\frac{\partial q_\mathrm{L}}{\partial t} = \sigma \frac{T_1^4 - T_2^4}{1/\varepsilon_1 + 1/\varepsilon_2 - 1}$$

da gemäß Boltzmann die Abstrahlung der vierten Potenz der Temperatur proportional ist. $\sigma =$ Boltzmannsche Konstante (siehe oben); $\varepsilon_1 =$ Emissionsfaktor der Oberfläche 1; $\varepsilon_2 =$ Emissionsfaktor der Oberfläche 2 (für schwarze Absorberplatten: $\varepsilon_1 = \varepsilon_2 = 1$). Dies kann man schreiben:

$$\frac{\partial q_1}{\partial t} = \sigma[(T_1 + T_2)(T_2^2 + T_1^2)/(1/\varepsilon_1 + 1/\varepsilon_2 - 1)]\Delta T_1,$$

wo $\Delta T_1 = T_1 - T_2$ für die erste Isolierschicht I_1 mit dem Wärmetransferkoeffizienten $\dot{q}_u$ gilt.

Die nämliche Gleichung gilt für den Wärmeübergang von T_2 nach T_3:

$$\frac{\partial q_2}{\partial t} = \sigma[(T_2 + T_3)(T_3^2 + T_2^2)/(1/\varepsilon_2 + 1/\varepsilon_3 - 1)]\Delta T_2,$$

wo $\Delta T_2 = T_2 - T_3$.

Die eckige Klammer in diesen Ausdrücken ist der Wärmetransferkoeffizient. Da $T_1 \gg T_2 > T_3$, so ist dieser Koeffizient im ersten Fall größer als im zweiten.

Macht man eine Abschätzung des thermodynamischen Wirkungsgrads für Solaranlagen aufgrund des Carnotschen Kreisprozesses, so findet man, daß ein idealer verlustloser Strahlenkonverter den Wirkungsgrad

$$\eta_0 = 1 - 4(T_a/T_c)/3 + [(T_a/T_c)^4]/3$$

haben sollte.

Für $T_a = 300\,\text{K}$ kann man rechnerisch nahe an 93% kommen. Das ist technisch nicht erreichbar, wie wir gesehen haben. Mit gut isolierten Spiegelkonzentratoren und einfacher Erhitzung einer Flüssigkeit, z.B. Öl, hat man in Kalifornien bereits η-Werte im 50%-Bereich erzielt. Ähnlich liegt es mit den photovoltaischen Zellen (Kap. 3.4), für die eine Grenzbetrachtung [6] η-Werte in diesem Bereich ergibt. Die praktischen Werte liegen jedoch unter 38% infolge von nicht optimalem Bandabstand, Rekombination, Dissipation etc.

Da thermische Sammler nur eine Hälfte des Sonnenspektrums ausnutzen und PV-Zellen die andere optische Seite, so ist deren Kombination in den Kogenerationsanlagen am sinnvollsten für hohe Wirkungsgrade.

2.4 Der optische Wirkungsgrad

Bei nichtdiffusem Licht sind die hauptsächlichen Parameter: Die Reflektanz des Spiegels, seine Form, die Mitfolgegenauigkeit, die Beschattung, die Absorberqualität und die Strahlwinkeleffekte bei schiefer Inzidenz.

Allgemein wird η_0 wie folgt ausgedrückt:

$$\eta_0 = \bar{\rho}_m F(\psi_3)\delta(\psi_1\psi_2)f_t \int_{v=0}^{v'} \tau_v \alpha_v \, dv,$$

mit $\bar{\rho}_m$ = Spiegelreflektanz, gemittelt über die Zahl der Reflektionen; $F(\psi_3)$ = Mitführungsfehlerfaktor (Funktion der Aperturfehleinstellung ψ_3); $\delta(\psi_1, \psi_2)$ = Auffangfaktor (Funktion des Winkelfehlers des Spiegels, ψ_1 und der solaren Strahlausbreitung ψ_2); f_t = Teil der Apertur, die nicht durch die Konstruktion beschattet ist (schließt auch Reflektionsverluste ein, die durch Strahlen jenseits des Empfängers entstehen); τ_v = Empfängertransmittanz über das Solarspektrum gemittelt; α_v = Empfängerabsorbanz über das Solarspektrum gemittelt.

Solche Reflektoren werden mit hochreflektierenden Metallschichten, wie Nickel, Silber oder Aluminium, bedeckt, die $\bar{\rho}_m$-Werte im 95%-Bereich für Silber und im 80 bis 85%-Bereich für Al und Ni ergeben.

Die Interzept- oder Auffangfaktoren $\delta(\psi_1, \psi_2)$ sind für parabolische, zylindrische, sphärische und flache Empfängertypen errechnet worden. Ebenso sind die Werte für τ_v und α_v bekannt [7]. Die verschiedensten Formen von Spiegelkonzentratoren sind getestet worden. Der parabolische Typ (Abb. 2-3) und seine Variante, der Winston-Konzentrator (Abb. 2-4), haben Anwendung gefunden. In einer praktischen Ausführung eines Mitführungskollektors werden die Spiegelflächen

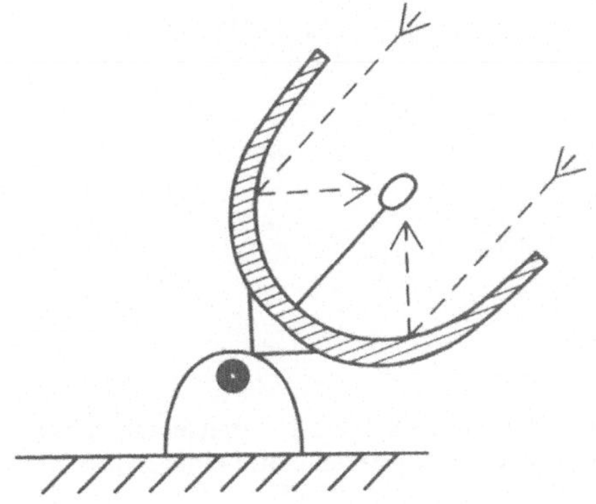

Abb. 2-3. Schema des parabolischen Mitführungskonzentrators.

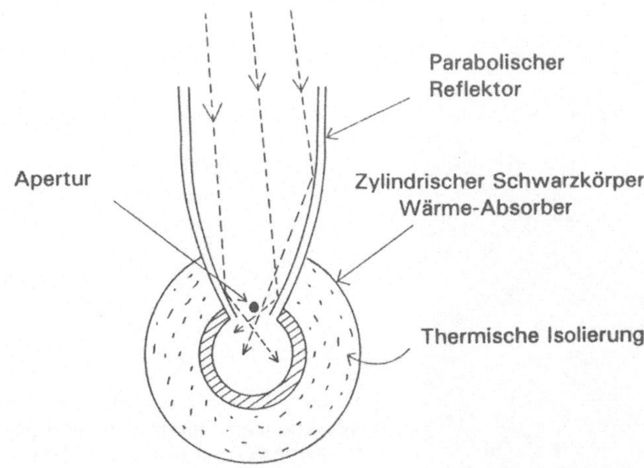

Abb. 2-4. Konzentrator: Winston-Typ mit isoliertem Kollektor.

durch eine automatische Ausrichtung zur Sonne hin gedreht (Abb. 2-5). Hier sorgt ein Phototransistorquartett mit Schattenstab für die Ausrichtung der Spiegelachse durch einen Motor.

Praktische Anwendungen dieses Typs sind durchgeführt worden [8]. Größere wärmeerzeugende Anlagen zur Elektrizitätsgewinnung sind z.B. von **MBB** (Messerschmitt-Bölkow-Blohm) in Saudi-Arabien erstellt worden (Abb. 2-6).

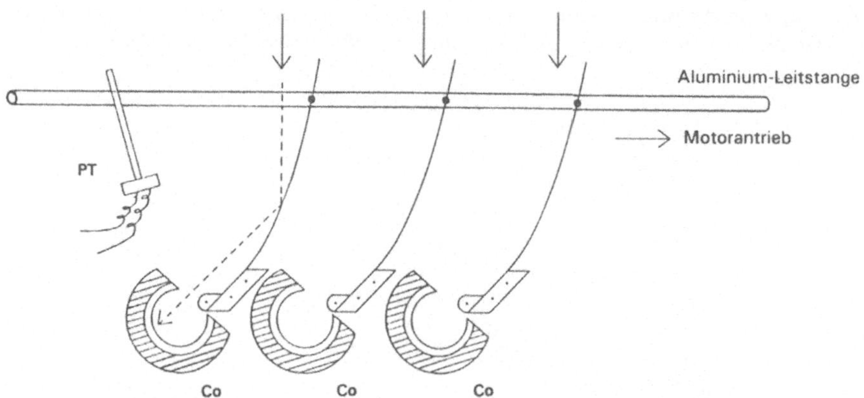

Abb. 2-5. Vielfach-Konzentrator-System. Der Parabelwinkel wird durch einen Motorantrieb mit Phototransistor-Sensor automatisch nach dem Sonnenstand eingestellt. PT = Phototransistor-Quartett; Co = Kollektoren.

Abb. 2-6. Parabel-Konzentratoren in Saudi-Arabien. Durch den Wärmekreis werden Generatoren zur Elektrizitätsherstellung angetrieben (MBB-Konstruktion).

Probleme mit solchen Systemen ergeben sich durch Oberflächenveränderung infolge von Sandstürmen und anderen Wettereinflüssen. In dieser Hinsicht sind die Fresnel-Linsen-Konzentratoren oder auch acrylverkapselte Konzentratoren weniger anfällig.

Insbesondere bei Anwendung von photovoltaischen Zellen im Verein mit Wärmekraftmaschinen kann das Kühlmittel sowohl zur Temperaturstabilisierung als auch zur Erzeugung der Wärme im Generatorsystem dienen (Abb. 2-7).

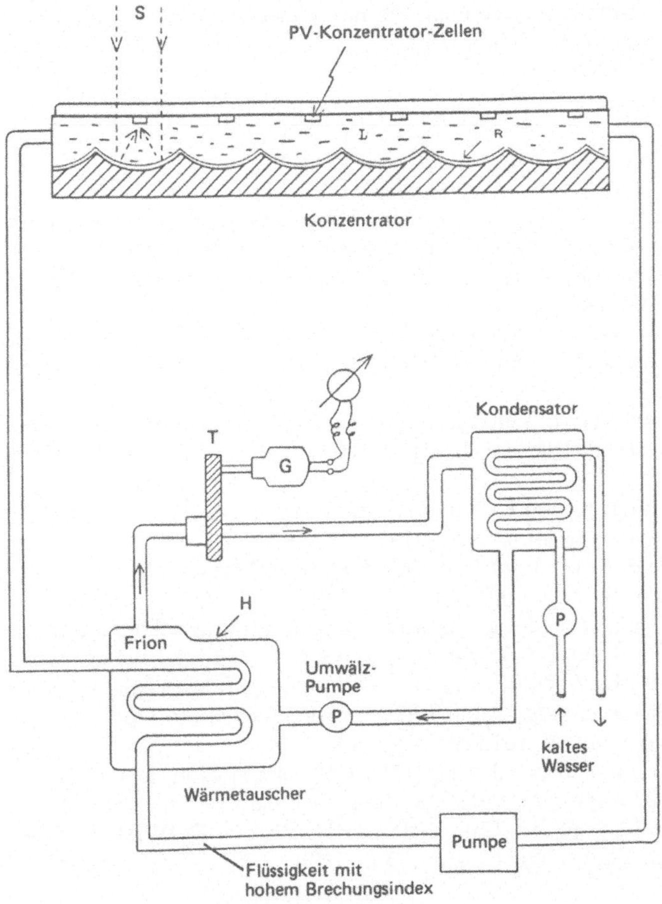

Abb. 2-7. Konzentratorsystem, bei welchem gleichzeitig mit der Kühlung von PV-Zellen (Kreis L) ein Wärmeaustauscher einen Frion-Umlauf zum Antrieb eines Generators betätigt. T = Turbine; H = Wärmeaustauscher; G = Generator; L = Flüssigkeit mit hohem Brechungsindex; P = Pumpe.

Durch Trennung der Kühlkreise im Konzentrator- und Generatorbereich kann die Zellkühlung durch eine Kühlflüssigkeit mit höherem Brechungsindex die Fokalisierung vereinfachen, wobei außerdem eine Kühlung auf der Frontseite möglich wird.

Solch thermische Systeme sind ähnlich den Wärmetransportsystemen, wie sie z.B. beim Solar Pond Anwendung gefunden haben. Dort wird mit zwei Schichten von Wasser verschiedenen Salzgehaltes (geringerer Gehalt der oberen Schicht) gearbeitet [9].

In parabolischen Konzentratorsystemen, die mit Wasserstoffgas für einen Stirling-Motor arbeiten, wurden bereits $25\,kW_{th}$ gewonnen, und zwar mit einem Wirkungsgrad von 30% [10].

Literatur:

[1] z.B. „Solar Energy", J. B. Berkowitz Editor; Proceedings of the International Symposium on Solar Energy. Electrochemical Society, Princeton N.J. 1976

[2] A. Goetzberger und V. Wittwer: „Sonnenenergie"; Teubner Studienbücher, Physik. G. B. Teubner, Stuttgart 1986

[3] H. Schaefer: „Struktur und Analyse des Energie-Verbrauchs der Bundesrepublik Deutschland". Techn. Verlag Resch. K. G., Gräfelfing/München 1980

[4] R. T. Le Frois und H. V. Venkatasetty: „Thermal Storage for solar energy converters", Proceed. Internat. Sympos. Solar Energy; Electrochem. Soc., Princeton 1976

[5] E. Kauer, F. Mahdjuri und K. Kustul: „Photothermal Conversion" in Acta Electronica (Philips) 18 (4) p. 295, 1975

[6] J. Singh und S. P. Foo: „On the thermodynamic efficiency of solar energy converters". J. Appl. Phys. 59(5), p. 1678 (1986)

[7] J. F. Kreider: „First order design variables for concentrating solar collectors." Proceed. Soc. Photo-Opt. Instrum. Eng. San Diego, Calif. V. 161 (1978)

[8] W. D. Antrin, Jr., R. W. Miller und M. T. Pitasi: „A parabolic solar reflector for accurate and economic producibility". Proc. Soc. Photo-Opt. Instrum. Eng., San Diego, Calif. V. 161 (1978)

[9] Y. L. Bronicki: „A solar pond plant", IEEE Spectrum v. 56, Febr. 1981

[10] B. J. Washom: „Vanguard I; Solar Parabolic Dish Stirling Engine Module". Advanco Corp. El Segundo, Calif. SERI-DOE-Report: DOE/AL/16333-2, US-Departm. of Energy Washington, D.C. 1984

3 Photovoltaische Zellen

3.1 Das Prinzip

Das Sonnenspektrum, d.h. die von der Sonne eingestrahlte Energie in mWatt/cm^2 über die Wellenlänge (reziproke Lichtfrequenz) aufgetragen, ist eine steil ansteigende Kurve im UV-Bereich mit einem Maximum bei 0,4 µm und einem fast exponentiellen Abfall bis weit in den infraroten Bereich hinein, über 3 µm hinaus. Man unterscheidet verschiedene Intensitätsbereiche, die als AM 0, AM 1, AM 1,5 etc. benannt sind. AM 0 ist air mass null, was heißt, daß die Messung außerhalb der Erdatmosphäre stattfand. AM 1 bedeutet Messung auf Meeresniveau, aber bei senkrechter Inzidenz, also in den Tropen. AM 1,5 bedeutet, daß unter einem Winkel von 41° gemessen wurde. Allgemein ist der Faktor zu AM 1/sin h, wobei h der Winkel der einfallenden Strahlung zur Erdoberfläche bedeutet; das heißt: Wenn die Sonne am Mittagspunkt steht, mißt h also den Breitengrad, auf dem gemessen wird. (Der 41. Breitengrad entspricht New York und Südeuropa.)

Das Solarspektrum auf Meeresniveau zeigt eine Reihe von Absorptionsmaxima infolge von Ozon, Sauerstoff, CO_2, Wasserdampf und Verunreinigungen, die ortsspezifisch sind (Abb. 3-1).

Wenn ein Halbleiter der Lichteinstrahlung ausgesetzt wird, werden Elektronlochpaare freigesetzt. Dies insbesondere von Photonen, deren Energie mindestens dem Abstand Valenzband-Leitungsband entspricht.

Durch Einbau von p/n-Junktionen mit Kontakten können die freigesetzten Ladungsträger getrennt und an einen äußeren Stromkreis abgeführt werden (Abb. 3-2 und 3-3).

Photonen geringerer Energie $h\nu$ (h = Planck-Konstante, ν = Frequenz = $1/\lambda$), unterhalb der Energie des verbotenen Bandes im Halbleiter, erzeugen keine Ladungsträger (wenn nicht durch hohe Defektdichte Interbandniveaus vorhanden sind). Diese können daher den Halbleiter durchdringen, d.h. sie treten an der Rückseite aus oder werden thermalisiert, d.h. in Phononen (Gitterschwingungen) verwandelt. Letzteres z.B. an Defekten oder Kontaktmaterial-Zwischenschichten.

Der Energieverlust durch Transmission der niedrigenergetischen Photonen ist eine exponentielle Funktion des Absorptionskoeffizienten $\alpha(\lambda)$ sowie der Basisdicke w des Halbleiters:

$$E_{tr} = \int_0^\infty E_{in}(\lambda)\exp[-\alpha(\lambda)\cdot w]\,d\lambda.$$

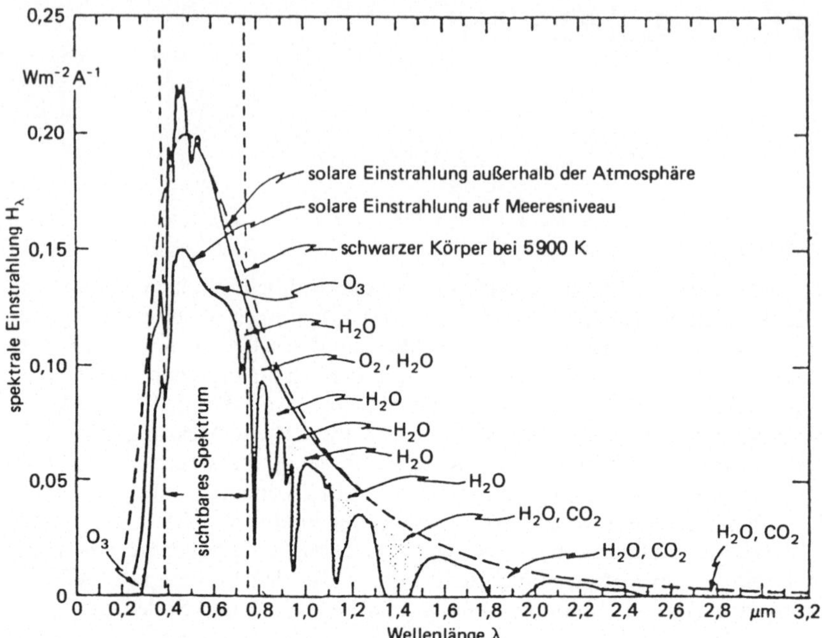

Abb. 3-1. Solarspektrum, d.h. eingestrahlte Energie in $\mathrm{W\,m^{-2}\,\AA^{-1}}$ aufgetragen gegen die Lichtwellenlänge λ in µm. Außerhalb der Atmosphäre = AM 0, Einstrahlung auf Meeresniveau = AM 1 (senkrecht) mit den hauptsächlichen Absorptionsbanden.

Da Halbleiter bestimmte Bandabstände E_g haben, kann man mit einem Halbleitertyp, d.h. einem festen E_g-Wert, solche Verluste nicht vermeiden.

Wenn man die optimal erreichbaren Wirkungsgrade η der bekannten Halbleiter, wie Silizium, Germanium, Gallium Arsenid, Indium-Phosphid etc., in Solarzellen errechnet, so ergeben sich wegen der Form des Sonnenspektrums Maximalwerte für die E_g-Werte. Die besten Werte ergeben sich im Bereich 1,4 eV bis 1,7 eV. Der Wirkungsgrad ist generell das Verhältnis der Ausgangsleistung $I_{\text{eff}} \times V_{\text{eff}}$ zur Eingangsleistung der Strahlung E_{in}. Diese können wir darstellen als die Zahl der absorbierten Photonen:

$$E_{\text{in}} = q\,N(\lambda)[1 - e^{-\alpha(\lambda)\cdot w}],$$

q = Einheitsladung; $N(\lambda)$ = Anzahl im Wellenlängenbereich; α = Absorptionskoeffizient; w = Basisdicke.

Die Beiträge von p- und n-Schichten sind durch die Junktionskennlinie gegeben.

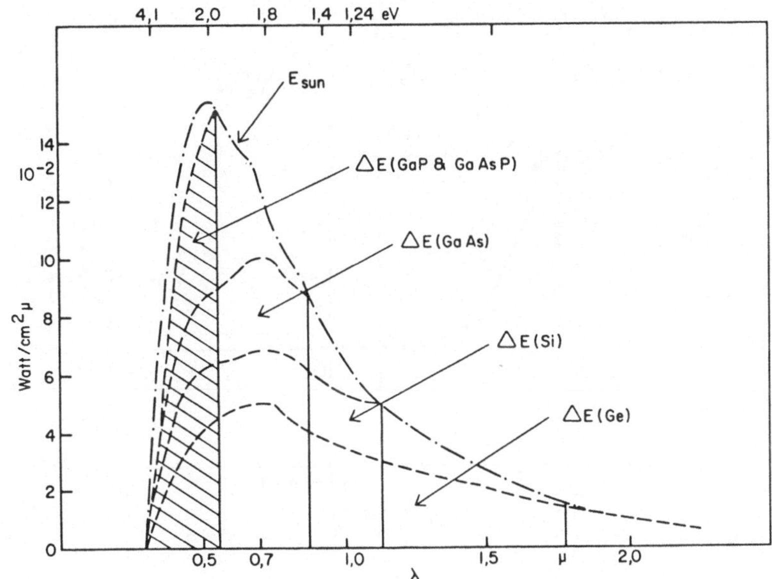

Abb. 3-2. Das AM 0-Spektrum der Sonne mit eingetragenen Energie-Umsatz-Bereichen verschiedener Solarzellenmaterialien: $\Delta E = \int\limits_{\lambda_0}^{\lambda_x} E(\lambda)\,\mathrm{d}\lambda$.

Hier gilt für den Kurzschlußstrom: $I_{sc} = I_0(e^{qV_{oc}/nkT} - 1)$ die bekannte Junktions-Gleichrichtercharakteristik. V_{oc} ist open circuit voltage. Der Prefaktor ist:

$$I_0 = A\,e^{-E_b/n'kT}, \qquad \text{der Dunkelstrom.}$$

Letzterer ist eine Funktion des Bandabstandes E_b. n und n' sind Abweich-konstanten von der idealen Kennlinie.

Für $n = n' = 1$ ist:

$$V_{oc} = (kT/q)\ln\left[(I_{sc}/I_0) + 1\right].$$

Dieser Ausdruck für die Leerlaufspannung wird vielfach den Dimensionierungs-betrachtungen zugrunde gelegt. Je kleiner der Dunkelstrom, desto höher ist V_{oc}. Geht man von den Effektivwerten I_{eff} und V_{eff} aus (Abb. 3-4), so ist der Wirkungsgrad

$$\eta = I_{eff} \times V_{eff}/E_i.$$

Im vereinfachten Fall werden I_{eff} und V_{eff} durch I_{sc} und V_{oc} ersetzt, wobei die Abweichung vom Realwert durch den Füllfaktor FF berücksichtigt wird. Dieser ist durch das Integral über die durch I_{eff} und V_{eff} bestimmte Fläche unter der Charakteristik definiert.

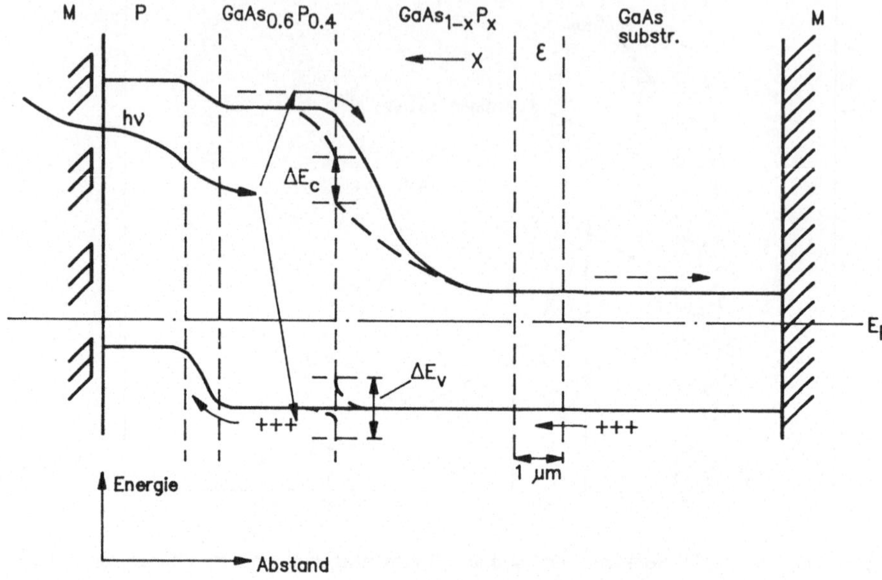

Abb. 3-3. Bandschema einer typischen Heterojunkion mit Banddiskontinuitäten ΔE_c und ΔE_v in Leitungs- und Valenzband. In nm-Multi-Schichten oder SLS (Super Lattice Structures) werden ΔE_c und ΔE_v weniger bedeutsam.

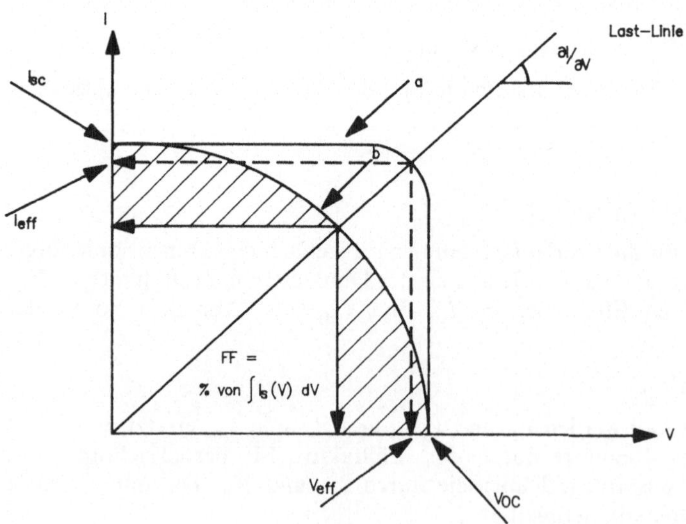

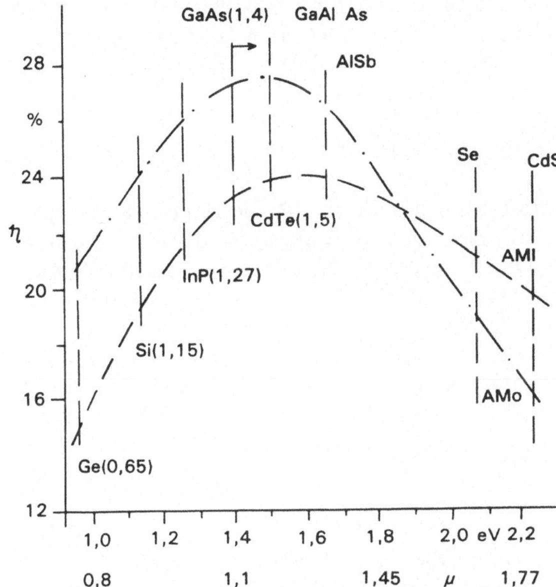

Abb. 3-5. Erreichbare Wirkungsgrade aufgetragen über die Lichtfrequenz bzw. Wellenlänge der angegebenen Halbleiter für AM 0 und AM 1.

Die Insolationsstärke E_{in} wird standardisiert durch Angabe der bei der Messung der Charakteristik obwaltenden Photonenleistung in mW/cm². Für AM 1 ist dies meist 100 mW/cm², für AM 0 (außerhalb der Erdatmosphäre) $\approx$ 150 mW/cm². Für den Wirkungsgrad ergibt sich dann je nach Insolationsgrad:

$$\eta(\text{AM } 1) = I_{sc} \cdot V_{oc} \cdot \text{FF}.$$

Wenn man den Bandabstand ermittelt, der für das Solarspektrum eine optimale Ausnutzung erlaubt, so kommt man auf den Wert von etwa 1,5 eV. Während Halbleiter mit weiterem Band, z.B. GaP (2,26 eV), besonders den maximalen Bereich des Spektrums zwischen 0,3 und 0,6 μm auszunutzen erlauben, wird durch die Begrenzung der Empfindlichkeit im längerwelligen Gebiet ein bedeutender Teil des Spektrums ausgeschlossen. Nimmt man dagegen einen Halbleiter mit kleinem Bandabstand, z.B. Germanium (0,65 eV), so erstreckt sich die Empfindlichkeitskurve zwar bis in das infrarote Gebiet, aber für einen kleineren

Abb. 3-4. Charakteristik einer Solarzelle. *a* Zelle mit hohem FF (Füllfaktor) bzw. Wirkungsgrad. *b* Zelle mit geringem FF und schlechtem Wirkungsgrad. $\eta = V_{eff} \times I_{eff}$ bzw. $V_{oc} \times I_{sc} \times \text{FF}$.

Wirkungsgrad im Hauptgebiet des Sonnenspektrums. Aus diesem Grund ergab eine genauere Analyse des Optimums für das verbotene Band den Wert 1,5 eV, wenn nur *ein* Halbleiter den Umsatz bewirkt (Abb. 3-5) [1, 5].

3.2 Optimierungsfragen für das Bauelement

Zur Optimierung der Bauelementeform bedarf es einer Reihe von Einzelschritten, die, abgesehen von den Materialfragen, den Wirkungsgrad der Umwandlung von Licht in Strom erhöhen (Abb. 3-6); das heißt, es müssen die Reflexionsverluste an der Oberfläche verringert werden. Der Sprung vom Brechungsindex der Luft zum Halbleiter wird hier durch Aufbringen von Antireflexionsschichten, wie z.B. Titanoxid oder Tantaloxid oder auch Zinkoxid sowie SiO_2 und Si_3N_4, abgefangen, so daß die Lichtstrahlen einen Indexgradienten vorfinden, durch den der Reflexionsgrad ρ verkleinert wird. Da die Summe von Reflexionsgrad, Absorptionsgrad und Transmissionsgrad $= 1$ sein muß, so wird dadurch die Absorption:

$$\alpha = 1 - \rho - \tau$$

vergrößert. Der Reflexionsgrad einer Oberfläche bei senkrechtem Lichteinfall von einem Medium mit dem Brechungsindex n' in ein solches mit n ist

$$\rho = (n - n')^2/(n + n')^2 = \Delta n^2/(n + n')^2$$

(ohne Berücksichtigung des komplexen Anteils).

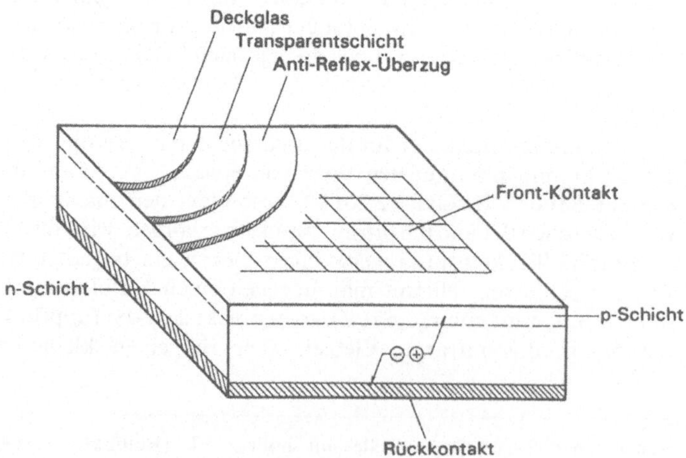

Abb. 3-6. Schema einer Solarzelle einfacher Bauart.

Bei großem Unterschied zwischen Luft ($n = 1$) und Halbleiter ($n = 3$) muß also eine Schicht mit $1 < n < 3$ zwischengeschaltet werden, am besten also eine Gradientenschicht oder mindestens einige Schichten mit nach unten zum Halbleiter hin wachsendem n. Ein weiterer Faktor ist die Kontaktierung (Abb. 3-6).

Außer dem Problem der Kontaktgitterstruktur, durch welche verlustarme Stromaufnahme mit geringer Beschattung zu verbinden ist, muß das Kontaktmaterial so beschaffen sein, daß ein niederohmiger Legierungskontakt entsteht.

Dies wird durch eine hochdotierte Schicht im Halbleiter unmittelbar unter der Kontaktfläche erzeugt, die eng mit dem oberen Kontaktmaterial verbunden ist. Bei Elementarhalbleitern, wie Germanium und Silizium, kann dies durch Aufdampfen und Tempern von einfachen Metallschichten, wie Aluminium, Nickel, Gold etc., erreicht werden. Hier kann das eutektische Verhalten aufgrund bekannter Phasendiagramme geplant werden.

Bei den III-V-Verbindungen liegen die Verhältnisse komplizierter, da hier die einzelnen Komponenten verschiedene Schmelzpunkte und Dampfdrücke haben. Zum Beispiel verdampft im GaAs Arsen zuerst, wodurch sich beim Tempern ein Galliumüberschuß bildet, der zu einer Legierungsumbildung führt. Die anfangs viel angewandten Au/Ge- und Au/Ni- bzw. Au/Ag/Au/Ge-Kontakte zeigten die Tendenz einer starken Rekristallisation mit erweiterten Legierungszonen. Obschon die Multischicht mit refraktären Metallen, wie Au/Pt/Ti oder Au/Pd/Ti auf Silizium, stabile Kontakte ergab, wurde auf GaAs beim Tempern über 200 °C schon starke Eindiffusion beobachtet. Mit Wolframzugabe konnten die Kontakte auf GaAs dann bis 750 °C formiert werden. Mit Tantalsiliziden wurden sogar 800 bis 900 °C erreicht [2].

Moderne Anwendung des Schnelltemperns (RTA = Rapid Thermal Annealing) bei welchem das Kontaktmaterial kurzzeitig durch Infrarotstrahlung hoch erhitzt wird, hat allerdings nun auch die bekannten Au/Ge-Kontaktlegierungen brauchbar werden lassen [3].

Weitere Untersuchungen zum Kontaktverhalten sind Gegenstand laufender Untersuchungen und Publikationen, da die anderen wesentlichen Verbindungshalbleiter, wie InP und InAs, wiederum abweichende Metallverbindungen erfordern. Z.B. bildet Pt/Ti mit p^+-dotierter Oberfläche auf InAs gute Kontakte [4].

Eine weitere Frage bei Optimierung ist die Dicke der Basisschicht. Diese hängt z.T. von der Diffusionslänge der Minoritäten ab. Da möglichst alle Elektronlochpaare, die durch Lichtphotonen angeregt werden, getrennt an die beiden Kontaktebenen gelangen sollen, muß die Basisdicke unterhalb der Diffusionslänge der Minoritäten liegen. Bei stark gestörten Kristallstrukturen muß die Basisdicke daher gering sein (dünne Schichten).

Andererseits sollen aber alle Photonen absorbiert werden, was eine gewisse Dicke notwendig macht. Im Falle von polykristallinen und insbesondere amorphen

Schichten ist die Absorption auch bei dünnsten Schichten hoch. Dafür werden aber dort viele Photonen ihre Energie an Defekten im Kristallgitter thermalisieren, d.h. in Phononen (Gitterschwingungen) umwandeln, was dann einen Verlust an Ladungsträgern bedeutet.

Schließlich muß auch der Basiskontakt niederohmig sein. Auch soll nur ein Trägertyp an je einem der Kontakte absorbiert werden. Um zu verhindern, daß Minoritäten zum Basiskontakt gelangen, wird diesem noch eine n^+-bzw. p^+-Schicht vorgelegt (BSF = Back-Side-Field-Zellen).

In amorphen und feinkristallinen Schichten ist kontinuierliche Kontaktierung der gesamten Zelloberfläche notwendig. Dies geschieht mittels einer transparenten, leitenden Substanz wie ITO (Indium-Tin-Oxide) oder SnO_2 (Tin-Oxide) oder anderen Oxidschichten, die leiten. In allen diesen Fällen ist ein Schwachpunkt der Füllfaktor FF der Zellen. Wegen der begrenzten Leitfähigkeit der transparenten Kontaktschichten liegt hier der Füllfaktor im Bereich von 70% und begrenzt so den Wirkungsgrad.

3.3 Bänderstruktur und Materialfragen

In Abb. 3-7 sind einige Halbleiter in das Sonnenspektrum eingetragen mit den durch sie abgedeckten Teilspektren.

Danach ist es klar, daß es nicht möglich ist, mit nur einem Halbleitertyp die volle Ausnutzung des Sonnenspektrums zu erzielen. Zur vollen Ausnutzung des

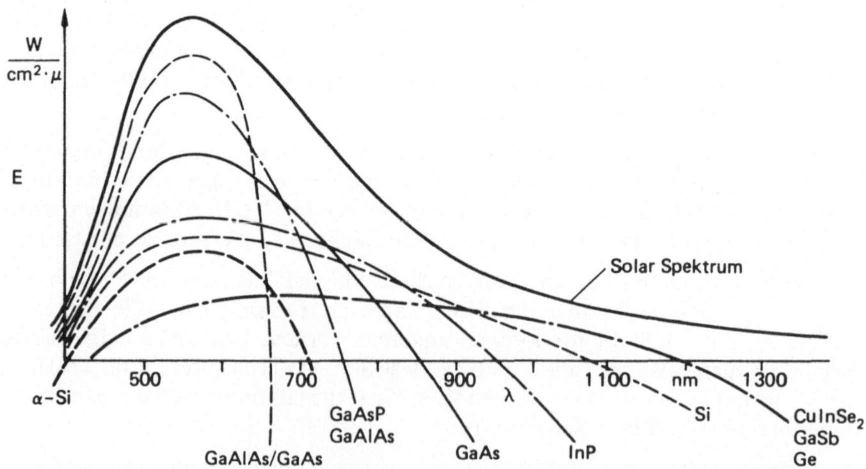

Abb. 3-7. Sonnenspektrum und umsetzbare Anteile mit den angegebenen Halbleitern.

Spektrums bedarf es mehrerer hintereinander geschalteter Halbleitertypen, wobei die Transparenz der oberen Schicht oder Schichten so gut sein muß, daß nur ein geringer Teil der Photonen, die nicht zur Paarbildung beitrugen, in der Oberschicht absorbiert wird und daß die Mehrzahl der längerwelligen Photonen in die untere Schicht gelangt.

Eine andere Methode der spektralen Ausnutzung ist die optische Trennung der verschiedenen Spektralbereiche.

In diesem Fall wird der langwellige (rote) Spektralteil durch Gradientengläser, Prismen oder auch holographisch vom kurzwelligen Teil (blau-grün) räumlich getrennt, so daß die Teile auf zwei verschiedene Solarzellen fallen.

Als Tandemzelle bot sich z.B. die Kombination Silizium/Germanium an. Es zeigte sich, daß Versetzungen und andere Gitterstörungen, insbesondere in Zwischenschichten, stark zur Verminderung von η beitrugen, indem sie Elektron-lochrekombination herbeiführen, ehe die Ladungsträger die Kontakte erreichen. Die notwendigen Dünnschichten sind nur im Epitaxieverfahren herstellbar. Bei den Elementarhalbleitern, wie Ge und Si, mangelt es an Beeinflußbarkeit der Bandstruktur durch stöchiometrische Variation bei geringer Versetzungsdichte und niedriger Substrattemperatur. Hier spielt die moderne Epitaxie der III-V-Halbleiter eine entscheidende Rolle.

In älteren Darstellungen und Analysen des technischen Standes der photo-voltaischen Solarzellen wird das Hauptaugenmerk auf die Verbesserung des Junktionsverhaltens der bekannten Halbleitertypen, wie Silizium, Germanium, GaAs, CdTe, CdSe sowie Cu_2S/CdS und $CuInS_2$ u.a., gelegt. Dabei wird die Abhängigkeit der elektrischen Ausbeute von der Diffusionslänge und als Funktion der Sperrschichtausdehnung, der Trägerbeweglichkeit und der Ladungs-trägeranregung in den Vordergrund gestellt [5].

Durch die in den letzten Jahren weiterentwickelte Epitaxie insbesondere der III-V-Verbindungen ist die Entwicklung der Solarzellen in ein Gebiet der breiteren Spektrumausnutzung eingetreten. Die Möglichkeit der Übereinander-anordnung von kristallographisch perfekten Halbleiterschichten ergab sich erst durch die Fortschritte auf dem Gebiet der Lichtemitter. Hier kam es darauf an, möglichst perfekte Mehrfachschichten von Halbleitern verschiedener Weite des verbotenen Bandes auf einem Substrat abzuscheiden. Die volle Ausnutzung dieser Möglichkeit bei der Herstellung von lichtemittierenden Dioden (LED's), Halbleiterlasern, Detektoren, in der integrierten Optik und allgemein in der Elektrooptik ebnete den Weg für die weiterentwickelte Solarzelle. Die graduelle Entwicklung der Epitaxie von der LPE (Liquid Phase Epitaxy), welche zuerst die Möglichkeit für die Herstellung komplexer III-V- und II-VI-Bauelemente eröffnete (s. z.B. [6 bis 9]), über die einfache CVD (Chemical Vapor Deposition) bis hin zur ME-MOCVD (Migration Enhanced Metal-Organic-CVD) und CBE (Chemical Beam Epitaxy) (s. Kap. 4) hat nun eine so ausgezeichnete Kontrolle der Schichtenqualität und ihrer Dicke ergeben, daß dies sich auch für die Verbesserung der Solarzellen auswirkt.

Schon früh wurde erkannt, daß die III-V-Technologie die η-Werte weit über diejenigen steigern kann, welche mit elementaren Halbleitern und denen der II-VI-Gruppe möglich sind.

Die II-VI-Halbleiter stellen zwar auch noch Modelle der stabilen elementaren Halbleiter der 4. Gruppe dar, ihr Ionenanteil im Gitter ist jedoch höher als bei der III-V-Gruppe. Auch sind die Elemente, wie Zink, Cadmium, Quecksilber und Schwefel, Selen und Tellur, chemisch aktiver, und die verbotenen Bänder dieser Kombinationen, außer den Cadmiumverbindungen, liegen entweder weit über oder unter dem optimalen Wert von 1,5 eV.

Außerdem sind die III-V-Kombinationen besonders für Konzentration geeignet. So zeigen z.B. GaAs-Zellen bei 100 Sonnen einen um 20% höheren Wirkungsgrad als Siliziumzellen bei gleicher Wärmesenke; dies, obschon Silizium eine höhere Wärmeleitfähigkeit in diesem Temperaturbereich hat. Bei z.B. 200 Sonnen Konzentration und 100 °C sinkt der Wirkungsgrad von GaAs-Zellen von 24% auf 22% [10]. Bei Silizium muß man mit einem Temperaturkoeffizienten des Wirkungsgrades vom etwa 3fachen rechnen. Ebenso gut wie GaAs verhalten sich die Verbindungen InP und GaP. Entsprechende Messungen liegen seit langem vor [11]. Dabei zeigte sich auch, daß der superlineare Anstieg der Diffusionslänge mit der Konzentration bis zu 100–200 Sonnen wirksam ist und den Wirkungsgrad verbessert.

Die relativ gute Temperaturstabilität ermöglicht zugleich die Ausnutzung der erhöhten Kühlmitteltemperatur zur Energieerzeugung (Stirling-Motoren). Tandemzellen sind meist übereinander angeordnete Doppelzellen, so daß die obere der Sonne direkt ausgesetzte Junktion in einem Halbleiter mit weiterem Band (blauempfindlich) liegt, während das durchdringende rote Licht die darunter liegende rot empfindliche Zelle mit kleinerem Bandabstand trifft, z.B. GaInAs oder GaSb.

Aus Abb. 3-7 ist ersichtlich, daß solche Schichtkombinationen das Solarspektrum besser ausnutzen und höhere Wirkungsgrade ermöglichen. So wurde z.B. mit einer Kombination von $AlInP_2$ und GaAs eine Doppelzelle entwickelt, deren innere Verbindung mittels einer Tunneldiode verwirklicht wurde. Die Dicke der oberen Schicht ist dabei so gering (im 0,1 µm-Bereich und darunter), daß die Transparenz für das längerwellige Licht hoch genug ist, so daß die untere Zelle einen Beitrag liefern kann; dies trotz der hohen Dotierung der Tunneldiode(n)-Schichten (p^{++}/n^{++}-GaAs), die nur 0,02 µm dick sind [12].

η-Werte von 27–28% wurden mit dieser Kombination (AM 1,5) erreicht. Sie würden bei Konzentration um 20–25% höher liegen, je nach Zellaufbau. Für GaAs-Konzentratorzellen des GaAlAs/GaAs-Types wurden Wirkungsgradwerte von 22 bis 28% gemessen, wenn die Konzentration von 1 auf 200 S heraufgeht [13].

Siliziumsolarzellen erhöhen ihren Wirkungsgrad ebenfalls bei Konzentration. Es besteht auch dort eine superlineare Beziehung zwischen Strom und Konzentrationsgrad. Sie kann sich jedoch infolge der Degradation mit ansteigender Temperatur praktisch nicht sehr auswirken.

3.4 Erreichte Werte: Wirkungsgrade der verschiedenen Zellen

Mit dem Basismaterial Silizium, für das schon durch die in der Mikrochiptechnologie entwickelten Methoden alle materialspezifischen Details bekannt waren, hat man schon η-Werte erreicht, die nahe an der optimal möglichen Grenze von 24% (AMO) liegen [14].

Im Vergleich der von den verschiedenen Materialien überdeckten Anteile des Sonnenspektrums (Abb. 3-2, 3-5 und 3-11) liegt Silizium mit 1,15 eV für E_g relativ gut. Wenn man dafür sorgt, daß gute Monokristalle mit hoher Trägerlebensdauer und Beweglichketit zur Anwendung kommen und man dazu die Serienwiderstände gering halten kann sowie die Reflexionsverluste auf kleinste Werte reduziert, so erreicht man, insbesondere bei Konzentration, Werte, die nahe den theoretisch optimalen liegen. Abb. 3-8 zeigt das Schema einer optimalen Siliziumzelle. Die Oberfläche ist strukturgeätzt, d.h. der in verschiedenen Kristallebenen unterschiedliche Abbau erzeugt Kavitäten, die den Lichteinfang verbessern bzw. die Reflexion verringern. Um die Abdeckung eines Teils der

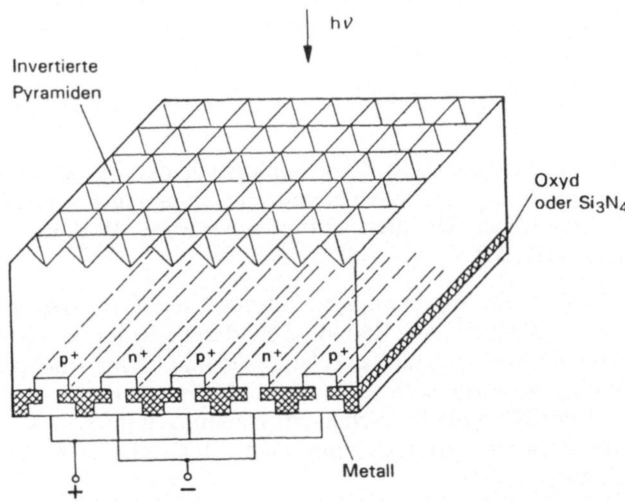

Abb. 3-8. Neuere hochwirksame Silizium Solarzelle mit Strukturätzung als Lichtfalle, Interdigit-Rückseitenkontakt und Si₃N₄-Passivierung.

Oberfläche durch das Kontaktgitter zu verringern, werden beide Kontakttypen durch eine *p-n*-Schichtung auf der Rückseite angebracht. In andern Fällen wurden auf der Oberseite Kontaktfurchen mittels Laser eingebrannt und dann metallisiert. Solch optimale Siliziumzellen benötigen gute Kristalle mit hoher Trägerlebensdauer (perfekte Monokristalle). Versuche, die Kosten für das Kristallmaterial zu verringern, haben zur Verwendung von Polykristallen und sogar zur Anwendung von amorphen Schichten geführt.

In jedem Falle der Abweichung vom perfekten Monokristall büßt man Photoempfindlichkeit und daher an Wirkungsgrad ein.

Die vielen publizierten Arbeiten auf diesem Gebiet lassen sich kurz wie folgt zusammenfassen: Die Herstellung größerer Siliziumblöcke, die z.T. auch durch Saatkristalle in einer bevorzugten Orientierung im Temperaturgradienten wachsen, verbilligt das Ausgangsmaterial, da keine komplizierte Ziehmaschine mit rotierenden Teilen benötigt wird. Diese Methode des Blockgießens und langsamen Erstarrens (so z.B. [15]) führte vor allem zu großen Polykristallen mit kolumnarer Korngrenzenorientierung; das heißt Platten, die senkrecht zur Wachstumsrichtung gesägt sind, haben vorwiegend Korngrenzen, die von oben nach unten verlaufen. Kontaktflächen und Junktionen werden daher nicht durch die häufig an Korngrenzen auftretenden Sperrschichten getrennt. Im Gegenteil: Die Korngrenzen können sogar zur Photospannung beitragen [16, 17].

Die Wirkungsgrade, die mit polykristallinem Material erreicht werden, sind nahe an denen, die mit Monokristallen erzielt werden, wenn auch stets um einige Prozent darunter. Denn die Mehrzahl der Störungen im Polykristall sind Zwillingsgrenzen und nicht Großwinkelkorngrenzen. Nur letztere haben einen entscheidenden Einfluß auf den Stromtransport.

Das Einhalten bestimmter Produktionstoleranzen ist natürlich bei Polykristallen erschwert.

Viele andere Methoden der Herstellung billiger Siliziumkristalle bzw. -schichten sind versucht worden. Je feinkörniger der Kristall wird, um so geringer wird τ, die Lebensdauer der Ladungsträger. Dadurch wird es schwieriger, Wirkungsgrade über 10% herzustellen [18, 19].

Schließlich wurden auch Versuche unternommen, Siliziumbänder zu ziehen, indem das verflüssigte Material durch eine Stahldüse hindurchgezogen wurde, wobei es wie ein Band geformt wird und auf der kalten Seite im Gradientenofen langsam erstarrt. Bei solchen großtechnisch z.B. von Mobil-Tyco ausgebauten Verfahren gibt es im Feld der Düse die Probleme der Spannungen im Kristall, da keine freitragende Kristallisierung erfolgen kann. Dadurch treten alle Arten von Defekten im Kristall auf.

Auch viele andere Arten des Bandziehens sind versucht worden, so die Benetzung von Graphitgitterbändern. Aber in allen diesen Fällen hat man es mit gestörter

Kristallisation zu tun, was die Wirkungsgrade der daraus hergestellten Solarzellen stark beeinträchtigt. So sind die auf den Solarkonferenzen (IEEE-Photovoltaic Specialists Conferences) von 1978 bis 1982 noch vordergründig behandelten Bandziehverfahren [20] in den folgenden Jahren mehr in den Hintergrund getreten.

Selbst das Ziehen von Dendriten (Westinghouse), das sehr perfekte Bänder liefert, konnte sich nicht entscheidend behaupten, da hier Dimensionsbegrenzungen (Entfernung zwischen den Dendriten und Dicke der Bänder) vorliegen.

Bänderdicken über 100 µm und Breiten über einige cm sind schwer herstellbar infolge der komplexen thermischen Probleme im Erstarrungsraum [21]. Immerhin wurden in diesem Verfahren Siliziumzellen von einigen cm^2 Größe mit 14% Wirkungsgrad hergestellt.

Die weitere Entwicklung zur Dünnschichtzelle führte dann zur amorphen Si-Schicht (α-Si:H), die nach verschiedenen Verfahren auf Stahl oder Glas aufgedampft wurde. Obschon Beweglichkeits- und Lebensdauerwerte bei diesen Schichten sehr gering sind wegen der hohen Defektdichte (mit ESP, Electron Spin Resonance, werden Dangling Bond -Dichten von $10^{18}\,cm^{-3}$ gemessen), gelang es nach und nach durch komplexere Formen der Schichtsequenzen und Heterojunktionen mit zusätzlichen intrinsicleitenden Schichten Zellen mit Wirkungsgradwerten über 10% herzustellen. Von den ersten Anfängen auf diesem Gebiet [23] wurde durch Weiterentwicklung der Formen α-SiC:H/α-Si:H bzw. α-Si:H/α-Si, Ge:H eine Verbesserung erzielt [24].

Wenngleich auch das Ausgangsmaterial, aus SiH_4 aufgedampftes Silizium in Dünnschicht, große Flächen relativ billig herzustellen gestattet, so ist doch die sorgfältige Beschichtung verschiedener Halbleiter sowie die Kontaktierung durch transparente Leiter, wie ITO (Indium-Tin-Oxide) oder SnO_2, aufwendig; dies insbesondere, wenn noch intrinsicleitende Schichten einzuordnen sind, die wegen der Degradation der Diffusionslänge sehr dünn sein müssen (250–350 µm). Ihre Rolle ist die Verringerung der Degradation bei Belichtung. Denn die amorphen Schichten mit ihrer hohen Zahl von Defekten müssen erst durch Wasserstoff in ihrer Photoleitung verbessert werden. (Absättigung der Dangling Bonds) Da aber die Aktivierungsenergie für diese Bindung gering ist, tritt bei Belichtung und Erwärmung reversible Alterung, d.h. Abnahme des Wirkungsgrades solcher Solarzellen, ein (Staebler-Wronski-Effekt, 1977).

In das Studium der metastabilen Zustände in α-Si:H ist schon viel Arbeit gesteckt worden. Die Instabilität ist bisher nicht behoben worden. Die dadurch erzeugte Senkung des Füllfaktors ist für den Wirkungsgrad abträglich, zumal FF bestenfalls um 70% liegt infolge der Notwendigkeit, die Metallisierung durch transparente Leiter zu ersetzen, deren Leitfähigkeit grundsätzlich geringer ist als die der reinen Metalle. Nach einem Jahr Betrieb der amorphen Zellen muß man mit 20% η-Verlust rechnen, was bei einer relativ niedrigen Anfangseffizienz dieses Bauelement für Kraftstromgewinnung ausschließt [24].

Der Wirkungsgrad einer Solarzelle ist entscheidend, da nur dieser die aufzubauende Anlagengröße und -fläche bestimmt. Daher vergleichen sich die Unkosten höher wirksamer Zellen so vorteilhaft mit denen der weniger guten Solarzellen. Eine Zelle, die 20% Wirkungsgrad hat, darf etwa 7mal soviel kosten wie eine 10%-Zelle.

Es wird daher heute versucht, den amorphen Zustand in einen mikrokristallinen umzuwandeln. Das kann durch RTA (Rapid Thermal Anneal) geschehen oder durch Senken der Substrattemperatur. Die notwendige Energie kann in diesem Fall mittels eines elektromagnetischen Plasmas eingestrahlt werden. Ähnliche Probleme tauchen bei den übrigen Dünnschichtzellen auf, wie ZnTe/CdTe/CdS-Heterojunktionszellen oder den bekannten $CuInSe_2$-Dünnschichten. Dabei sind hier zusätzliche Probleme durch die chemische Instabilität und hohe Diffusionskonstanten von Kupfer, Schwefel und Selen gegeben.

Alle Dünnschichtzellen amorpher Struktur liegen mit η unter den untersten Werten der auf polykristallinem Material aufgebauten Solarzellen.

Um die Instabilität der amorphen Schichten zu vermeiden, wird mehr mit mikrokristallinen Schichten gearbeitet.

Ähnlich ist der Fall der winzigen Kugelkristalle aus Silizium, die auf einer leitenden Unterlage verbunden und durch Diffusion mit einer p/n-Junktion versehen werden. Der notwendige ITO-Kontakt begrenzt auch hier den Füllfaktor. Tabelle 3-1 gibt einen allgemeinen Überblick über die erreichten η-Werte.

Tabelle 3-1. Überblick über die erreichten η-Werte

Zelltyp	Mittelwert %	max. %	100 S
α-Si:H	7–10	14	—
μc-Si	8–12	15	—
$CuInSe_2$	7–11	14	—
Si (monocryst.)	15–20	24 (AMO)	
Si-polykrist.	12–14	17	20
MIS-Inversionsschicht auf Monokristall	10–12	15	
MIS-Inversionsschicht auf Polykristall	9–11	13	
GaAs-Homojunktion (AMO)	18–24	26	28
GaAlAs/GaAs (Heterojunktion)	18–24	28	30
GaAs/GaSb-Tandem (AMO)	32	35	38–40

3.5 Optimierung bez. Bandstruktur

3.5.1 Tandemzellen

Wie erwähnt wird in den Doppelzellen (Tandem) die spektrale Breite (Empfindlichkeit) durch Übereinanderlegen zweier oder mehrerer Halbleiter erreicht, wobei die obere Junktion ein Halbleiter mit breiterem, verbotenem Band ist und die darunter liegende Zelle kleinerer Bandbreite mehr den roten Spektralbereich umsetzt. Z.B. kann man die Empfindlichkeiten einer GaAs-Homojunktionszelle mit GaAlAs-Fensterschicht mit einer unteren Siliziumzelle verbinden. Theoretisch müßten zu den etwa 25% der GaAs-Zelle noch 4 bis 5% der Siliziumzelle hinzukommen. Wegen höherer Absorptionsverluste in der oberen Zelle (das Basisgitter der oberen Zelle ist genau über dem Oberflächenkontaktgitter der unteren Si-Zelle angeordnet) ist aber oft der Beitrag der unteren Zelle sehr gering. Außerdem besteht meist ein Problem der Impedanzanpassung, wenn die Zellen durch eine Isolierschicht, z.B. RTV, getrennt sind. Bei Parallelschaltung schließt die niederohmigere die höherohmige Zelle kurz.

Man verbindet in solchem Falle die inneren Kontaktgitter und schaltet die Ströme in Serie (Abb. 3-9).

Eine andere Lösung ist die direkte epitaxiale Superposition der Zellen. Durch eingeätzte und metallisierte Gräben wird die Basis der oberen Zelle kontaktiert, die auf der Oberschicht der unteren Zelle sitzt. In diesem Fall gibt der obere Basiskontakt zugleich elektrischen Zugang zur unteren Zelle (Abb. 3-10).

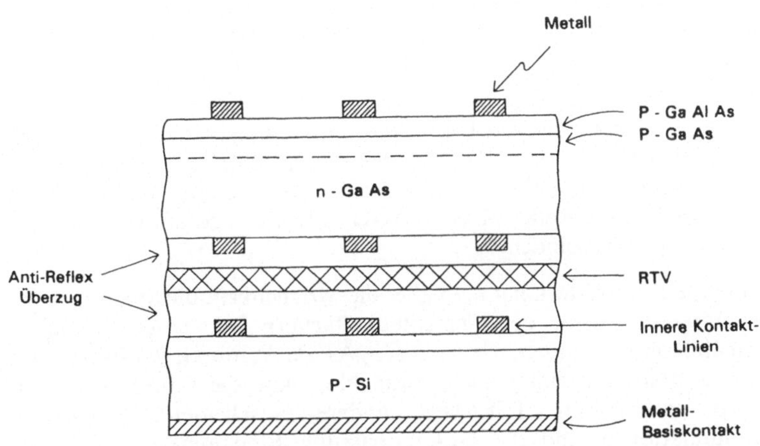

Abb. 3-9. Tandemzelle, bestehend aus einer oberen GaAs-Zelle und einer unteren Silizium Zelle. Basiskontakt der oberen Zelle liegt genau über Oberflächenkontakt der unteren Zelle. Zellen durch RTV isoliert und außen zusammengeschaltet.

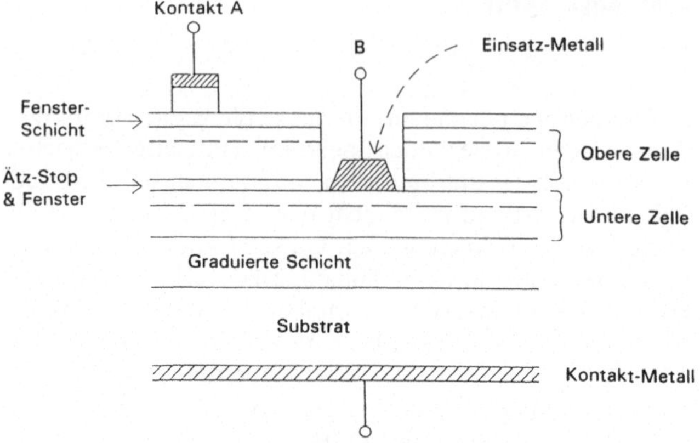

Abb. 3-10. Tandem-Zelle, bei welcher beide Schichten, für die obere Zelle (weiteres Band) und für die untere Zelle (schmaleres Band), auf einem Substrat abgeschieden sind und die innere Verschaltung durch versenkte Kontakte hergestellt ist.

Die mehr in die Zukunft weisende Methode ist die sukzessive Epitaxie von dünnen III-V-Schichten in Multijunktionsfolgen bzw. Supergitter (SLS Super Lattice Structure).

Dabei ist nun von besonderer Bedeutung, daß die Halbleiter sich ohne wesentliche Gitterstörung aufeinander durch Epitaxie abscheiden lassen. Dies ist z.B. im Fall von Si/Ge als Doppeljunktion nicht leicht zu machen, da der Gitterabstand und die Ausdehnungskoeffizienten einen zu großen Abstand haben. Beim Zusammenwachsen dieser Schichten, auch bei begrenzter Legierungsbildung, entstehen zu viele Versetzungen.

Ein Blick auf Abb. 3-11 zeigt, welche Halbleiterkombinationen für eine möglichst fehlerfreie Epitaxie geeignet sind. Dort ist der Bandabstand gegen die Gitterkonstante in Angström (d.h. 10^{-10} m oder 0,1 nm = 10^{-4} μm) aufgetragen. Man sieht, daß insbesondere die Reihe AlAs-GaAs-Ge günstig liegt, um verschiedene Bänder miteinander zu verbinden.

Bei den Verbindungshalbleitern hat man aber die Möglichkeit, die Stöchiometrie graduell zu verändern, was bei den Elementenhalbleitern nicht so leicht möglich ist. So kann man Kombinationen, wie $Al_x Ga_{1-x}$ As/Ga As, durch Verändern von x graduell in weitbandige Halbleiter verwandeln, ohne die Gitterkonstanten wesentlich zu beeinflussen. Für viele andere entscheidend gebrauchte Halbleiterkombinationen sind die Gitteranpassungs-Stöchiometrien ermittelt worden und spielen in der Epitaxie eine große Rolle bei der Herstellung der meisten III-V-Bauelemente wie Halbleiterlaser, LED's, Detektoren, integrierte Optik usw. Häufig benötigte Kombinationen, wie $(Al_x Ga_{1-x})_y In_{1-y} As$, können

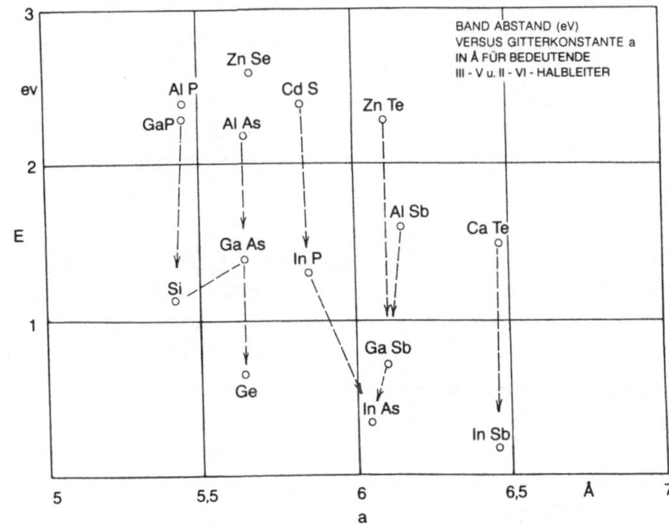

Abb. 3-11. Weite des verbotenen Bandes in eV aufgetragen gegen die Gitterkonstante für häufig benutzte Halbleiter und Halbleiterverbindungen der III-V und II-VI-Type.

durch geeignete Wahl von x and y verändert werden; dies sowohl in bezug auf ihre Bandstruktur als auch in bezug auf Anpassung auf einen Substratkristall (InAs, InP oder GaAs etc.) ohne starke Gitterfehlanpassung. Z.B. wird bei der Gasepitaxie einfach eine Gaskomponente verdichtet. Diese hohe Flexibilität der Zusammensetzung der Schichten hat zu interessanten Kombinationen geführt, die heute als SLS (Super Lattice Structures) in QWD's (Quantum Well Devices) Eingang in alle nur denkbaren neuen Bauelemente der Festkörperelektronik gefunden haben. Da es sich um sehr dünne Schichten im Submikronbereich handelt und die Technik sich durchaus für Massenproduktion aufbauen läßt, wird hier die Solarzelle von höchstem Wirkungsgrad sozusagen mitentwickelt. Denn Kombinationen der II-VI- und III-V-Verbindungen, wie sie aus Abb. 3-11 hervorgehen, spielen für die Infrarotdetektortechnologie eine entscheidende Rolle.

3.5.2 Zellen mit graduiertem Bandabstand

Neuere Überlegungen zur Steigerung der Wirkungsgrade beruhen auf der Erweiterung des spektralen Empfindlichkeitsbereiches durch mäanderförmige Bandmodulation. Durch zyklische Änderung der Stöchiometrie, d.h. eine Folge von Nanometerschichten von GaAlAs und GaAs, wird die effektive Gitterstruktur des Halbleiters so verändert, daß eine breitbandige Photoempfindlichkeit resultiert [25]. Durch zyklische Änderung sowohl des Abstandes als auch der

Breite (bzw. Höhe) der Bandänderungen im Supergitter entsteht ein neuer Halbleiter, dessen spektrale Empfindlichkeit sich in weiten Grenzen an den geforderten Spektralbereich anpassen läßt. Solch zyklische Änderungen sind mit modernen Epitaxiemethoden gut herstellbar geworden. Auch für Solarzellen eröffnet sich hier die Möglichkeit einer weiteren Anpassung an das Sonnenspektrum. Die Berechnung für eine Multischichtzelle, bei welcher das verbotene Band nach unten graduell abnimmt, zeigt, daß in diesem Fall noch höhere η-Werte möglich sind [26].

In der Folge $Al_{0,3}Ga_{0,7}As/GaAs/In_{0,35}Ga_{0,65}$ As/GaAs, d.h. von einem weitbandigeren Supergitter zu einem engbandigen Supergitter und variiertem Stufenabstand L_x (Abb. 3-12), läßt sich eine weitgehende Anpassung an das Solarspektrum, insbesondere im roten Spektralbereich, erzielen [26].

Da die Stromwerte I_m durch E_a, das effektive Band für Absorption, gegeben sind und die Spannung V_m durch E_b, den Bandabstand im Bulksubstrat, bestimmt wird, kann man durch Änderung der SL-Stufenabstände L_x die Absorptionsweite vergrößern, z.B. das Band zwischen 1 und 1,25 eV mit L_x von 10 Å bis 150 Å überdecken.

Die für SL-Stufenzellen mit E_b etwa 20% größer als E_a errechneten η-Werte liegen für AM 0 und 1 Sonne bei einem Absorptionsband $E_a - 1,25$ eV bei 35%. Für ein E_b, das um 40% größer als E_a ist, liegt der errechnete Wirkungsgrad bei 45%. Bei Konzentration (AM 0, 100 S) steigen diese Werte noch darüber.

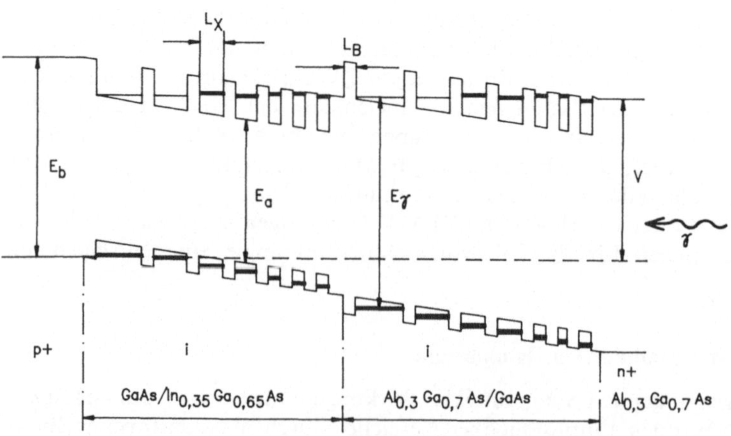

Abb. 3-12. Schema einer Bandstruktur mit Vielfachbandsprüngen, sog. MQW-Solarzellen (multi-quantum-wells) im nm-Bereich, durch welche eine bessere Anpassung an das Sonnenspektrum ermöglicht wird und Wirkungsgrade um 40% möglich erscheinen. Nach Barnham, [26].

Mit der Epitaxietechnologie kann man diese komplexen Strukturen herstellen, und es zeichnet sich die Entwicklung ab, daß insbesondere mit Chemical Beam Epitaxy (CBE) solche Bauelemente auch in Massenproduktion mittels Automatisierung herstellbar werden. Hier liegt die technische Zukunft ähnlich wie bei den IC's oder den LED's. Ist einmal das Produktionsprogramm entwickelt, so ist der Gestehungspreis lediglich eine Funktion der hergestellten Anzahl. In Massen herstellbare kleine Konzentratorzellen so hoher Wirkungsgrade werden dann die DM/kW$_i$-Preise von größeren Anlagen so senken, daß Solaranlagen großer Kapazität im Sonnengürtel durchaus mit Kernkraftwerken konkurrieren können (Kap. 17).

3.6 Formen von hochwirksamen Solarzellen und Ausblick auf Solarkraftwerke

Die siliziumbasierte PV-Technik hat sich weiter entwickelt und verspricht eine interessante Lösung in Fällen begrenzter zusätzlicher Energiequellen auf der nördlichen Halbkugel, wo diffuses Licht am häufigsten ist. Hier ist Konzentration nicht sinnvoll. Der Aufwand an Optik würde die Modulpreise unnötig verteuern, denn die Flachzellen können ohne Nachführung das diffuse Licht umsetzen, wenn sie nur generell nach Süden ausgerichtet sind. Wir sehen hier die Tendenz, die vielen Dachflächen in Städten und Dörfern für den Umsatz von Licht in Strom auszunutzen. Nimmt man an, daß von den etwa 50×10^6 Dachflächen in Deutschland von durchschnittlich $100\,\mathrm{m}^2$ im Jahr 1% neu gedeckt bzw. gebaut werden, so liefern diese 50×10^4 Dachflächen eine Möglichkeit für $50 \times 10^6\,\mathrm{m}^2$ Solarzellen. Bei einer Insolation von rund $1000\,\mathrm{kWh}$ per m^2 und Jahr könnten diese Zellen bei einem Wirkungsgrad von 10% also $5000\,\mathrm{GWh/a}$ leisten. Diese Elektrizitätsmenge entspricht immerhin dem gesamten Lichtstromverbrauch der Bundesrepublick im Jahre 1980. (Sie entspräche also etwa der Jahresleistung eines Kernkraftwerkes von $1\,\mathrm{GW}_i$.)

Man kann allerdings nicht leichthin Solarenergie im großen planen, wenn man von Wirkungsgraden im 10- bis 15%-Bereich ausgeht, selbst wenn das Ausgangsmaterial relativ billig ist. Ein technisch ausgewogenes Projekt erfordert mindestens den Wirkungsgrad eines Kohlekraftwerkes oder Kernkraftwerkes, um den technischen Aufwand sinnvoll auszunutzen.

Hier kommt nun die III-V-Technologie ins Spiel, welche sowohl die hohen, η-Werte dieser Halbleiter als auch die Dünnschichttechnologie vereint.

Nachdem es gelungen war, zunächst auf der Basis von Bulk-GaAs-Zellen Wirkungsgrade über 20% herzustellen [27], die sich auch infolge der höheren Wärmebeständigkeit für Konzentrationsanwendungen eignen, sind die Wirkungsgrade stetig heraufgegangen. Die Wirkungsgrade für GaAlAs/GaAs-Zellen, mittels MOCVD hergestellt (Metal-Organic Vapor Deposition) auf GaAs-Substraten, erreichten bei Konzentration um $100\,\mathrm{S}$ den Bereich von 28% [28].

Diese Zellen wurden auf GaAs-Monokristalle als Substrat aufgebracht. Die III-V-Technologie erlaubt eine besonders günstige Bandanpassung unter Beibehaltung der Gitterkonstanten. Dies ist besonders bedeutsam zur Herstellung defektfreier Schichten mit geringen Rekombinationsverlusten.

Von besonderer Bedeutung sind Kombinationen, wie AlAs und GaAs (Abb. 3-11). Sie weisen große Bandunterschiede bei sehr kleiner Gitterabweichung auf, was für wirksame Zellen von Bedeutung ist. Wie bei den Lichtemittern, wo die aktive Schicht zwischen zwei weitbandigeren Halbleiterschichten liegen muß, um sowohl Elektronen als auch Defektelektronenfluß in die Schicht zu erhöhen, muß in der Solarzelle für eine saubere Trennung der Ladungsträger gesorgt werden, was ebenfalls abrupte Junktionen und Bandvariation erfordert.

Abb. 3-13 stellt die einfache Form der GaAlAs/GaAs Solarzelle dar, bei der die Emitterbasisjunktion zwischen den GaAlAs-Schichten mit höherem Bandabstand angeordnet ist. Dies führt zu den Tandemzellen, wo durch Superposition von Zellen verschiedener Spektralempfindlichkeit ein größerer Teil des Sonnenspek-

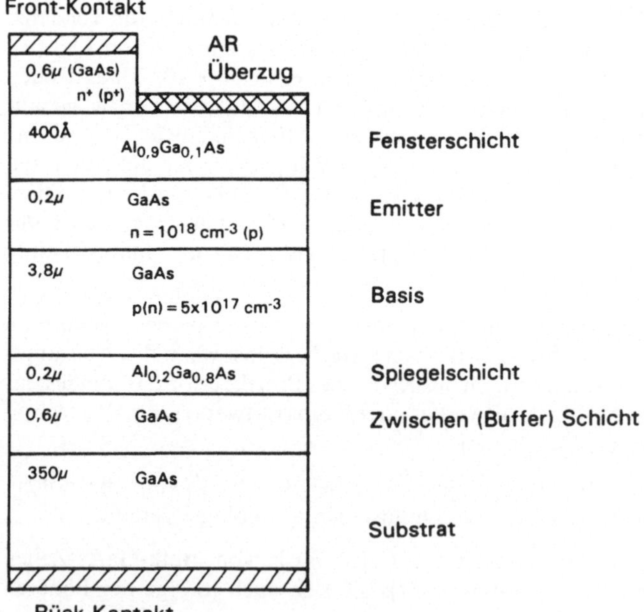

Abb. 3-13. Aufbau einer GaAs-Konzentratorzelle mit AlGaAs-Fensterschicht und Spiegelschicht. Aufbau für Epitaxie, wobei die „Buffer-Schicht" aus einer alternierenden Reihe von GaAs und GaAlAs bestehen kann.

trums ausgenutzt wird (siehe Abb. 3-7) [29]. Bei äußerer Verschaltung wurden dabei η-Werte um 25% erzielt (AM 1,5).

Die Herstellung von III-V-Solarzellen ist eng verknüpft mit der Technologie der Lichtemitter, denn die Kristalle mit direkten Übergängen vom Valenz- zum Leitungsband (Elektronlochrekombination ohne Phononenanteil) sind auch diejenigen, die sich besonders für photovoltaische Zellen eignen. Die Methoden der Optimierung sind ebenfalls sehr ähnlich. Daher konnten die ursprünglich bei der Herstellung von LED's angewandten Methoden und Geräte auch für Solarzellen eingesetzt werden [30].

Alle Details der Optimierung durch Gitteranpassung in der LPE (Liquid Phase Epitaxy) oder in MOCVD (Metal-Organic Chemical Vapor Deposition) und auch MBE (Molecular Beam Epitaxy), die für Lichtemitter ausgearbeitet wurden, sind für Solarzellen von Bedeutung [31]. Um das Prinzip der Tandemzelle weiter auszubauen, waren wesentliche Fortschritte auf dem Gebiet der Epitaxie erforderlich [32]. Die Beherrschung der inneren Verschaltung von nur 2 übereinander geschichteten Solarzellen verlangt außerordentlich kleine Serienwiderstände, die durch Tunneldioden erzielt werden. Daher hat einfache äußere Verschaltung häufig höhere η-Werte im 30%-Gebiet ergeben als innere Verschaltung [33].

Diese Fortschritte und verbesserte Heteroepitaxie, insbesondere der Übergang zu CBE (Chemical Beam Epitaxy oder MOMBE), ergaben weitere Verbesserungen. Durch diese Methode wird es möglich, die Vorteile beider Methoden, MBE und MOCVD, zu verbinden und dazu den Nachteil von MBE (hohes Vakuum, weniger saubere Zwischenschichten durch Restgasabsorption) zu vermeiden. Die Kombination von Vakuumaufdampfung mittels organo-metallischer Injektion erlaubt, den Gasverbrauch entscheidend zu senken und zugleich abrupte Zwischenschicht-Dotierungsänderungen herbeizuführen [34]. In dieser Pionierarbeit ist diese Methode bereits zu einem Produktionsmittel mit Metallalkylen ausgearbeitet. Der Verbrauch an AsH_3 z.B. ist 1/20 dessen, der in üblicher MOCVD verwandt wird und 1/4 des Verbrauchs an Galliumalkylen.

Die Herstellung brauchbarer III-V-Schichten auf Silizium.
Die großen Fortschritte in der Epitaxie haben nun auch zur Verbesserung der III-V-Epitaxie auf Silizium als Substrat geführt [35]. Im allgemeinen sind solche Schichten durch die starke Verschiedenheit der Gitterkonstanten von Silizium und den meisten III-V-Verbindungen, auf die es ankommt, sehr defektreich. Selbst GaP und AlP, deren Gitterkonstanten sehr nahe an denen des Siliziums sind (s. Abb. 3-11), sind durch die Unterschiede im thermischen Ausdehnungskoeffizienten dennoch nicht leicht auf Silizium aufzubringen (GaP: $5,3 \times 10^{-6}$ cm/°C; Si: $4,2 \times 10^{-6}$ cm/°C bei 300 K und mit höherer Temperatur auseinandergehend). In letzter Zeit sind jedoch durch CBE und besondere Maßnahmen Fortschritte erzielt worden. Beim Aufdampfen auf um einige Grad versetzte (100)-Oberflächen und Anwendung der Multischichten zur Gitteranpas-

sung kann man auf den oberen Schichten die Defektdichte so klein halten, daß es möglich wird, hierauf III-V-Bauelemente aufzubauen.

Die Technik der III-V/Si-Epitaxie, insbesondere von GaAs/Si, ist noch in vollem Fluß, und sie kann wesentlich zur Verbesserung der III-V-Technologie im Verein mit der fortgeschrittenen Siliziumtechnologie beitragen.

Bei Solarzellen müßte so die Herstellung von großflächigen Zellen, z.B. für Satellitenanwendung, ermöglicht werden. Im terrestrischen Gebrauch ist die Verwendung von GaAs-basierten Solarzellen in Konzentratorsystemen am günstigsten. Auf diese Weise läßt sich die Herstellung kleiner ($\approx 1\,cm^2$), aber hochwertiger Zellen mit der Gewinnung von Wärme verbinden, wodurch eine bessere Ausnutzung des Sonnenspektrums erreicht wird [36].

Die Fortschritte auf dem Gebiet der Solarzellen für Satelliten haben zugleich die Technik der terrestrischen Anwendung der III-V-Zellen gefördert. Besonders ist die Technik des optischen Lichteinfangs mit Konzentration auf eine hochwertige III-V-Zelle weiter ausgebaut worden. Hier ist insbesondere das auf Wasser rotierende Solarmarine-Kraftstationsprinzip der Pyron Inc., La Jolla, Kalifornien, zu nennen. Die Sonnenstrahlen werden durch auf einer Drehscheibe angeordnete Konzentratoren in Form von Gradientengläsern (Prismen) auf die Solarzellen geworfen. Die Optik erübrigt eine Höhenkorrektur (keine windgefährdeten Panels), während die azimutale Mitnahme durch die Drehung der Plattform bewirkt wird, so daß die Konzentration über die Tagesdauer gehalten wird.

Ein weiterer Vorteil dieser Anordnung besteht darin, daß der Raumbedarf nicht durch die sonst notwendige Vermeidung der Beschattung durch weiten Panelabstand noch vergrößert wird (Abb. 17-1, 17-2).

Für die Diskussion der Kosten von Solaranlagen siehe Kap. 17.

Literatur:

[1] M. Wolf: „Outlook for Si-photovoltaic devices for terrestrial solar energy utilization". J. Vac. Sc. & Technol. Vol. 12(5), Sept/Oct 1975, pp. 984–999

[2] C. J. Palmstrom and D. V. Morgan: „Metallizations for GaAs-Devices and Circuits in Gallium Arsenide", Ed. M. J. Howes and D. V. Morgan, John Wiley & Sons, 1985

[3] M. A. Crouch et al.: „Structure and Electrical Properties of Ga/Au-Ohmic Contacts to n-type GaAs, Formed by Rapid Thermal Annealing". Solid State Electronics, Vol. 33, No. 11, pp. 1437–1446; 1990

[4] A. Katz et al.: „Electrical and Structural properties of Pt/Ti-p$^+$-InAs ohmic contacts". J. Vac. Sci. Technol. B 8(5) Sept/Oct 1990, p. 1125

[5] A. Rothwarf & K. W. Boer: „Direct Conversion of Solar Energy through

Photovoltaic Cells". In „Progress in Solid State Chemistry" 10. Ed. McCaldin-Somorjai. Pergamon Press, 1976

[6] H. Kressel & H. Nelson: „Properties and Applications of III-V-Compound Films deposited by Liquid Phase Epitaxy". In „Physics of Thin Films", Vol. 7. Eds. G. Hass, M. H. Fracombe and R. W. Hoffman. Academic Press, 1973, p. 115

[7] M. B. Panish and I. Hayashi: „Heterostructure Junction Lasers" in Applied Solid State Science, Vol. 4; Ed. R. Wolfe. Advances in Materials and Device Research; Academic Press, 1974; pp. 235–328

[8] H. F. Mataré: „Light Emitting Devices", Part I: Methods. In Advances in Electronics and Electron Physics, Vol. 42, Academic Press, 1976, pp. 179–279 und Part II: Device Design and Applications. Vol. 45, Academic Press 1978 pp. 39–201

[9] E. M. Conwell and R. D. Burnham: „Materials for Integrated Optics": GaAs.-Annual Reviews in Materials Science, 1978, pp. 135–179

[10] R. L. Boettcher et al.: „The Temperature Dependence of the Efficiency of a AlGaAs/GaAs Solar Cell operating at high concentration". IEEE Electron Device Letters. Vol. EDL No. 4; April 1981

[11] H. F. Mataré and G. A. Wolff: „Concentration Enhancement of Current Density and Diffusion Length in III-V-Ternary Compound Solar Cells, „Applied Physics", 17; pp. 335–342, 1978

[12] J. M. Olson et al.: „Recent Advances in High-Efficiency $GaInP_2$/GaAs Tandem Solar Cell". 21. IEEE-PV-Specialists Conf. Proceedings 1990, pp. 24–29

[13] H. F. MacMillan et al.: „28% Efficient GaAs-Concentrator Solar Cells". 20. IEEE-PV-Spec. Conf. Proceedings 1988, pp. 462–468

[14] M. A. Green et al.: „20% Efficient, Laser-grooved, buried contact Silicon Solar Cells". 20. IEEE Photovoltaic Spec. Conf. Proceedings, 1988, Vol. I; p. 411

[15] B. Authier: „Poly-Crystalline Silicon with Columnar Structure". Festkörperprobleme XVIII; 1978

[16] H. F. Mataré: „Enhanced carrier collection at grain boundary-barriers in solar cells, made from large-grain polycrstalline material". Solid State Electronics Vol. 22, 1979, pp. 651–658

[17] H. Chang Lin and S. M. Johnson: „Analysis of an enhanced photoresponse observed at subgrain boundaries in polysilicon solar cells". IEEE Transactions on Electron-Devices, Vol. ED-30 No. 10, Oct. 1983

[18] H. Fischer: „Solar Cells based on Nonsingle Crystalline Silicon" Festkörperprobleme XVIII; 1978, pp. 19–32

[19] K. Roy and W. P. Pschunder: „Comparison of Solar Cells from non-single and single crystalline silicon in a Pilot-Production Line. Third E. C. Photovoltaic Solar Energy Conf. Proceed. Cannes, France, 27–31 Oct. 1980; D. Reidel Publ. Co, Dordrecht, Holland, pp. 263–269

[20] B. H. Mackintosh et al. „Multiple Silicon Growth by EFG". 13. IEEE Photovoltaic Spec. Conf. Proceed., 1978, pp. 350–357

[21] R. G. Seidensticker et al. „Computer Modeling of Dendritic WEB Growth Processes and Characterization of the Materials". 13th IEEE Photovoltaic Spec. Conf. Proceedings; pp. 358–362

[22] Siehe: 3. und 4. EC-Photovoltaic Solar Energy Conferences, Proceedings, Cannes, France 1980, und Proceedings, Stresa, Italy 1982

[23] Siehe z.B.: 20th IEEE Photovoltaic Spec. Conference 1988, Las Vegas; Proceedings Sept. 26–30

[24] L. C. Mrig and W. B. Berry: „Useful Life Prediction for first generation α-Si Photovoltaic Modules using outdoor test data". 20th IEEE PVS-Conf. Proceed. Las Vegas 1988; Sept. 26–30., pp. 370–374

[25] O. J. W. Byungsung et al.: „Long-wavelength infrared detection in a photovoltaic-type superlattice structure". J. Vac. Sci. Technol. B 9(3), May/Jun, 1991, p. 1789–1793

[26] K. W. J. Barnham and G. Duggan: „A new approach to high-efficiency multi-band-gap solar cells". J. Appl. Phys. 67(7) 1. April 1990, pp. 3490–3493

[27] L. W. James and R. L. Moon: „GaAs concentrator cell". Appl. Phys. Letters. Vol. 26(8), 15. April 1975, pp. 467–470

[28] H. F. MacMillan et al. „28% Efficient GaAs-Concentrator Solar Cells". 20th IEEE PVS-Conf. Proceed. 1988, Vol. 1, pp. 462–468

[29] L. Mayet et al.: „High Efficiency $Al_{.32}Ga_{.68}As/GaAs$ Tandem Solar Cells with three terminals". 20th IEEE PVS-Conf. Proceed. Vol. 1, 1988, pp. 697–601

[30] H. F. Mataré: „Interface growth conditions and junction formation for Ga_xAl_{1-x} As/GaAs high efficiency LED's". Solid State Technology.- December 1972, pp. 41–45

[31] s.z. B. H. F. Mataré: „Light Emitting Devices", Part I, Methods. In „Advances in Electronics and Electron Physics" Vol. 42; Academic Press 1976; und Part II: „Device Design and Applications" ebenda Vol. 45, 1978

[32] H. F. Mataré: „The Electronic Properties of Epitaxial Layers" in „Critical Reviews in Solid State Sciences" Vol. 5, Issue 4; 1975; CRC Press., pp. 499–545

[33] DOE (Department of Energy)-Report DOE/CH 10093-40 (Solar Research Institute, Golden, Colorado, 1989)

[34] L. M. Fraas, P. S. McLeod, L. D. Partain and J. A. Cape: „Epitaxial Growth from organometallic sources in high vacuum". J. Vac. Sci. Technol. B 4(1), Jan/Feb 1986, pp. 22–29

[35] „Heteroepitaxy on Silicon"—Symposium Proceedings; Materials Research Society, Volume 67; Eds. J, C. C. Fan and J. M. Poate, MRS, Pittsburgh 1986

[36] H. F. Mataré: „Energy, Facts and Future", CRC Press, Florida 1989

[37] M. J. O'Neill and M. F. Pisczor: „An advanced space photovoltaic concentrator array using Fresnel-lenses, Gallium Arsenide cells and prismatic cell covers". 20th IEEE-PVS-Conf. Proceed. 1988, pp. 1007–1012

4 Moderne Herstellungstechniken und Methoden der Epitaxie

4.1 Flüssigkeitsepitaxie (LPE = Liquid Phase Epitaxy)

Die erste erfolgreiche Produktionsmethode für III-V-Epischichten ergab die LPE. Epitaxie als Produktionsprozeß fand schon früh in der Halbleitertechnik in Form der Homoepitaxie, z. B. Silizium auf Silizium, Eingang. Durch Abscheiden aus der Dampfphase bzw. katalytische Zersetzung von SiH_4 oder $SiCl_4$ oder der gemischten Phasen $SiHCl_3$ etc. konnten Schichten höherer Perfektion und variierter Dotierung auf den Substraten abgeschieden werden. Schon früh wurde die Dampfphasenepitaxie (VPE = Vapor Phase Epitaxy) daher in Bauelementen angewandt. Dort kommt es auf monokristallines Wachstum unter Beeinflussung der Leitfähigkeit (Dotierung) an [1].

Die Versuche, die Heteroepitaxie auf gleiche Weise zu lösen, z. B. im Falle von Silizium auf Saphir, hatten zwar erste Erfolge bei der Zusammenstellung von Halbleitern auf Isoliermaterial [2], konnten jedoch trotz intensiver Arbeit nicht die Probleme der Zwischenschichtdefekte lösen.

So ist zwar die Homoepitaxie weiterhin eine wesentliche Methode bei der Herstellung von Siliziumbauelementen, insbesondere CMOS, aber die Heteroepitaxie konnte aus Gründen der Gitterfehlanpassung und des Problems der verschiedenen Ausdehnungskoeffizienten [3] erst mit der Entwicklung der III-V-Technologie wirklich ausgebaut werden.

Die Gründe liegen in der Komponentenvariation und der dadurch möglichen Gitteranpassung bei gleichzeitiger Veränderung des Bandabstandes und der Dotierung (Abb. 4-1).

Die erste in Bauelementen erfolgreiche Epitaxiemethode für III-V-Halbleiter war die Flüssigphasenepitaxie.

Legierungsbildung unter gleichzeitiger Rekristallisation vom Substrat her unter Beibehaltung der monokristallinen Struktur ist der entscheidende Vorgang. Ein Vorteil für die Legierungsbildung ist, daß die Elemente Gallium und Indium sich bei niedriger Temperatur zur Herstellung einer übersättigten Schmelze eignen. Abb. 4-1 zeigt den relevanten Teil des periodischen Systems. Die IV. Gruppe der elementaren Halbleiter wird durch Verbinden von Elementen der III. und V. Gruppe nachgebildet. Bei der Epitaxie, z.B. auf GaAs, spielt es daher eine Rolle, daß von einer Galliumschmelze ausgegangen wird, durch die das Abschmelzen eines Teils des Substratmonokristalls mit nachfolgender Rekristallisation und

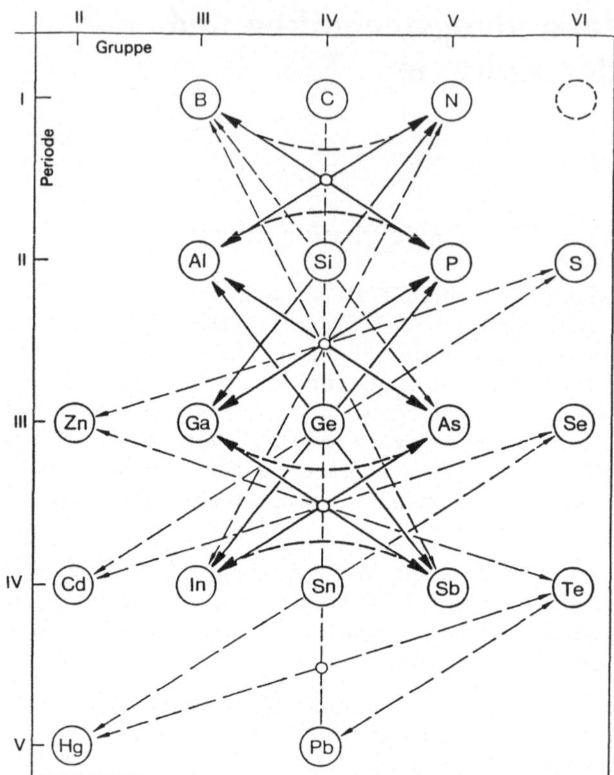

Abb. 4-1. Teil des periodischen Systems der Elemente mit der zentralen IV. homopolaren Gruppe sowie den III-V bzw. II-VI-Kombinationen, wobei die durch gerade Pfeile verbundenen Elemente (z.B. AlAs oder GaSb) Modellstrukturen zwischen Ge und Si bzw. Ge und Sn liefern. Die gestrichelten Verbindungen liefern Modellhalbleiter (mit Ionenanteil) nahe den Nachbarperioden. Z.B. GaAs (Ge) oder AlP (Si) und InSb (Sn).

monokristalliner Aufbringung einer dotierten und stöchiometrisch variierten Oberschicht ermöglicht wird.

Dasselbe gilt für eine Indiumschmelze als Basis. Diese Nicht-Gleichgewichts-Abschmelzung und Rekristallisation in III-V-Verbindungen leitete die großen Fortschritte in der Halbleitermetallurgie ein, die zur Schaffung der nachfolgenden Bauelementetechnik führten, welche das gesamte Gebiet der Halbleitertechnik bis heute dominieren. Erste Anwendungen brachte die Halbleiterlasertechnik im Bereich industrieller Anwendung [4], wobei die erste primitive Kippapparatur nach Nelson die ersten Heteroschichten ermöglichte (Abb. 4-2).

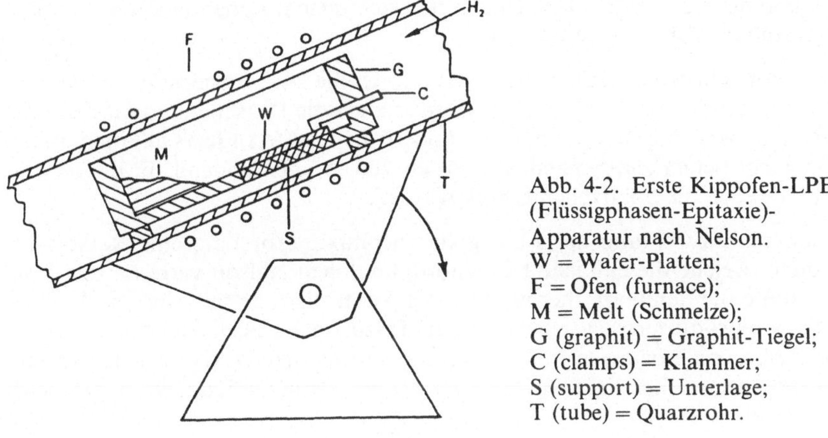

Abb. 4-2. Erste Kippofen-LPE (Flüssigphasen-Epitaxie)-Apparatur nach Nelson.
W = Wafer-Platten;
F = Ofen (furnace);
M = Melt (Schmelze);
G (graphit) = Graphit-Tiegel;
C (clamps) = Klammer;
S (support) = Unterlage;
T (tube) = Quarzrohr.

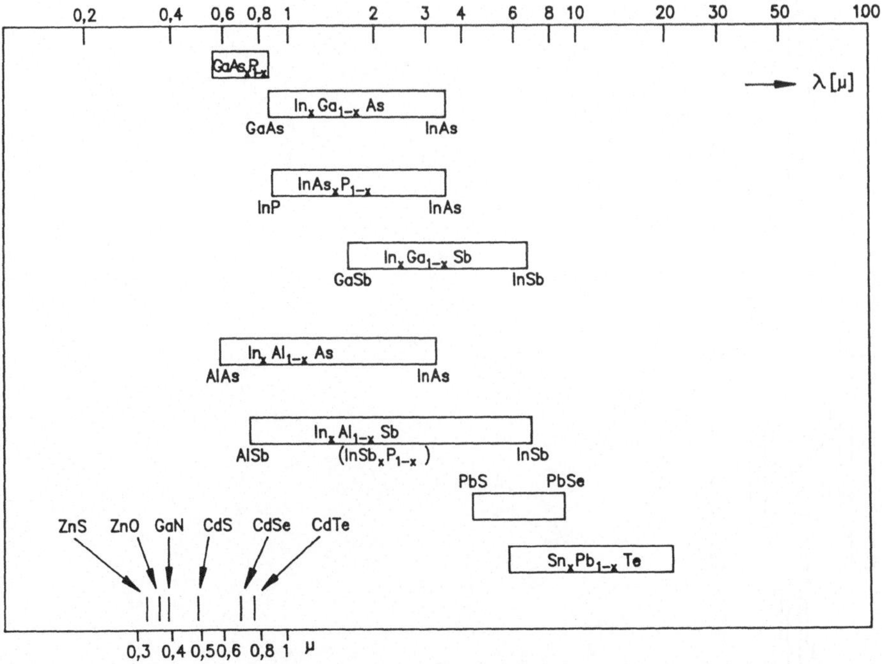

Abb. 4-3. Mögliche Abdeckung der spektralen Bereiche durch die bekannten ternären intermetallischen Verbindungen.

Die so überdeckten Spektralbereiche mittels der verschiedenen ternären Verbindungen sind in Abb. 4-3 aufgetragen.

Weitere Fortschritte wurden insbesondere durch die konzentrierte Arbeit in den Bell-Laboratorien erzielt [5]. Hierbei wurden auch die Phasendiagramme soweit geklärt, daß Mehrfachschichten, insbesondere die GaAlAs/GaAs alternierenden Confinement-Schichten, herstellbar wurden, die so entscheidend für die Laser- und später auch die Solarzellentechnik wurden.

Die weitere Entwicklung der Flüssigphasenepitaxie erbrachte eine Reihe von Methoden, welche die einfache Kippanordnung nach Nelson verbesserten. Vor allem mußte die Schmelze thermisch besser kontrollierbar sein und die Waferbenetzung reproduzierbar gemacht werden. Dazu ergaben sich nacheinander eine ganze Reihe von Lösungen [6]. Im Anfang wurde vielfach die Tauchmethode angewandt, bei welcher die GaAs-Platten von oben her in die Schmelze eingetaucht werden (Abb. 4-4).

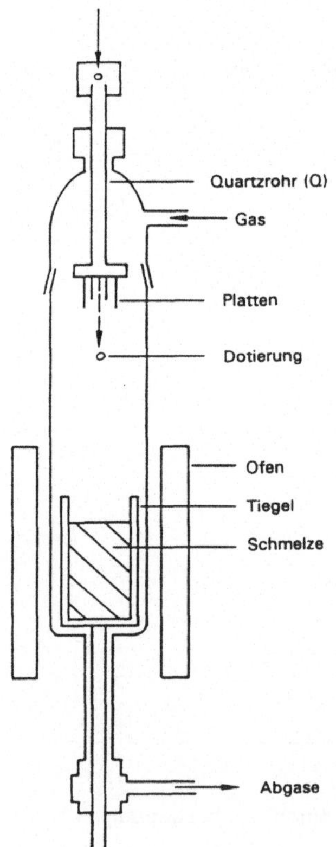

Abb. 4-4. Vertikale Tauchapparatur zu LPE mit Dotierung durch den Wafer-Halter.

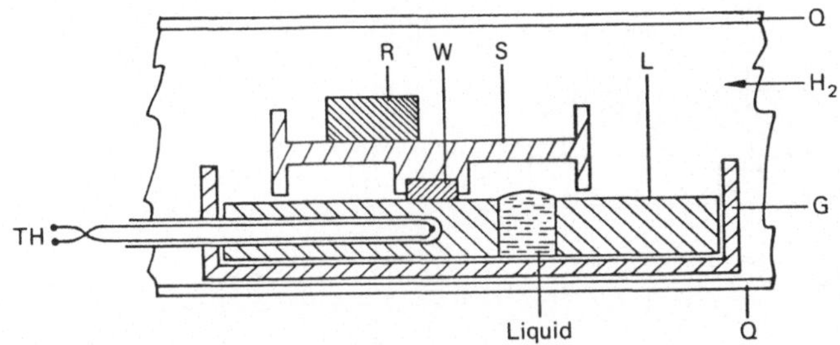

Abb. 4-5. Gleitender Epitaxial-Ofen. Q = Quarz-Rohr; G = Graphittiegel; L = Schmelz-tiegel; S = Gleiter bzw. Wafer-Halter; W = Wafer; Th = Thermoelement; R = Rammer bzw. Gewicht zur Bewegung von S beim Kippen.

Die Benetzung findet auf beiden Waferseiten statt. Die Rekristallisationstiefe kann durch den Temperaturgang der Schmelze bestimmt werden. Um jedoch besser kontrollierte Schichtdicken und genauere Dotierungshöhen einzuhalten, wurde die Nelson-Apparatur von Panish und Hayashi (Bell Labs.) so umgewandelt, daß der Wafertransport mittels eines beschwerten Trägerblocks beim Kippen des Quarzrohres auf die im unteren Graphittiegel befindliche Schmelze geschoben wurde (Abb. 4-5). Ein Vorteil ist hierbei auch die Entfernung einer durch Oxidation entstandenen oberen Schicht auf der Schmelze.

Weitere Abwandlungen der Flüssigphasenapparaturen betreffen vor allem die Möglichkeit der Abscheidung mehrerer Schichten mit verschiedenen Dotierungen. Zum Beispiel in Abb. 4-6 werden zwei bewegliche Graphitboote benutzt. Die untere Platte trägt zunächst die Schmelze mit. Die obere Platte hat mehrere Öffnungen für verschiedene Dotierungssubstanzen, die der Reihe nach mit der Schmelze in Verbindung gebracht werden. Von der Schmelze wird jeweils durch Verschieben von G_2 ein Teil auf den Wafer bzw. das GaAs-Substrat geschoben und durch Temperaturänderung wird erst ein Teil des Substrats zurückgeschmolzen und dann aus der übersättigten Schmelze wieder auskristallisiert. Abb. 4-6 b) zeigt eine andere Version der LPE-Apparatur. Hier befindet sich die Hauptschmelze bei M, von welcher ein Teil A (aliquot melt) abdekantiert wird, indem G über S geschoben wird. Nach Rekristallisation wird dieser Aliquotmelt in die Öffnung D der Graphitunterlage abgesetzt. Andere Varianten sind in Abb. 4-7 a) und b) dargestellt. In a) liegt das Substrat W auf einem Graphitinterzeptor. Die Schmelze ist als limited melt (begrenzte Schmelze) aufgebracht und reagiert im Temperaturgradienten ΔT so, daß Rückschmelzen und danach Rekristallisation stattfinden. Durch Deckplatte G können innerhalb der Öffnungen H auch Dotierungselemente zugegeben werden. Diese Methode wurde vom Autor erfolgreich für die Produktion von Solarzellen für Konzentratoren erprobt. Sie wurde von Hovel und Woodall zuerst für Solarzellen verwandt, nachdem ihre Anwendung für die Produktion von LED's entwickelt wurde [7, 8].

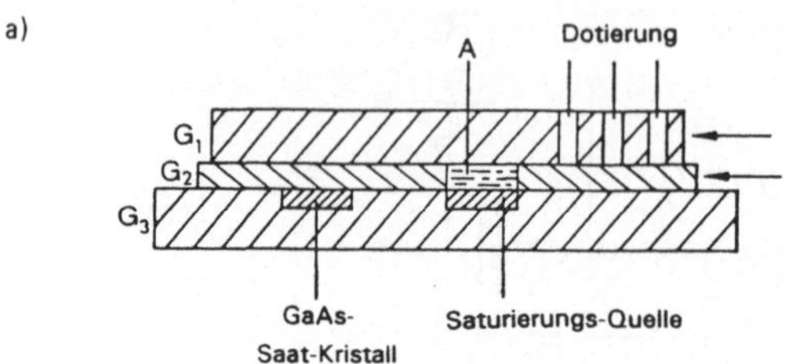

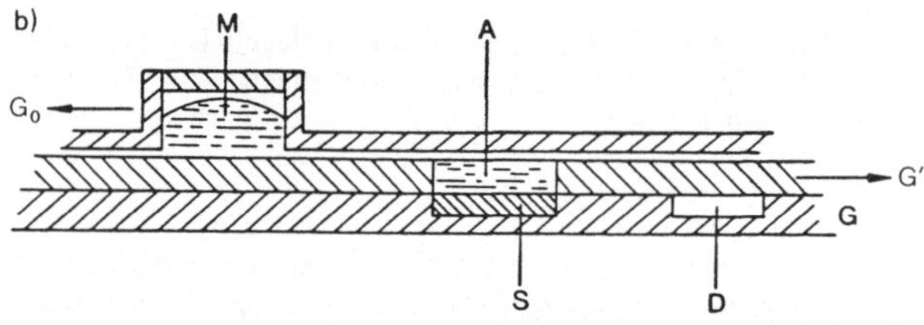

Abb. 4-6. Methode der Dekantierung von einer Schmelze (aliquot melt).
a) Die Schmelze sitzt im unteren Graphittiegel G_3 und in einem Teil der oberen gleitenden Graphitplatte G_2. Durch Bewegen von G_2 wird ein Teil der Schmelze auf das Substrat GaAs gebracht. Eine Dotierungsänderung kann außerdem durch Bewegen von G_1 erzielt werden. b) In dieser Apparatur wird die Teilschmelze A (aliquot melt) von der Schmelze M durch Schieben von G' über A bzw. S abgesetzt (S = Platte bzw. Substrat). Nach Dekantieren kann die verbrauchte Schmelze A in der Öffnung D im Graphitträger G abgesetzt werden, um einen weiteren Epitaxieschritt durchzuführen (z.B. nach Dotierungsänderung).

Bei der Solarzellenproduktion mußte ein programmierter Durchgang der GaAs-Platten mit ihrer jeweiligen begrenzten Schmelze durch den Temperaturgradienten stattfinden. Dies wurde in einer senkrechten Quarzapparatur erreicht. Das Quarzrohr, das die Wafer mit ihrer Schmelze im Graphithalter trägt, wird langsam durch den vertikalen Ofen automatisch geregelt hindurchbewegt [9].

Weitere Verbesserungen wurden von verschiedenen Autoren vorgeschlagen, wobei z.B. eine Erhitzung durch Peltier-Effekt die Rekristallisation verbessern soll.

Abb. 4-7 b) zeigt die Anordnung nach Daniele [10].

Die Stromzufuhr geht in zwei durch eine Bornitridplatte getrennte Graphitplatten, so daß nur die Schmelze und der Wafer den Strom durch die Graphitplatten leiten.

Weitere Versuche zur Massenproduktion von Epitaxieschichten mittels LPE führten zu weiteren Vorschlägen veränderter Eintauchverfahren (Abb. 4-8 a) und von Rotationsverfahren mit Dotierungsmöglichkeit (Abb. 4-8 b).

Entscheidend für die genauere Kontrolle der III-V-Schichtenfolge und deren Dotierung ist die reproduzierbare Filmdicke und damit also saubere Temperaturmessung. Für Vielfachschichten wurden Apparaturen der Form entprechend Abb. 4-9 entwickelt [5].

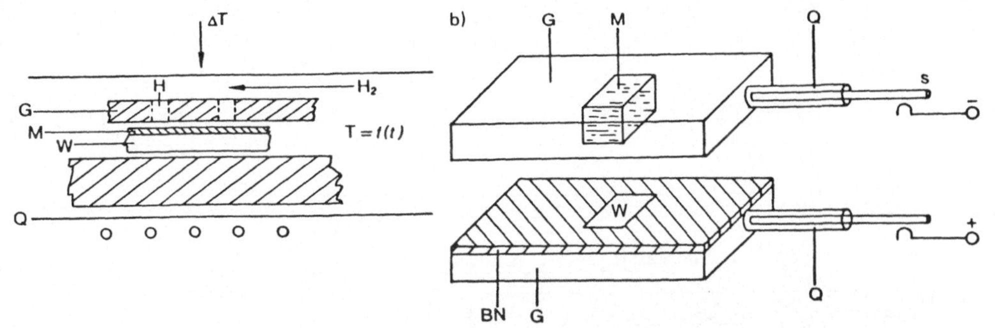

Abb. 4-7. a) Methode der begrenzten (dünnen) Schmelze (M). Diese wird unabhängig vor Epitaxie auf der Platte abgeschieden und im Gradientenofen auflegiert und abgekühlt, wobei die Graphitplatte G als Schutzplatte auch Dotierung durch die Öffnungen zulassen kann. b) Peltier-Wärme induzierter Temperaturgradient innerhalb der Schmelze M, die in der oberen Graphitplatte G mit Kontakt S durch das Quarzrohr Q verbunden ist. Die Graphitplatten G, welche durch S elektrischen Kontakt haben, sind durch eine isolierende Bornitrid (BN) Schicht getrennt, so daß der Strom nur durch die Schmelze und das Substrat fließt.

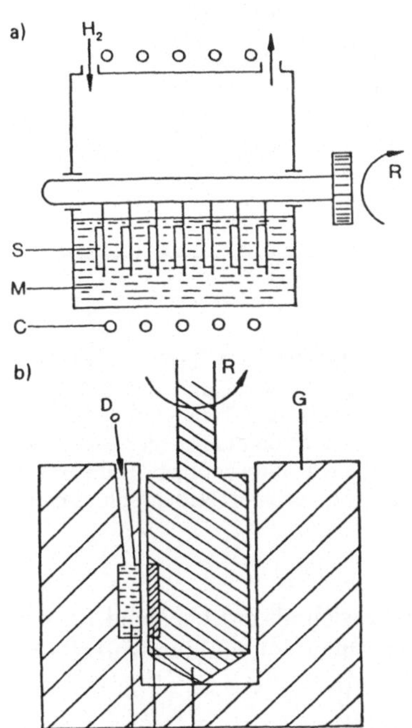

Abb. 4-8. a) Produktionsmethode für LPE durch gleichzeitiges Eintauchen mehrerer Wafer S in die Schmelze M durch Rotation (R) der Achse.
b) Ähnliches Rotationsgerät, so daß der Wafer (W) um die Vertikale gedreht wird, da er in einer Öffnung des Graphitzylinders C sitzt. Durch Drehung wird W mit M (melt) der Schmelze in Berührung gebracht und dann der Temperaturgang für Legierung und Rekristallisation eingeleitet. Dotierung kann durch einen Schlitz im Graphittiegel G erfolgen.

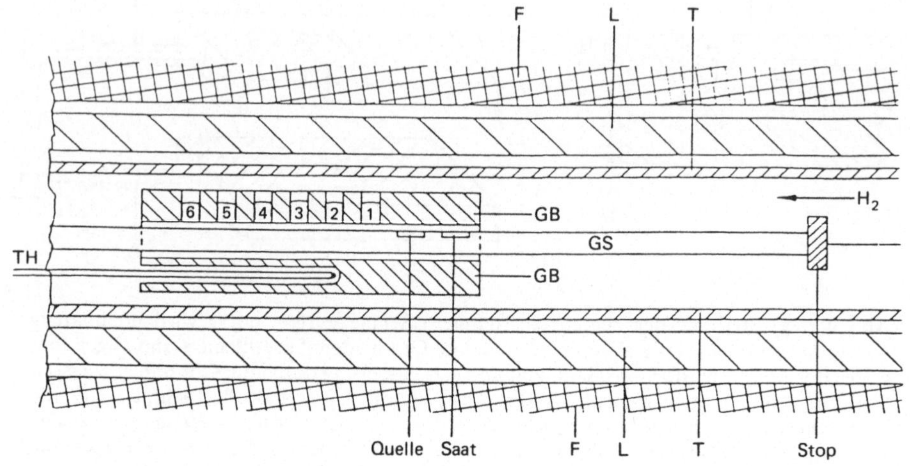

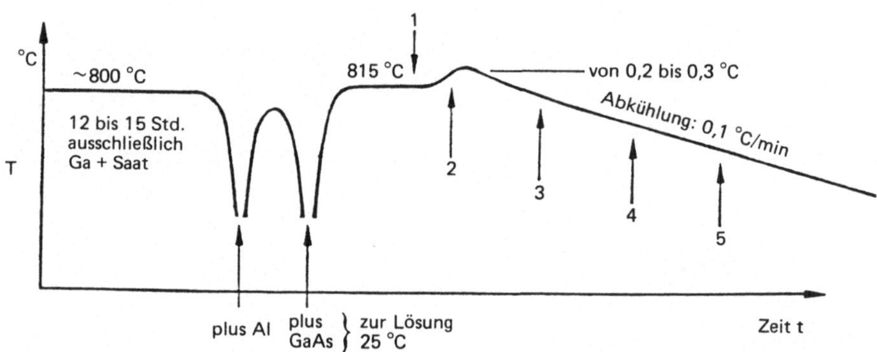

Abb. 4-9. Anlage zur LPE-Herstellung von Vielfachschichten und Temperaturprofil. Nach Ausheizen bei 800 °C und Abkühlen der Gallium-Einwaage und des Substrats werden niedrig-schmelzende Komponenten zugegeben und die Temperatur für die Rückschmelzung eines Teils des Substrats gesteigert. Danach erfolgt langsames Abkühlen (0,1 °/min), wobei die verschiedenen Legierungen je nach notwendiger Temperatur während des Abkühlens durch Verschieben von GS mit den einzelnen Nebenschmelzen in Berührung gebracht werden.

Die Messung der Flüssigphasen-Isothermen erwies sich als entscheidend für die korrekte Einstellung. Abb. 4-10 zeigt die Isothermen im Galliumwinkel des GaAlAs-Phasendiagramms.

Je höher die Atomprozente der Komponenten, desto höher die Temperatur [5].

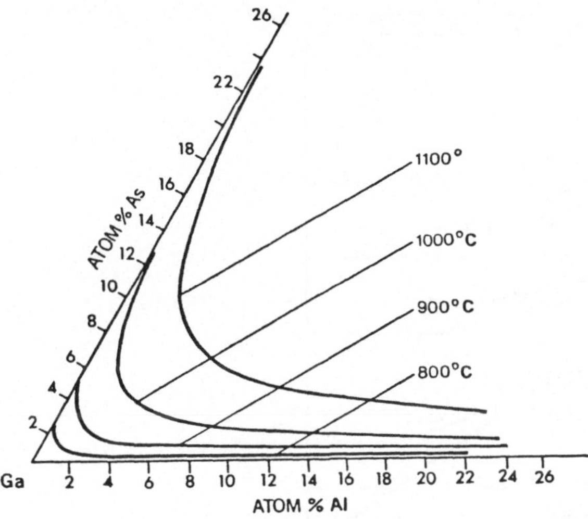

Abb. 4-10. Isothermen der Flüssigphasen in Al-Ga-As-Systemen, nahe der Gallium-Ecke des Phasendiagramms (Panish-Hayashi).

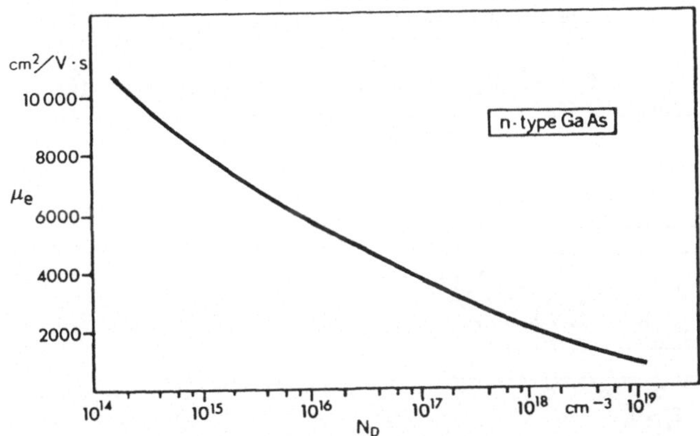

Abb. 4-11. Abnahme der Elektronenbeweglichkeit mit der Basisdotierung.

Die Kenntnis der Elektronenbeweglichkeit μ spielt eine große Rolle bei der Herstellung von Bauelementen und zeigt die Grenze auf für höhere Dotierung (Abb. 4-11).

Die Kenntnis der Diffusionskonstanten ist dabei wichtig, wenn z.B. Oberflächenjunktionen mittels Diffusion hergestellt werden (Abb. 4-12).

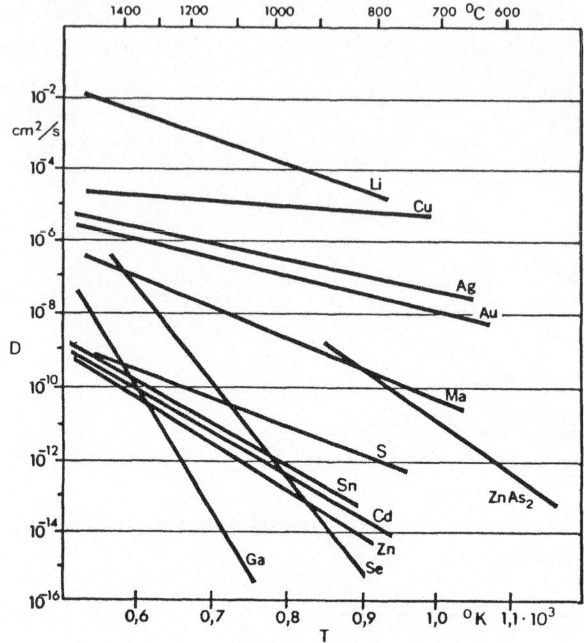

Abb. 4-12. Diffusionskoeffizient D (cm²/s) gegen die Temperatur aufgetragen, für die wesentlichen Verunreinigungen im GaAs.

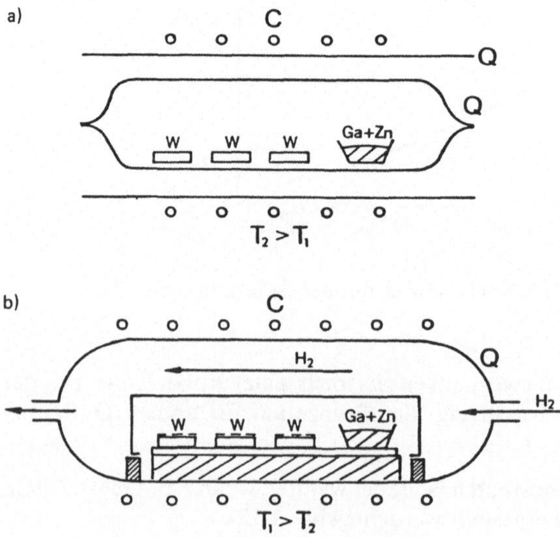

Durch Diffusion hergestellte GaAs-Solarzellen haben auch brauchbare Wirkungsgrade erreicht, sind aber in ihrem Verhalten und den erreichbaren η-Werten nicht auf das Niveau der mit LPE hergestellten Zellen gekommen. Diffusion ist ein relativ einfacher Prozeß, wie Abb. 4-13 darstellt. Die Waferplatten (W) sind in a) im geschlossenen Quarzrohr dem verdampfenden Diffundanten, z.B. Zn, ausgesetzt, oder sie werden wie in b) im Wasserstoffstrom im offenen Rohr der Dampfphase des mitgetragenen Ga + Zn ausgesetzt.

4.2 Chemische Aufdampfverfahren

Das fundamentale Verfahren der chemischen Aufdampfung (CVD) ist seit Beginn der Anwendung von Halbleitern in der Elektronik im Gebrauch und schon in der ersten Zeit der Germaniumdioden sowie der ersten Siliziumdetektoren neben dem Vakuumaufdampfverfahren für ohmsche Kontakte und Schottky-Kontakte angewandt worden.

Verglichen mit Vakuumaufdampfen wurde CVD schon früh als die bedeutendere Methode erkannt, sofern es auf sauberes Halbleiterschichtwachstum ankommt. Das hat seinen Grund darin, daß selbst das höchste Vakuum keine vollends reinen Substratoberflächen herzustellen erlaubt und daß die ballistische Abscheidung eine höhere Substrattemperatur zur Formierung von Atomgruppen (Cluster) verlangt als die chemisch-katalytische Abscheidung. Bei reiner Vakuumaufdampfung gilt, daß die Abscheiderate auf ein Oberflächenelement a^2 durch Waltons Gleichung gegeben ist:

$$Ra^2 = v \exp (U + Q)/kT$$

$R =$ Auftreffrate der Atome auf die Substratoberfläche; $v =$ Phononvibrationsfrequenz bei der Temperatur T; $T =$ Substrattemperatur; $k =$ Boltzmannkonstante; $a =$ Entfernung zwischen Absorptionszentren; $U =$ Bindungsenergie eines Atoms an ein Cluster; $Q =$ Bindungsenergie eines Atoms an die Oberfläche.

Für die Substrattemperatur ergibt sich also:

$$T = (U + Q)/k \ln (RA^2/v)$$

d.h. je kleiner die Bindungsenergien sind, also auch die Potentialschwelle für Kohäsion, desto geringer ist T und in geringerem Maße, je größer R ist ($R =$ Abscheiderate).

Abb. 4-13. a) Diffusion im geschlossenen Quarzrohr mit Gallium + Zink-Schmelze als Diffusionsquelle.
b) Diffusion im offenen Quarzrohr unter H_2-Fluß. Die Wafer W sind hier unter einer Abdeckung mit stärkerer Zink-Konzentration.

Im Gegensatz zu ALE (Atomic Layer Epitaxy) oder AVD (Atomic Vapor Deposition) ermöglicht CVD eine katalytische Umsetzung bzw. Abscheidung der Atome an der Oberfläche. Die chemische Wirkung macht die bei AVD notwendig komplexen Schritte der Ionenreinigung und des Hochvakuums unnötig. Der Fortschritt bei der Herstellung perfekter Epitaxieschichten der III-V-Verbindungen wurde vor allem durch die Möglichkeit einer graduellen Umwandlung erzielt. Z.B. bei der Abscheidung einer $GaAs_xP_{1-x}$-Schicht auf GaAs wird zunächst GaAs aus einer Quelle für Gallium und AsH_3 abgeschieden. Sodann wird graduell PH_3 zugegeben, wobei die Gitterkonstante nicht abrupt wechselt und sogar ein seitliches Auswachsen der entstehenden Versetzungen möglich wird. Die Zugabe von HCl-Dampf kann Subchloride des Galliums erzeugen, wodurch dann eine Erhöhung der Abscheiderate bei niedriger Substrattemperatur gegeben ist (Abb. 4-14).

Werden weitere Komponenten wie Indium, z.B. in $Ga_xIn_{1-x}As_yP_{1-y}$, benötigt, so fügt man einfach ein weiteres Quarzrohr mit der Indiumquelle hinzu, so daß im Mischraum sowohl die Gallium- wie auch Indiumchloride und dazu AsH_3 plus erwünschte Dotierungselemente wie Zink oder Cadmium hinzukommen (Abb. 4-15).

Moderne CVD-Apparaturen führen die Reaktorgase in Form von metall-organischen Verbindungen ein, welche durch sog. Cracker, d.h. Separatoren, die die

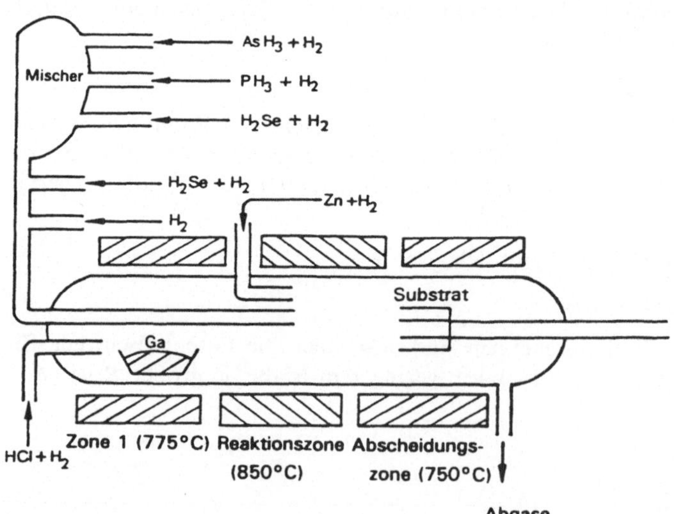

Abb. 4-14. Typische CVD-Anlage mit 3 Temperatur-Zonen: Zone 1 für Gallium-Verdampfung; Zone 2: Mischzone für Dotierung und Hydride; Zone 3: Substrat- oder Reaktionszone.

70

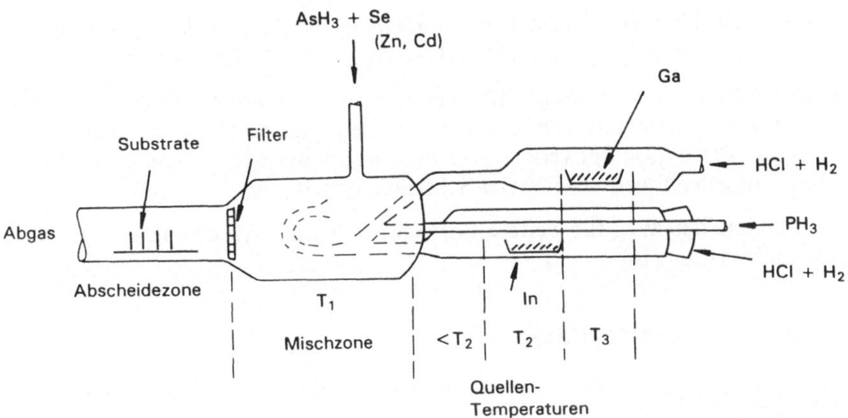

Abb. 4-15. CVD-Anlage mit Mischgefäß und Verdampfungsrohre mit Ga- und In-Tiegel durch Filter getrennt von den Substraten.

Verbindungen durch Erhitzen aufspalten, am Eingang zerlegt werden. Solche MOCVD-Geräte sind schon seit einigen Jahren im Handel und werden eher für Produktionsanlagen als MBE-Anlagen eingesetzt, weil letztere die bekannten Schwierigkeiten der Hochvakuumgeräte haben: längere Vorbereitungszeiten (Pumpzeit) vor Epitaxie, aufwendige Säuberung der Effusionszellen, Ausheizung etc.

Bei den MOCVD- und LP-MOCVD-Anlagen geht man meist aus von den Alkylen der Elemente Gallium, Arsen, Aluminium usw., z.B. TMG (Trimethyl-Gallium) oder TEG (Triethyl-Gallium) etc. Nun besteht ein Interesse daran, scharf gestufte Verunreinigungsprofile, besonders an Junktionen, herzustellen. Dies wurde durch MEMOCVD (Migration Enhanced MOCVD) erreicht, das heißt durch Abscheiden einer ersten Gallium (oder Indium)-Schicht auf das Substrat wird die Beweglichkeit der Adatome der Elemente der V. Gruppe erhöht. Insbesondere wird hier die Methode der alternierenden Abscheidung (pulsierende Abscheidung) angewandt, bei welcher abwechselnd dünne Schichten von Elementen der III. und V. Gruppe abgeschieden werden [12].

Diese Methode ist weiter ausgebaut worden und hat als MEE (Migration Enhanced Epitaxy) sehr gute Ergebnisse bez.Perfektion bei niedrigen Substrattemperaturen (scharfe Verunreinigungsprofile und geringe Diffusions- und Versetzungsprobleme im Substrat) erbracht [13].

Ein weiterer Schritt zur Großproduktion solcher III-V-Schichten war die Einführung von organischen Verbindungen von Arsen und Phosphor, um die gefährlichen Gase AsH₃ und PH₃ zu ersetzen. Hier geht man z.B. von Tertiärbutylarsin (TBA) und ähnlichen organischen Verbindungen von Aluminium, Indium und

Phosphor aus. Hierbei vermeidet man außerdem die durch Alkoxide vergifteten Trimethyle, wie $Al(CH_3)_3$ oder TMG $(Ga(CH_3)_3$ oder TEG $(Ga(C_2H_5)_3)$ [14].

ME-MOCVD ist eine Methode, die es erlaubt, durch graduelle Gitteranpassung auch III-V-Schichten auf Silizium abzuscheiden, welche eine für Bauelemente brauchbare Perfektion aufweisen. So wurde mit dieser Methode eine erhebliche Verbesserung der Eigenschaften der Schichten erzielt [15].

Dies eröffnete den Weg für weitere Fortschritte bei der Abscheidung von GaAs direkt auf Silizium [16].

4.3 Molekularstrahlepitaxie

Molekularstrahlepitaxie ist eine Methode, bei der, ähnlich wie in der ALE (Atomic Layer Epitaxy), die einzelnen Komponenten in Form von Atomen aus den erhitzten Effusionsquellen auf das Substrat geworfen werden. In ihr macht man Gebrauch von modernsten Vakuumpumpen, die ohne Öldämpfe mit Turbomolekular-pumpen höchste Vakua erzielen (10^{-9} bis 10^{-12} Torr). Es galt, die Reinheit der Substratoberfläche und der abzuscheidenden Elemente wesentlich gegenüber früheren Arbeiten zu verbessern. Dies wird insbesondere durch Effusionszellen erreicht, welche aus einer geheizten Kammer heraus die einzelnen Komponenten verdampfen und den Molekularstrahl auf das geheizte Substrat konzentrieren, wobei die mittlere freie Weglänge größer sein soll als der Abstand der Abstrahlzelle zum Substrat, z.B. GaAs [17].

Während die Methode hervorragend für die Abscheidung von Vielfachschichten geeignet ist, z.B. von periodischen GaAlAs/GaAs und GaAsP/GaAs-Strukturen, ist die Verdampfung gewisser Elemente, wie Zink, Gold oder Aluminium, wegen der geringen Haftkoeffizienten problematisch. Auch sind die Substratoberflächen, selbst bei so hohen Vakua, immer noch sauerstoffbeladen. Eine Ionisierung der Atom- bzw. Molekularstrahlen wurde daher eingeführt z.B. [6]. Abb. 4-16 zeigt das Prinzip. Die Effusionszellen E für die verschiedenen Komponenten und Dotierungssubstanzen richten, je nach Anheizen, ihren Molekularstrahl auf das Substrat S, das auf eine bestimmte Temperatur gebracht wird, und zwar durch den Molybdänblock Mo oder Erhitzer H.B.

Das Thermoelement Th zeigt diese Temperatur an. Die Heizung der Abstrahlzellen ist jeweils durch einen Hitzeschirm Sh mit N_L (flüssiger Stickstoff)-Schutzplatten abgeschirmt, um eine schnelle Abschaltung der einzelnen Molekularströme herbeizuführen. Weitere Einzelheiten sind: ein fluoreszierender Schirm F.S., ein Quadrupol-Massenspektrometer QMS und eine Ionensputterquelle I.S.G. Außerdem kann ein Auger-Spektrometer für eine In-Situ-Analyse angeschlossen werden.

MBE hat durch die Möglichkeit der Dickenkontrolle bei abrupter Dotierungs-variation bzw. Stöchiometrievariation die gesamte Halbleiter-Bauelementetech-

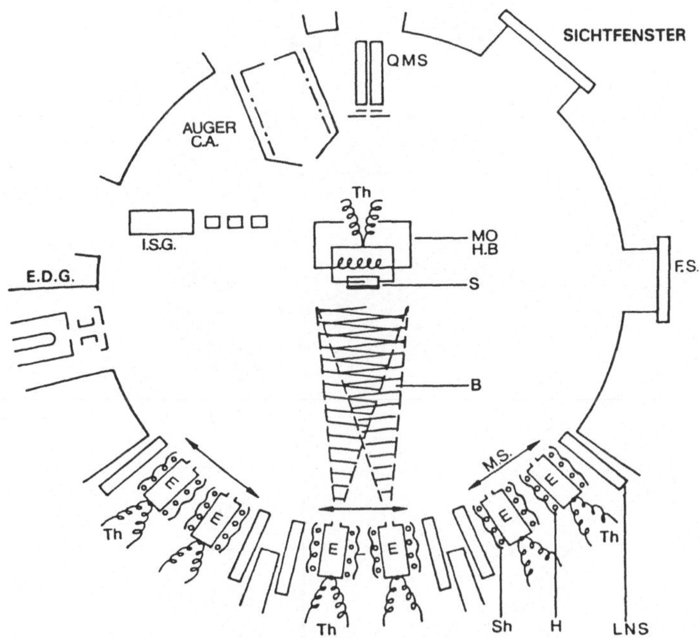

Abb. 4-16. Schema einer MBE (molecular beam epitaxy)-Apparatur. B = beam (Atomstrahl); S = Substrat (Wafer); MOHB = Molybden-Heizer-Block; Th = Thermoelement; FS = Fluoreszenzschirm; E = Effusionszellen für die einzelnen Komponenten; Sh = shield (Schirm); H = Heizspule; LNS = Abschirmung mit N_L (flüssigem Stickstoff); ISG = Ionen-Sputter-Kanone; QMS = Quadrupol Massenspektrometer; Auger C.A. = Auger zylindrischer Analysator; EDG = Elektron-Diffrakions-Kanone, 3 keV.

nik sehr gefördert, da es möglich wurde, die erwünschten Gitteranpassungsschritte bei der Herstellung von komplexen Bauelementen durchzuführen. Mit diesem Verfahren wurden auch hochwirksame Solarzellen hergestellt; dies allerdings zu einem hohen Preis.

Trägt man z.B. für die quaternäre Verbindung $In_{1-x}Ga_xP_{1-z}As_z$ und die ternäre Verbindung $GaAs_{1-y}P_y$ die Isobandabstandskurven als Nomogramm in das Komponentenschema ein und dazu die entsprechenden Gitterabstandswerte in Ångstrom, so erhält man ein Schema, wie in Abb. 4-17 gezeigt. Aus einem solchen Nomogramm lassen sich die für beste Gitteranpassung möglichen x-, y- und z-Werte bei verschiedenen Bandabständen ablesen. Es lassen sich z.B. hiernach Schichten mit variiertem As-Molekularanteil und daher variertem Band so aufbringen, daß die Gitterkonstante erhalten bleibt (Schnittpunkte mit den Geraden gleicher Gitterkonstante).

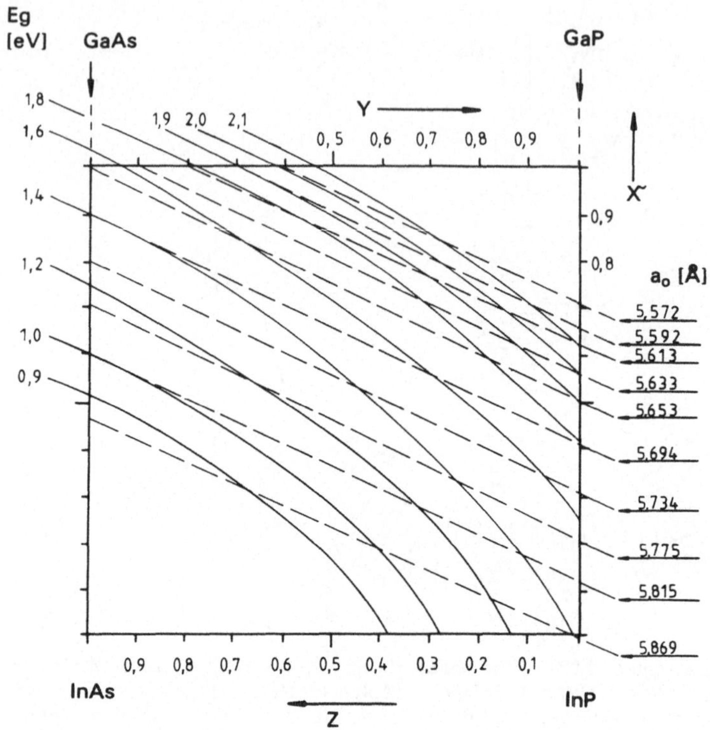

Abb. 4-17. Nomogramm für Gitterkonstante und Bandabstand der quaternären Kombination: $In_{1-x}Ga_xP_{1-y}As_y$ und der ternären Verbindung $GaAs_{1-y}P_y$ (Nach J. J. Coleman et al. Appl. Phys. Lett. 29(3) pp. 167–169, 1979).

Die Literatur über die Anwendung von MBE für eine Vielzahl von Bauelementen, vom Laser bis zur Solarzelle, ist so zahlreich, daß es unmöglich ist, hier alle Anwendungen auch nur zu zitieren. Was von Bedeutung ist, ist die Tatsache, daß trotz der sauberen abrupten Aufdampfung der Schichten diese Methode wegen des Aufwandes bei der Vakuumeinrichtung mehr in Forschungslaboratorien als in der Produktion Anwendung findet.

4.4 Chemische Strahlepitaxie

Einen außerordentlichen Fortschritt stellt nun die Kombination von MOCVD und MBE in Form der CBE dar. Während MOCVD für praktische Fälle und in der Produktion viel häufiger angewandt wird als MBE, lassen sich hier die Vorteile der MBE (abrupte Dotierungs-Stöchiometrie-Variation) und die der CVD (katalytisches Schichtwachstum, einfachere Handhabung) vereinen, ohne dabei die Nachteile beider Methoden zu übernehmen. Diese sind im Falle von MBE, wie bemerkt, Zwischenschichtverunreinigung (Sauerstoff) trotz hohen Vakuums sowie lange Vorbereitungszeiten bei Substratwechsel und im Falle von MOCVD oder CVD die Verzögerung bei Elementenwechsel durch Gasflußträgheit. Während MBE im Hochvakuum arbeitet, kann man bei CBE mit einem mittleren

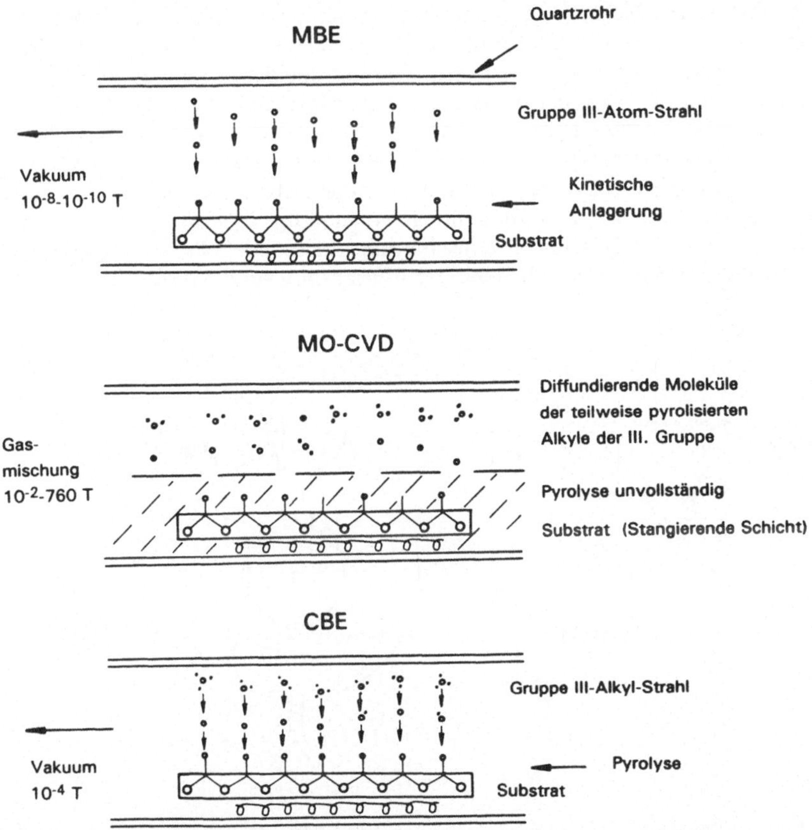

Abb. 4-18. Schematische Darstellung des Prinzips der 3 wesentlichen Epitaxieverfahren.
MBE : Gerichtete Abscheidung der Atome bzw. Molekel auf das Substrat im Hochvakuum:
Kinetische Anlagerung.
MO-CVD: Teilweise Pyrolyse der Alkyle der III. Gruppe und Anlagerung an die Substratoberfläche, wobei eine stagnierende Gasmenge nahe dem Substrat entsteht.
CBE: Gerichtete Anlagerung der metallorganischen Verbindungen auf das Substrat. Oberflächenkatalyse und Pyrolyse.

Vakuum von 10^{-4} Torr ($\simeq 10^{-2}$ Pa) auskommen. Gegenüber LPMOCVD (Low Pressure MOCVD) hat CBE immer noch den Vorteil der Strahlfokussierung [18].

Der Unterschied zwischen den einzelnen Methoden wird in Abb. 4-18 deutlich [19].

Entscheidend für den Vorteil der CBE-Methode ist sowohl die gerichtete Strahlanlagerung der Moleküle als auch die Katalyse bzw. Pyrolyse an der Substratoberfläche, denn TMI (Trimethylindium) und TEG (Triethylgallium) z.B. werden bei niedriger Düsentemperatur (50 °C) eingeblasen, während AsH_3, PH_3 etc. im Cracker bei etwa 950 °C dissoziieren. So reagieren die Gase wie in der MOCVD an der Substratoberfläche, haben jedoch infolge höheren Vakuum, die Strahlform wie bei MBE. Auch ist die Masseflußkontrolle ähnlich präzise, was bei den SLS (Super Lattice Structures) gefordert wird. Eine entscheidende Bedeutung hat aber die Tatsache, daß für CBE der Aufbau der Apparatur leicht für eine Massenproduktion, z.B. von hochwertigen III-V-Konzentratorsolarzellen, möglich ist. Erste Ansätze hierfür hat Fraas [18] geliefert. Eine Pilotfertigung hochwertiger GaAs-, GaAsSb- und GaAsP-Solarzellen wurde bereits betrieben. Hierbei wurden auch schon die großen Vorteile der CBE deutlich: vollständige Pyrolyse der Reaktionsteilnehmer, keine Verzögerung bei Umschaltung auf andere Schichtzusammensetzung, normales Vakuum, Möglichkeit der Einrichtung einer Massenproduktion.

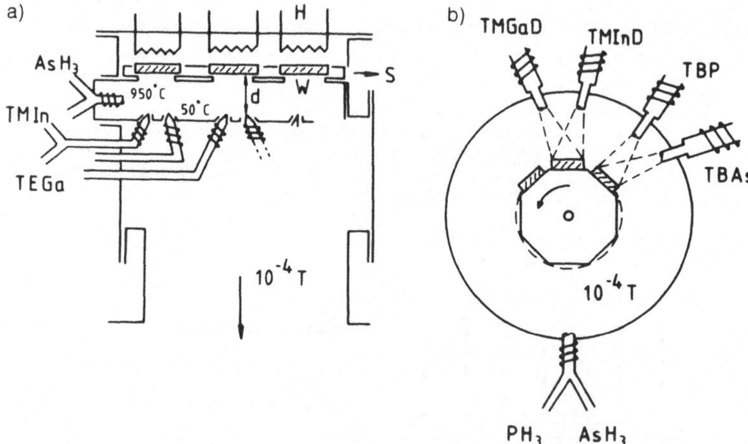

Abb. 4-19. a) Schema einer Produkionsapparatur für CBE. Der Reaktorraum erlaubt, mehrere Wafer-Platten (W) zu erhitzen und dem Gasstrahl auszusetzen. Die Trimethyle bzw. Triethyle werden katalytisch auf der Wafer-Oberfläche zersetzt und die Elemente abgeschieden. Die Hydride der V. Gruppe werden am Eingang im Hochtemperaturcracker zersetzt. Das Vakuum ist 10^{-4} Torr.
b) Kreisförmige Anordnung der Platten im Vakuumgefäß. Durch Drehung des Waferkarussels können die Wafer der verschiedenen Strahlung der chemischen Dampfdüsen ausgesetzt werden.

Hierbei werden mehrere Platten (Wafer) auf dem heizbaren Interzeptor so angeordnet, daß sie gleichzeitig dem chemischen Strahl ausgesetzt werden (Abb. 4-19).

Für verschiedene Schichtfolgen kann eine gleitende Waferhalterung (S in Abb. 4-19a) oder eine rotierende Waferhalterung (Abb. 4-19b) dienen. Außer den bekannten Hydriden von Arsen und Phosphor kommen für CBE auch TBA (Tertiärbutylarsen) und TBP (Tertiärbutylphosphin) in Betracht. Die Dimethyl-aminopropyl-Cyclohexane von Gallium und Indium: $(CH_2)_5Ga(CH_2)_3N(CH_3)_2$ bzw. $(CH_3)_2In(CH_2)_3N(CH_3)_3$ sind als organische Träger der Gruppe III-Elemente erfolgreich eingesetzt worden [14].

Während die Strahltechnik im MBE-Verfahren durch Einsatz fester Stoffe der Gruppen III und V erhalten wird, gibt es auch gemischte Verfahren, bei denen entweder die Stoffe der III. oder V. Gruppe in Gasform eingeführt werden. CBE nimmt hier eine besondere Stelle ein, da in diesem Falle sowohl die bei MOCVD oder LPMOCVD typische Verdampfung einer chemischen Verbindung als auch das strahlenförmige Auftragen auf das Substrat erfolgt, was der Vorteil von MBE ist.

Diese Kombination erweist sich als besonders wertvoll, wenn komplexe Verbindungen, wie $Ga_xIn_{1-x}As_yP_{1-y}$ oder SLS (Multigitterstrukturen), herzustellen sind. Denn bei der chemischen Abscheidung ist die Temperaturregelung weit unkritischer als bei der ballistischen Molekularstrahlmethode. Außerdem muß bei CBE nicht wie bei MBE eine Substratrotation zum Ausgleich der Dickendifferenzen durch verschiedene Einfallwinkel stattfinden.

CBE erlaubt schnelle Umschaltung der Strahlzusammensetzung durch die Fluß-kontrollinstrumente, während bei MBE die Effusionszellen infolge ihrer Wärmekapazität langsamer folgen. Deshalb wird bei MBE häufig noch ein beweglicher Schirm vor die Effusionszellen gesetzt (M.S. in Abb. 4-16).

4.5 Vergleich der verschiedenen Epitaxiemethoden

ALE (Atomic Layer Epitaxy) ist ein allgemeiner Begriff für einfache Abscheideverfahren durch Erhitzen im Vakuum und auch chemische Reaktion am Substrat mit oder ohne Substraterhitzung. Die Schichten sind i. allg. sehr dünn (Ångström-Bereich bzw. nm-Bereich), und es werden keine besonderen Maßnahmen zur Gitteranpassung ergriffen. Solche Methoden sind heute noch in der Metall-veredelungstechnik für refraktäre Überzüge etc. in Gebrauch. In einfachen Fällen wird auch der chemische Umsatz zwischen Komponenten in Form mono-molekularer Schichten ausgenutzt [20].

LPE (Liquid Phase Epitaxy) oder Flüssigphasenepitaxie.
> Dies ist grundsätzlich das Aufwachsen von Legierungsschichten von mehreren Metallen oder Metalloiden, die in einer niedrig schmelzenden Komponente gelöst sind. Rekristallisation aus einer übersättigten Lösung erfolgt beim

Durchgang durch Temperaturgradienten; letzteres entweder mechanisch beim Durchgang eines festen Ofenprofils oder durch elektronisch gesteuerte Ofenprogrammierung.

VCE (Vacuum Chemical Epitaxy) oder vakuumchemische Epitaxie ist ein Oberbegriff für die Methode der Abscheidung aus chemisch aktiven Verbindungen von dünnen Schichten elementarer Form durch Oberflächenkatalyse.
Meist werden mehrere Schichten auf einem Substrat aus der Dampfphase abgeschieden, ähnlich ALE. Hier liegt der Nachdruck auf der Vakuumbedingung.

CVD (Chemical Vapor Deposition) oder chemische Aufdampfmethode.
Diese Bezeichnung wurde für die Abscheidung reaktiver Gase wie SiH_4 auf Siliziumsubstrat oder auch allgemein auf Fremdsubstrate, z.B. Saphir, angewandt. Die Schwierigkeiten dieser Heteroepitaxie sind bekannt [2]. Sie haben ihren Ursprung in der Reaktion verschiedener Komponenten auf der Fremdsubstratoberfläche, z.B. Al im Falle von Saphir, und dem Fehlen variabler Stöchiometrie im Falle von Silizium (Gitteranpassung bzw. hohe Defektdichte).

MO-CVD (Metal-Organic Chemical Vapor Deposition) oder metall-organische Aufdampfmethode.
Benutzung von organischen Verbindungen der Metalle, wie TMG (Trimethylgallium) oder die Triethyle von Indium, Zink und anderer Komponenten, sowie neuerdings Anwendung der Tertiärbutylene, wie Tertiärbutylarsen.
Die Gase werden bei schwachem Vakuum (10^{-3} Torr bis 1 atm) auf dem geheizten Substrat zur Reaktion gebracht.

LP-MOCVD (Low Pressure Metal Organic Vapor Deposition) oder Niedrigdruck-MOCVD. In diesem Verfahren wird bei höherem Vakuum (10^{-4}–10^{-5} Torr $\simeq 10^{-2}$–10^{-3} Pa) und entsprechend verringertem Gasdruck gearbeitet.

MBE (Molecular Beam Epitaxy) oder Molekularstrahlepitaxie ist eine Verdampfung der Elemente im Hochvakuum und Kontrolle der Stöchiometrie durch Strahl (Temperatur)-Kontrolle der Effusionszellen. (Hochvakuum: 10^{-8} bis 10^{-12} Torr $\simeq 10^{-4}$–10^{-6} Pa).

MO-MBE (Metal-Organic Molecular Beam Epitaxy) = Molekularstrahlepitaxie mit organometallischen Quellen.
Im Hochvakuum werden die organischen Verbindungen der Metalle verdampft (ohne Crackers am Eingang). Schwierigkeiten mit dem Einbau von unerwünschtem Kohlenstoff.

ME-MOCVD (Migration Enhanced MOCVD) = migrationsgeförderte MOCVD.
Monomolekulare Schichten der Gruppe III-Elemente (bes. Ga und In) werden zuerst aufgedampft. Die folgenden Elemente der V. Gruppe, wie As und P, erhalten dadurch größere Beweglichkeit beim Aufdampfen, was zu einer besseren Perfektion (weniger Defekte, d.h. Versetzungen) führt.

ME-MBE (Migration Enhanced MBE) = migrationsgeförderte MBE. Molekularstrahlmethode unter Anwendung des Prinzips der Verdampfung von Schichten der III. Gruppe-Elemente mit nachfolgender Verdampfung der V. Gruppe-Elemente, um die Substratbeweglichkeit zu erhöhen. Diese alternative Aufdampfung führt zu besserer Kristallqualität als gleichzeitige Aufdampfung der Komponenten.

CBE (Chemical Beam Epitaxy) = chemische Strahlepitaxie. Methode, bei welcher die metall-organische Verbindung, z.B. TM-Ga oder TM-In gleichzeitig mit den Hydriden (AsH_3, PH_3) in das Vakuumgefäß (10^{-4} Torr $\simeq 10^{-2}$ Pa) eingeblasen werden, so daß die Wafer einem direkten Strahl der Reaktionsgase ausgesetzt sind (mittlere, freie Weglänge ist größer als Abstand Düse-Substrat). Pyrolyse am Substrat wird ausgenutzt zusätzlich zur kinetischen Adhäsion, ohne daß sich eine stagnierende Schicht ausbilden kann wie bei MOCVD. Vorteile: geringer Gasverbrauch, Herstellungsmöglichkeit von abrupten Stöchiometrieänderungen und Dotierungsvariation.

ME-CBE (Migration Enhanced Chemical Beam Epitaxy) ist, wie oben, die Methode der Vorverdampfung von Elementen der III. Gruppe, um die Oberflächengeschwindigkeit der auftreffenden Atome von Elementen der V. Gruppe zu erhöhen und die Monokristallisation zu verbessern.

In den letztgenannten CBE-Verfahren sind auch die organischen Verbindungen Tertiärbutyle von Arsen und Phosphor anwendbar, wodurch die gefährlichen Hydride bzw. Chloride entfallen. Flußratenmodulation, eine entscheidende Methode bei der Herstellung stöchiometrisch veränderter, dünner Schichten, wird in diesem Fall besonders wirksam. Insbesondere haben sich SLS (Supergitterstrukturen) aus alternierenden GaAs- und AlAs-Schichten bewährt; dies für Laser, banderweiterte Detektoren und Solarzellen (hohe Elektronenbeweglichkeit) [13]. Unerwünschter Einbau von C (Kohlenstoff) aus den organischen Verbindungen kann durch den Gebrauch von TEG (Triethylgallium) oder TEA (Triethylarsen) verringert werden. Die Zerlegung der Ethyle im Cracker ist vollständiger als die der Methyle [19]. Ein wesentlicher Punkt für die Anwendung von CBE in der Produktion ist der geringe Verbrauch an hochreinen organischen Substanzen (Gasen): Etwa 1/10 des Verbrauchs im MOCVD-Verfahren.

Literatur:

[1] s. z. B. A. S. Grove: „Physics and Technology of Semiconductor Devices". J. Wiley, New York 1967

[2] G. W. Cullen and C. C. Wang: „Heteroepitaxial Semiconductors for Electronic Devices". Springer-Verlag, New York; Berlin 1978

[3] H. F. Mataré; „Heteroepitaxy". In „Scientia Electrica", Vol. XV Fasc. 3 und Vol. XV Fasc. 4; ETH-Zürich Birkhäuser-Verlag, Basel 1969

[4] H. Kressel and H. Nelson: Properties and Applications of III-V-compound

Films deposited by Liquid Phase Epitaxy". In „Physics of Thin Films" Eds. Hass, Fracombe and Hoffman, Vol. 7, Academic Press 1973, pp. 115–256

[5] M. B. Panish and I. Hayashi: „Heterostructure Lasers" in „Applied Solid State Science", Vol. 4, Academic Press, New York 1974, pp. 235–328

[6] H. F. Mataré: „Light Emitting Devices" Part I, Methods. In Advances in Electronics and Electron Physics; Vol. 42, Academic Press, New York 1976, pp. 179–279

[7] H. J. Hovel and J. M. Woodall: „Theoretical and experimental Evaluations of GaAlAs/GaAs Solar Cells". Proceedings 10th IEEE-PV-Spec. Conf. 1973, p. 25

[8] H. F. Mataré: „Interface Growth Conditions and Junction Formation for $Ga_xAl_{1-x}As$/GaAs-high efficiency LED's". Solid State Technology, Dec. 1972, p. 41

[9] H. F. Mataré: US-Patent No 4,032,370, June 28, 1977. (Method of Forming an Epitaxial Layer on a crystalline substrate".)

[10] J. J. Daniele: Appl. Phys. Letters 27; p. 373–375 (1975)

[11] D. Walton: Philos. Mag. 8(7), pp. 1671–1679 (1962)

[12] H. Imanoto et al. Appl. Phys. Lett. 55(2), 10. Juli 1989

[13] N. Kobayashi et al. J. Appl. Phys. 66(2), 15. Juli 1989

[14] F. G. Kellert and K. T. Chan: Journ. electron. Materials; Vol. 19(4) 1990, pp. 311–315
V. Frese et al. ebenda, pp. 305–310

[15] J. Hoon Kim et al. Appl. Phys. Lett. 53(24), 12. Dec. 1988, pp. 2435–2437

[16] S. F. Fang et al. J. Appl. Phys. 68(7), 1. Oct. 1990, pp. R31–R59

[17] A. Y. Cho: J. Appl. Phys. 46, pp. 1733–1735 (1975)

[18] L. M. Fraas et al. J. Vac. Sci. Technol. B 4(1), Jan/Feb 1986, pp. 22–29

[19] W. T. Tsang: IEEE Circuits and Devices Magazine Vol. 4(5) Sept. 1988, pp. 18–24

[20] „Atomic Layer Epitaxy"; T. Suntola, Materials Science Reports, Vol. 4(7), Dec. 1989; North Holland Publ. Amsterdam

5 Das Prinzip der Kogeneration

5.1 Einleitung

Als Kogeneration bezeichnen wir die gleichzeitige Ausnutzung des optischen und thermischen Teils des Sonnenspektrums durch elekrooptische und wärmetechnische Mittel.

Es muß also ein Optimum sowohl für die elektrooptische als auch für die thermische Ausnutzung der Einstrahlung gefunden werden. Dies ist kein einfaches Projekt, da hier mehrere Grundregeln gegeneinander laufen.

Die optische Konzentration auf einen Punkt hoher Temperatur ist das Prinzip beim Betrieb einer Wärmekraftmaschine, bei welcher der Carnot-Wirkungsgrad mit $T_c - T_o = \Delta T$ ($T_c = $ Temperatur am Absorber, $T_o = $ Umgebungstemperatur) ansteigt (vgl. Kap. 2).

Bei der photovoltaischen Zelle, z.B. bestehend aus III-V-Halbleitermaterial, liegt ein Optimum des Wirkungsgrades bei 100 bis 300 Sonnen Einstrahlung (Insolation) [1, 2].

Dabei sind die Temperaturen der Solarzelle selbst so niedrig wie möglich zu halten, was durch eine Kühlflüssigkeit erzielt wird. Infolge von Schwierigkeiten mit der thermischen Isolation ergibt sich in praktischen Fällen eine Bedingung $\Delta T < 100$ K.

Die verschiedenen Formen von Konzentratoren ergeben sehr verschiedene Konzentrationsgrade. Sie müssen in jedem Falle eigens für die vorgesehene Anwendungsart, den Solarzellentyp, die geforderten ΔT-Werte, die Umwelt (Windstärke, Verschmutzung, Sand, Schnee etc.) ausgewählt werden.

5.2 Wirkungsgrad und spektrale Ausnutzung

Was die Solarzellen betrifft, so muß das Temperaturverhalten dem Konzentrationsgrad angepaßt sein, welcher erforderlich ist, um die im Verbund arbeitende Wärmekraftanlage günstig zu betreiben und das Sonnenspektrum voll auszunutzen.

Eine gute Kombination dieser beiden Solarenergieerzeuger kann nahe an einen 50% hohen Wirkungsgrad herankommen, wenn in Erdgebieten mit hoher

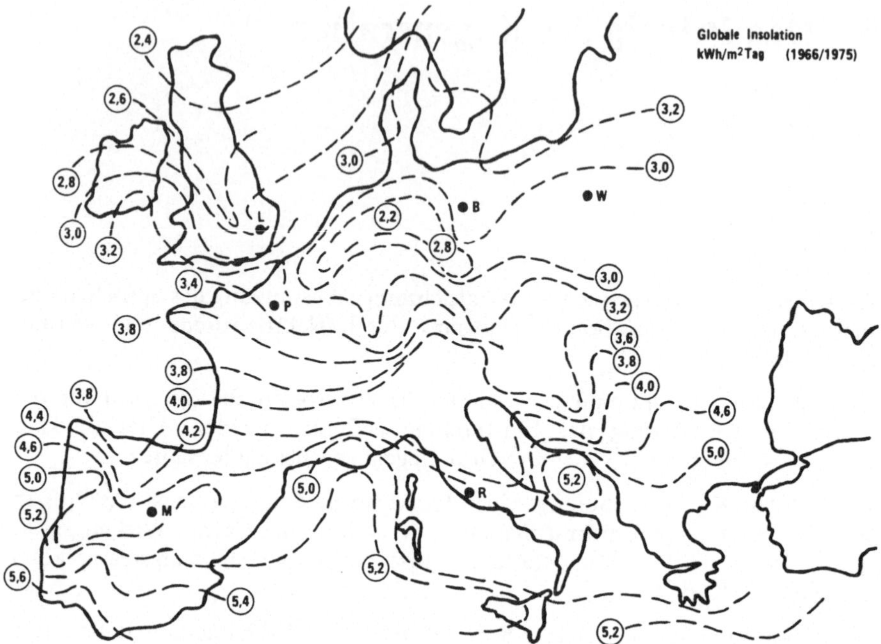

Abb. 5-1. Globale Solareinstrahlung in Europa. Angegeben sind die Iso-Insolationslinien. Zahlen in kWh/m² Tag.

mittlerer Einstrahlung (Insolation) gearbeitet wird, also in Gebieten, in denen die mittlere Einstrahlung in kWh/m² Tag über 5 liegt (siehe Abb. 5-1).

Wie erwähnt liegt die optimale Konzentration nicht über 100 bis 300 Sonnen für die meisten Konzentrator-PV-Zellen. Diese Konzentration kann sowohl mit dem Parabeltrog wie auch mit Spiegeln (Heliostatenfeld) sowie durch Anwendung von Linsen (Fresnel-Linsen) als auch durch sphärische Hohlspiegel erzeugt werden (letztere ermöglichen S-Werte bis 1000 und darüber). Einachsig nachgeführte Systeme, wie z.B. der Parabeltrog (Abb. 5-2), erreichen maximal 100 S. Hier ist der Absorber ein kühlflüssigkeitführendes Kupferrohr, auf welchem die Solarzellen angebracht sind.

Man kann also einerseits die Elektrizität aus den Solarzellen gewinnen, anderseits die Kühlflüssigkeit in einem Carnot-Zyklus ausnutzen, d.h. mechanische bzw. elektrische Energie erzeugen. Hier ist zu beachten, daß der Wirkungsgrad des thermischen Kollektors gegeben ist durch (Kap. 2):

$$\eta_{th} = \eta_o - k\Delta T/I_c, \tag{1}$$

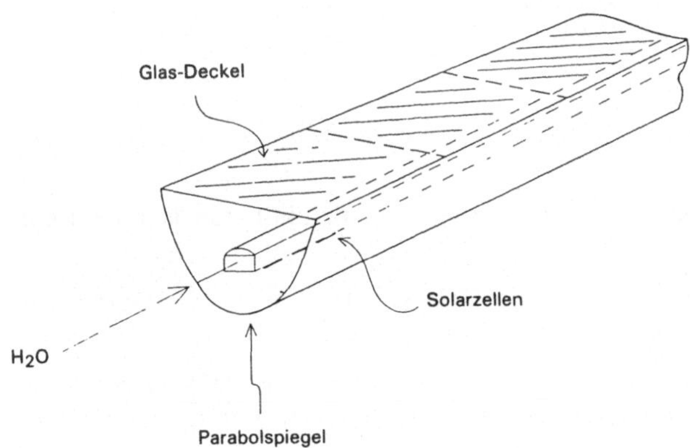

Abb. 5-2. Parabolischer Spiegelkonzentrator (CR = 20 bis 100) mit Kupferrrohr-Absorber, auf dem die GaAs-Zellen montiert sind (Einachsige Mitführung). Die Kühlflüssigkeit wird durch das Kupferrohr geleitet.

$\eta_0 = \tau\alpha$ (Transmissionsgrad der Abdeckung × Absorptionsgrad des Absorbers); ΔT = Differenz der Temperaturen von Absorber und Umgebung; I_c = eingestrahlte Solarleistung; k = Wärmeleitungskoeffizient in W/m^2K; K = Kelvin-Temperatur.

Für η_0-Werte zwischen 0,5 und 0,9 (transparente Abdeckung und schwarzer Absorber) und ΔT von 10 bis 70 K, ergeben sich η-Werte zwischen 30 und 77%, wenn der k-Wert zwischen 1 und 2 W/m^2K ist. Für $\Delta T = 80$ K sind die η-Werte schon geringer (18–67%) als für $\Delta T = 10$ K (43–87%), wenn $\eta_0 = \tau \cdot \alpha$ von 0,5 bis 0,9 wächst [3].

Für den Halbleiter ist zu beachten, daß erhöhte Konzentration, d.h. erhöhte Temperatur an der PV-Zelloberfläche, einen Abfall der Beweglichkeitswerte im Halbleiter bzw. der Leitfähigkeit ergibt.

Für die meist verwandten Halbleiter gilt für die Temperaturabhängigkeit der Leitfähigkeit:

$$\sigma_{n,p}(T) = en\mu_{n,p}(T), \text{ (Index n, p, Elektronen bzw. Defektelektronen)}$$

e = Elektronenladung; n = Dotierungshöhe; μ = Beweglichkeit Dies ist für:

Germanium:
$$\left.\begin{array}{l} \sigma_n \approx \text{const.}\ T^{-1,66} \\ \sigma_p \approx \text{const.}\ T^{-2,33} \end{array}\right\} \quad \sigma_n/\sigma_p \approx T^{+0,67}$$

Silizium:
$$\left.\begin{array}{l}\sigma_n \approx \text{const. } T^{-2,6} \\[2mm] \sigma_p \approx \text{const. } T^{-2,7}\end{array}\right\} \quad \sigma_n/\sigma_p \approx T^{+0,1}$$

Gallium-Arsenid:
$$\left.\begin{array}{l}\sigma_n \approx \text{const. } T^{-1} \\[2mm] \sigma_p \approx \text{const. } T^{-2,1}\end{array}\right\} \quad \sigma_n/\sigma_p \approx T^{+1,1}$$

Mithin zeigt GaAs den kleineren Abfall von μ bzw. σ zu höheren Temperaturen hin [4].

Für das Junktionsverhalten bei höheren Temperaturen ist das Verhältnis von σ_n/σ_p entscheidend, da insbesondere für GaAs $\mu_n > \mu_p$.

GaAs liegt am günstigsten im Temperaturbereich bis zur Debye-Temperatur $\theta = hv/k$ (k = Boltzmann-Konstante, h = Plancksches Wirkungsquant, v = Frequenz) also bis 400 K [5].

Das Verhältnis σ_n/σ_p spielt auch eine Rolle beim Einfluß von Inhomogenitäten, wie Versetzungen und Korngrenzen [6].

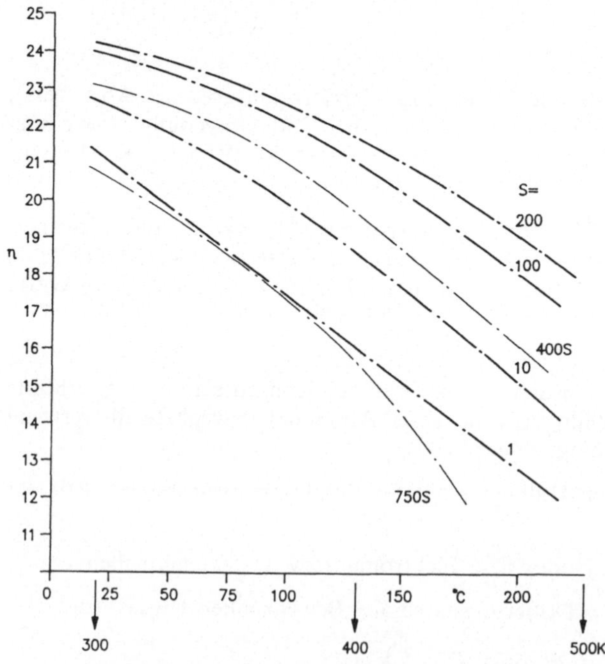

Abb. 5-3. Wirkungsgradverlauf einer typischen GaAlAs/GaAs-Heterojunktions-Solarzelle in Abhängigkeit von der Temperatur bei verschiedenen Konzentrationsgraden.

Man kann daher bei GaAs-Zellen für eine Erwärmung von Raumtemperatur auf 100 °C mit durchschnittlich 8% η-Abfall rechnen (bei 400 °C sind es etwa 10%). Diese Zahlen liegen bei Silizium mehr als doppelt so hoch [4, 7, 8].

Die thermischen Diffusionskonstanten sind: GaAs: 0,44 cm^2/sec, Si: 0,90 cm^2/sec.

Trägt man für eine GaAlAs/GaAs-Heterojunktions-Solarzelle die Änderung von η gegen die Temperatur für verschiedene Konzentrationsgrade S auf, so erhält man die Abb. 5-3. Man sieht, wie die Wirkungsgrade mit erhöhter Temperatur abnehmen. Auch ist ersichtlich, daß eine Konzentration S größer als 200 hier keine Verbesserung mehr bringt. Im Gegenteil: Für S = 400 z.B. liegen die Werte kaum besser als für S = 10.

Dies hängt natürlich sehr von der Konstruktion der Solarzellen ab. Insbesondere kann bei stark defektbeladenem Material höhere Photoneninjektion die Lebensdauer der Ladungsträger erhöhen [1]. Dadurch kann der Wirkungsgrad von GaAs-Solarzellen mit bei einer Sonne geringen Werten durch Konzentration beträchtlich heraufgesetzt werden.

5.3 Methoden der Kogeneration

In praktischen Fällen ist nun ein Kompromiß so zu treffen, daß für die betreffende PV-Zelle das Optimum des Konzentrationswertes eingestellt wird und zugleich der thermische Arbeitskreis (Pumpanlage) so eingestellt wird bezüglich der Temperaturdifferenz ΔT, daß einerseits die Solarzellen durch Kühlung wenig an Leistung einbüßen, anderseits aber η_{th} nach Gleichung (1) nicht in einen Bereich von ΔT fällt, in dem die Carnot-Leistung der Wärmemaschine (siehe Kap. 2)

$$A = R\Delta T \ln (v/v_o)$$

R = Gaskonstante = $8,3 \times 10^7$ erg = 8,37; v/v_o = Volumenverhältnis bei adiabatischer Entspannug

durch einen zu kleinen ΔT-Wert zu gering wird.

Diese Überlegungen bez. ΔT erfordern genaue Kenntnis des Verhaltens

1. der PV-Solarzelle bez. Konzentration und Temperaturverhalten
2. der Isolation, d.h. des Wärmedurchgangs- oder -transferkoeffizienten k (W/m^{2}K)
3. der Wärmekraftmaschine bzw. der Dampfdruckkurve des Kühlmittels.

Während hohes ΔT den Wirkungsgrad der Wärmekraftmaschine erhöht, wird dabei der Konzentratorwirkungsgrad geringer, und außerdem darf eine obere Temperaturgrenze für die PV-Zellen nicht überschritten werden. Nach den Kurven Abb. 5-3 liegen die Wirkungsgrade für GaAs-PV-Zellen bei Konzentrationen um 100–200 S auch bei einer Temperatur von 150 °C noch über 20% (Abb. 5-4).

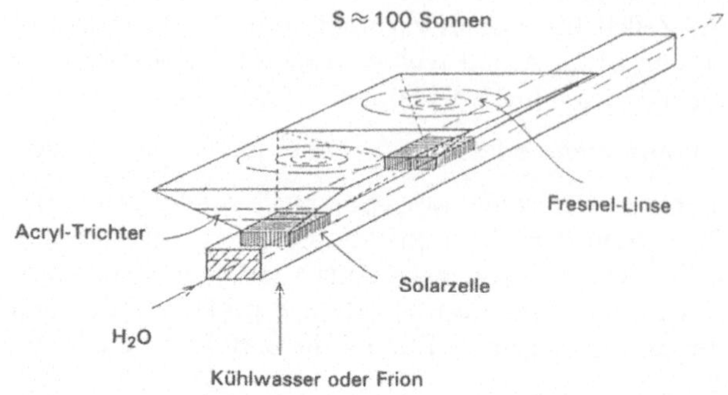

Abb. 5-4. Anordnung von Fresnel-Linsen und PV-Zellen, welche auf wassergekühltem Metallrohr montiert sind.

In solchen Fällen ist es von Vorteil, die Zelloberfläche dem Kühlmittel auszusetzen, da diese das Licht empfängt. Da insbesondere die meisten III-V-Verbindungen, wie GaAs, im Bereich höherer Temperaturen einen negativen thermischen Leitfähigkeitskoeffizienten k' (in W/cm K) [5] haben, ist eine Kühlung der Zellbasis weniger wirksam. In Abb. 5-2 ist z.B. der Absorber im Parabolreflektor ein Kupferrohr, welches das Kühlmittel (Wasser oder Frion) leitet, wobei die Solarzellen, die auf dem Kupferrohr sitzen und das reflektierte konzentrierte Licht empfangen, von hinten gekühlt werden. Der Wärmeausgleich wird also infolge Durchgangs durch das Substrat mit negativem Wärmeleitungskoeffizienten behindert.

Man kann jedoch einen Acrylreflektor so aushöhlen, daß die Solarzellen von der Vorderseite gekühlt werden (Abb. 5-5 und 5-7).

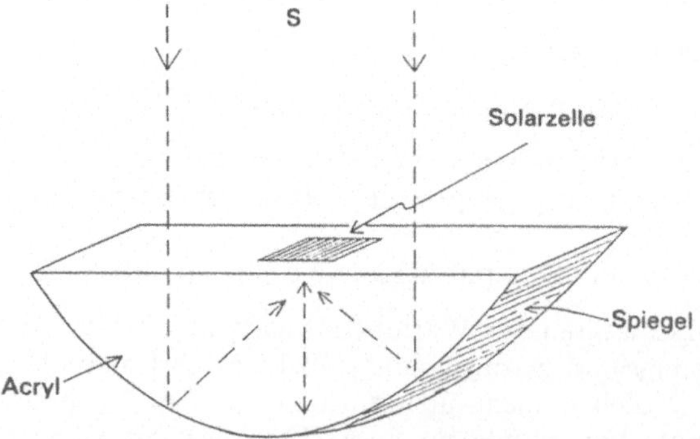

Abb. 5-5. Schema einer Brennweitenreduktion durch Acryl-Konzentrator mit verspiegelter Oberfläche.

Die Kombination von Konzentrator + Solarzellen + Wärmeausnutzung ist in bezug auf Wirkungsgrad jeder einfachen Flachzellen-Anordnung mit Luftkühlung überlegen. In den meisten Kostenvergleichen zwischen Siliziumflachzellen (Si-Monokristallen, μc-mikrokristallin, α-Si, amorph) einerseits und III-V-Konzentratorzellen anderseits wird die Möglichkeit gleichzeitiger Wärmekraftgewinnung nicht einbezogen [9].

Daher haben solche Rechnungen günstigere Ergebnisse für billigere Flachzellen von 8 bis 15% Wirkungsgrad.

Der höhere Preis der Flachzellen infolge Raumbedarfs bzw. die Erfordernisse an zu bebauender Gesamtfläche werden nicht einbezogen. Um 10 kWatt zu erzeugen, benötigt man für Flachzellen z.B. aus polykristallinem Silizium mit 10% Wirkungsgrad etwa 100 m². Mit GaAs-Zellen mit 20% Wirkungsgrad und Kogeneration ($\eta = 35\%$) benötigt man für diese Leistung nur 29 m². (Es wird dabei nur wenig mehr Raum für Wärmeübertrager, Pumpanlage und Generator benötigt, deren Betrieb aus der Gesamtleistung abgedeckt werden kann.)

Der Raumfaktor 3 ist entscheidend, wenn es um große Anlagen in entlegenen Wüstengebieten geht. Z.B. muß man für eine 100 MW-Anlage (entsprechend einer kleinen Kernkraftanlage), die mit 10%-Si-Panels gebaut wird, 316 m × 316 m bereitstellen. Die gleiche Leistung läßt sich mittels einer Kogenerationsanlage und III-V-Konzentratorzellen auf 183 m × 183 m unterbringen (Abb. 5-4).

Wir wollen hier die in Kap. 3 erwähnten Tandemzellen anführen, die insbesondere in der III-V-Technologie Fortschritte machen.

Ihre Verwendung in Kogenerationsanlagen verspricht noch bessere Wirkungsgrade. Eine für längerwelliges Licht transparente Zelle sitzt dabei auf einer Zelle mit geringerem Bandabstand (z.B. GaAs auf Silizium oder GaSb etc. Abb. 3-9). Die Zellen werden durch einen transparenten Kunststoff (RTV z.B.) zusammengehalten. Sie müssen von außen verschaltet werden. Eine andere Möglichkeit ist die innere Verschaltung durch versenkte Kontakte (Abb. 3-10).

Mit solchen Tandemzellen sind bereits Wirkungsgrade im Bereich von 31% erzielt worden. Es wurde darauf hingewiesen, daß dies nun schon nahe an den Wirkungsgraden von Kohlekraftwerken (34%) liegt [10].

Dabei wurde nicht die weitere Wirkungsgraderhöhung durch Kogeneration einbezogen.

Für die Weiterentwicklung der Konzentratoren für kleinere hochwirksame III-V-PV-Zellen ist bedeutsam, daß die Fokalweite verringert wird. Dies ist z.B. in der Kunststoffausführung (Abb. 5-5) dadurch möglich, daß die Lichtstrahlen zweimal durch ein Medium mit hohem Brechungsindex hindurchgehen (Abb. 5-6).

Bei einer daraus abgeleiteten Form sind die Solarzellen gegen eine Glasplatte gesetzt und dort mit Metallbelegen verschaltet, wobei die Vorderseite das aus

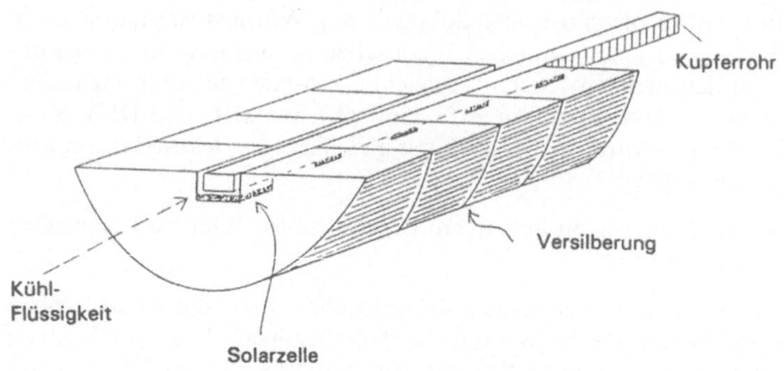

Abb. 5-6. Acryl-Konzentratoren mit Solarzellen, die auf Kupferrohre montiert sind.

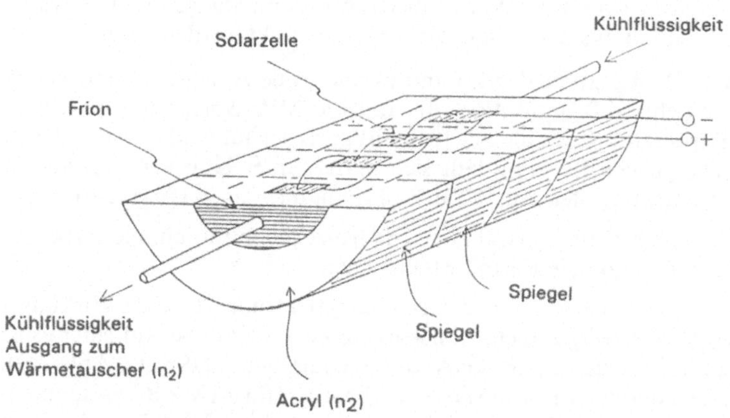

Abb. 5-7. Konzentratoraufbau mit Solarzellen, montiert auf einer oberen Glasscheibe, die auch die Kontaktverschaltung trägt. Die Acryl-Konzentratoren sind hohl und werden von der Kühlflüssigkeit mit hohem Brechungsindex durchflossen.

dem Reflektor zurückgeworfene Licht empfängt und die Kühlflüssigkeit die Vorderseite kühlt (Abb. 5-7) [11].

Diese Flüssigkeit kann z.B. Thymol ($C_{10}H_{14}O$) oder Phenol (C_6H_5OH) sein, welche einen hohen Brechungsindex aufweisen und bei laminarer Strömung in die Lichtbrechung des Acrylkonzentrators einbezogen werden. Die Kühlflüssigkeit mit hohem n (Brechungsindex) ist durch einen Wärmeaustauscher von der Arbeitsflüssigkeit der Generatoranlage getrennt (Abb. 5-8 und 5-9).

Der Nachteil der Schattenwirkung der Zellen, wie in Abb. 5-2 und 5-5, ist zu vermeiden, wenn man die Zellen unterhalb von flachen Fresnel-Linsen anbringt.

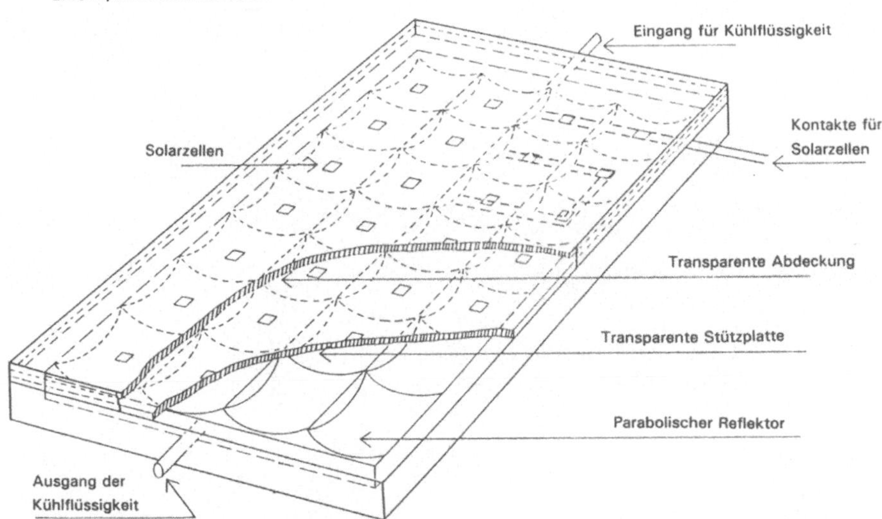

Abb. 5-8. Hybrid-Konzentrator bei welchem die PV-Zellen auf der oberen Glasplatte sitzen, wo sie auch verschaltet sind. Das Kühlmittel wird durch den Hohlraum transportiert.

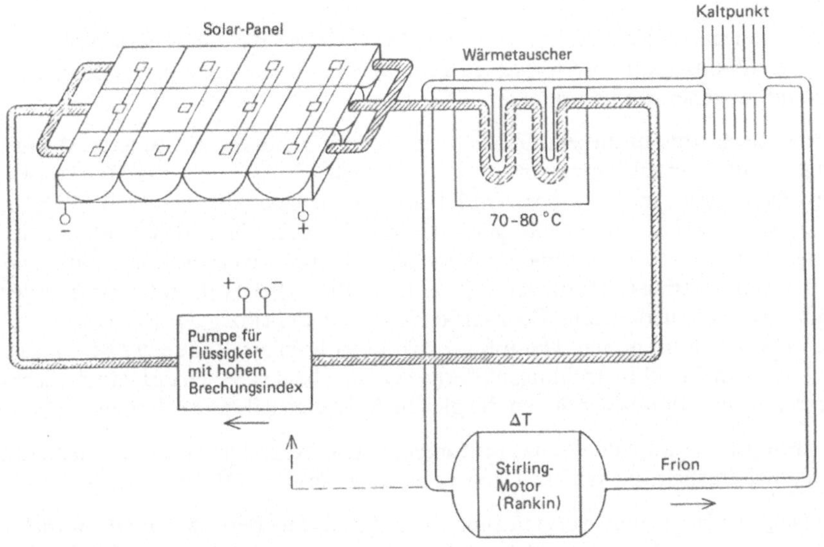

Abb. 5-9. Wärmeaustauscher in Verbindung mit Acryl-Konzentrator.

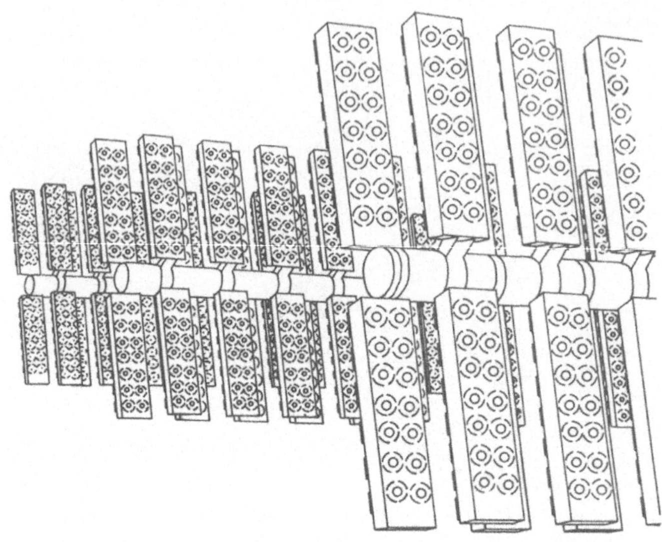

Abb. 5-10. 2achsige Mitführungsanlage mit Fresnel-Konzentratoren (Sandia Nat. Laboratories).

Solche Konzentratoren sind gebaut worden, arbeiten aber ohne Kogeneration, mit Luftkühlung (Abb. 5-10). Jedoch auch hier kann man eine Flüssigkeitskühlung und Kogeneration einrichten.

Über Fortschritte auf diesem Gebiet wird laufend berichtet. Komplette Modulanlagen mit Fresnel-Konzentratoren, in denen GaAs- und GaAlAs/GaAs-Solarzellen angewandt wurden, sind bereits von vielen Firmen, z.B. Varian, Mitsubishi u.a. [12], gebaut und getestet worden. Auch die Mitführung mit der Sonne wurde gelöst. Einmal mittels der Doppeldetektoranordnung und elektrischem Antrieb (der von der Solarzelle betätigt wird) [13], anderseits mit der pneumatischen Ausrichtung. Diese arbeitet nach dem Prinzip der Kondensation. Eine Flüssigkeit mit hohem Dampfdruck ist in Röhren am Rande des Moduls so angebracht, daß bei Einstrahlungsdifferenz auf den beiden Seiten des Panels dieses sich so umstellt, daß beide Seiten die gleiche Solareinstrahlung erhalten.

Über Fortschritte auf dem Konzentratorgebiet wird besonders im Zusammenhang mit Kontraktarbeit für das US-Department of Energy (DOE) berichtet [14, 15].

Da solche Anlagen rein wärmetechnisch schon in den Bereich von 30 bis 40% kommen, ist die Aussicht auf eine Elektrizitätsgewinnung durch PV-Zellen-Kogenerationsanlagen ausgezeichnet.

Solche Anlagen können in Zukunft eine bedeutsame Zusatzquelle für die elektrische Energie darstellen, welche z.B. durch die Einführung des elektrischen Automobils benötigt wird.

Ausblick auf Großenergiegewinnung

Um auf sinnvolle Größen für Solarkraftwerke zu kommen, muß der Overall-Wirkungsgrad der Anlage so groß wie möglich sein.

Das heißt, man muß das gesamte Sonnenspektrum ausnutzen, und die Anlage muß in einer Gegend stehen, in der die tägliche Sonneneinstrahlung über 4 bis 5 kWh/m^2 Tag liegt. Ein Blick auf die Insolationskarte Europas (Abb. 5-1) zeigt, daß in Europa Gebiete in Südspanien und im Mittelmeerraum (Türkei) in Frage kommen. Mit 43,8 MWh/m^2 annum oder 43,8 × 10^3 GWh/km^2 annum Insolation und einer 50%igen Ausnutzung würde man bereits die Energie von rund 2 × 10^{13} Wh/km^2 a, also 1% des deutschen Energieaufkommens erzeugen (1 km^2-Fläche). Mit nur 10% Wirkungsgrad, z.B. mit flachen Siliziumzellen ohne Konzentration, würde man für diese Energie die Fläche von 5 km^2 benötigen, was insgesamt eine 500%ige Verteuerung der Anlage bedeutet.

Die Ausnutzung des Solarspektrums hat zwei Seiten, die rein thermische und die photovoltaische. Die langwellige Strahlung reicht weit in das infrarote Spektrum bis zu einigen μm Wellenlänge, während die durch Halbleiter umsetzbare Photonenenergie nur bis in das Gebiet bis 1 μm mit akzeptablem Wirkungsgrad umsetzbar ist.

Die gleichzeitige Ausnutzung erfordert Anlagen, welche die PV-Zellen so kühlen, daß eine für die Zellen akzeptable Temperatur gehalten wird, anderseits die Kühlflüssigkeit genügend hoch erhitzt wird, um in Wärmegeneratoren (Stirling-Motoren z.B.) verwendbar zu sein. Da der Carnotsche Zyklus für Wärmekraftmaschinen mit ΔT wächst, muß in der Gleichung:

$$A \text{ (Arbeitsleistung)} = R \, (\ln v/v') \, (T_c - T_a)$$

R = Gaskonstante; v/v' = Volumenverhältnis von v(heiß)/v'(kalt); T_c = hohe Temperatur; T_a = Außentemperatur bzw. Kühlmittel;
$T_c - T_a = \Delta T$ möglichst groß sein. ΔT ist im Falle einer 90°-Kühltemperatur im Bereich von 65°. Um A zu vergrößern, muß daher mit großen Kühlflüssigkeitsvolumen gearbeitet werden, wenn ΔT gering ist. Es ist ersichtlich, daß man in sonnenreiche Erdgegenden gehen muß, um großtechnisch Solarenergie zu verwerten. Wenn auch die Sonne z.B. auf Europa hundertmal soviel Energie abstrahlt als generell verbraucht wird, so ist doch das eine Prozent der Oberfläche nicht leicht verfügbar. Zum Beispiel müßte man für die Bundesrepublik eine Fläche von 2500 km^2 mit Solaranlagen von 100% Wirkungsgrad oder 5000 km^2 mit 50% wirksamen PV-Zellen plus Kogeneration belegen, also eine Fläche, größer als das Ruhrgebiet. Da aber 50% Wirkungsgrad nur in den Tropen möglich sind, muß diese Fläche noch verdoppelt werden: 10 000 km^2. Solche

Flächen stehen heute nicht mehr in dicht besiedelten europäischen Ländern zur Verfügung. Bei Aufteilung in kleinere Anlagen vergrößern sich die Kosten. Es ist daher irreführend, die Insolationsenergie einfach mit der verbrauchten Energie zu vergleichen. Auch fallen 80% der Sonnenenergie auf der nördlichen Halbkugel in das Sommerhalbjahr, was zu besonderen Stapelmaßnahmen zwingt (s. E.F.F.).

Der Betrieb von Stirling-Motoren erweist sich im Zusammenhang mit der Solarenergie als besonders günstig. Die Freikolben-Stirling-Maschine erreicht auch bei geringem ΔT noch hohe Carnot-Wirkungsgrade [16]. Durch Einführen der Doppelkolbenanordnung wird erreicht, daß auch bei geringer Kompression im Zylinder hohe Wirkungsgrade möglich sind. Der zweite sog. Verdrängerkolben ist frei beweglich und porös und läßt das Kühlmittel, z.B. Heliumgas, bei der Hin- und Herbewegung von der warmen auf die kalte Seite strömen und umgekehrt (Abb. 5-11).

Die Arbeitsweise ist so, daß in der Kompressionsphase 1–2 im p/v-Diagramm das Gas auf möglichst kleinem Druck bleibt. Hierbei wird dem Gas die Wärme Q_u entzogen, wodurch es auf der niedrigen Temperatur T_u bleibt. Von 2 nach

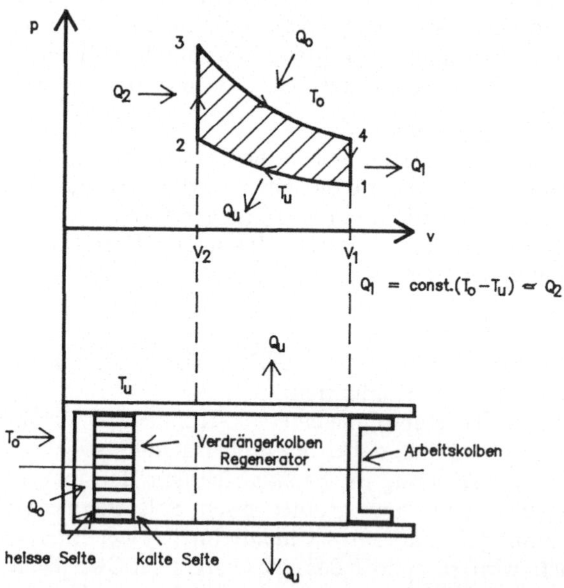

Abb. 5-11. Arbeitszyklus des Freikolben-Stirling-Motors mit Druck/Volumen-Arbeitsdiagramm. Q_o = Wärmemenge, die je Zyklus der Wärmequelle entzogen wird; Q_u = Wärmemenge, die je Zyklus der Wärmesenke zugeführt wird. $Q_1 = Q_2$ = die vom Regenerator oszillierend, reversibel aufgenommene und abgegebene Wärme des Arbeitsgases.

3 im Diagramm schiebt nun der Verdrängerkolben ohne Arbeitsaufwand das Gas aus dem kalten in den warmen Bereich. Bei der nachfolgenden isothermen Expansion von 3 nach 4 wird das Arbeitsmedium durch die Wärmezufuhr Q_o bei konstanter Temperatur T_o auf möglichst hohem Druck gehalten. Im äußeren Totpunkt wird bei $v = $ const. die Wärmemenge $C_v(T_o - T_u)$ entzogen, wobei das Gas auf den Ausgangspunkt zurückgeführt wird: $4-1$.

Der Verdrängerkolben sorgt also dafür, daß das Gas abwechselnd heiß und kalt wird, d.h. die von heiß nach kalt abfallende Temperaturverteilung bleibt erhalten (keine Entropiezunahme).

Anstelle des He-Gases kann eine Stirling-Maschine auch mit einer Flüssigkeit betrieben werden, z.B. Propylen [17].

Diese Technik wurde besonders gefördert durch Bomin-Solar in Lörrach, wo auch der Fix-Fokus-Konzentrator entwickelt wurde. Hier stellt der Parabolkonzentrator ein exzentrisches Segment dar, das sich gleichförmig um eine durch das Spiegelsegment und den Brennfleck zur Erdachse parallele Achse dreht. Dadurch wird erreicht, daß in eine im Brennpunkt ortsfest montierte Lichtfalle zu jeder Tages- und Jahreszeit ein achsnahes Strahlenbündel einfällt [16].

Literatur:

[1] H. F. Mataré: „Concentration Enhancement of Current Density and Diffusion Length in III-V-Ternary Compound Solar Cells". Appl. Phys. 17, 335–342 (1978)

[2] H. F. MacMillan et al.: „28% Efficient GaAs-concentrator Solar Cells". 20th IEEE Photovoltaic Specialists Conference Proceedings, Vol. 1, p. 462 (1988)

[3] A. Goetzberger und V. Wittwer: „Sonnenenergie". Teubner Studienbücher, Physik, Stuttgart 1986

[4] z. B. H. F. Wolf: „Semiconductors". Wiley-Interscience, New York 1971

[5] U. Piesbergen: „Heat Capacity and Debye Temperatures in Semiconductors and Semimetals" in Physics of III-V-Compounds, Vol. 2, Ed. R. K. Willardson and A. C. Beer Academic Press, 1966

[6] H. F. Mataré: „Grain Boundary Space Charge Conduction", Journal of Appl. Physics, 59(1), 1. Januar 1986, p. 97

[7] R. C. Knechtli et al.: „High Efficiency GaAs-Solar Cells". IEEE Transactions on Electron Devices" Vol. Ed-31(5), May 1984

[8] R. J. Boettcher et al. „The Temperature Dependence of the Efficiency of an AlAsGa/GaAs-Solar Cell operating at high concentration". IEEE Electron Device Lett. EDL 2(4), April 1981

[9] „Solar Concentrators" in Journal of Electrooptics, May 1983, p. 41 und H. Kelly: „Photovoltaic Power Systems, a tour through the alternatives". SCIENCE, 199 (1978), p. 634

[10] z. B. „Power and Energy" in IEEE-Spectrum, Vol. 26(1) January 1989, p. 56

[11] B. Melchior: US-Patent No 4.440.153 (1984)

[12] S. Yoshida et al: „High Efficiency large Area AlGaAs/GaAs concentrator Solar Cells". 3rd EC Photovoltaic Solar Energy Conf. Proceedings, Cannes, Frankreich, 27–31 Oktober 1980. D. Reidel Publ. Co, 1981, p. 970

[13] E. Fanetti et al: „750 Suns Concentrator Moduls using GaAs-Solar Cells". 4th EC-Photovoltaic Solar Energy Conference Proceedings. Stresa, Italien 1982, D. Reidel Publishing Co. 1982, p. 671

[14] Theory of Advanced, High Efficiency Concentrator Cells. Final Report, Purdue University for the US-Department of Energy; SERI/STR-211-2687 Washington, D.C. 1985

[15] Fabrication, Installation and Two-year Evaluation of a $245\,m^2$ Linear Fresnel-Lens Photovoltaic and Thermal (VT) Concentrator System at Dallas/Fort Worth-Airport, Texas. Final Report by ENTECH Inc. Dallas, Texas for the U.S. Dpt. of Energy. SERI-DOE Report No. DOE/ET/20626-TI Washington, D.C. 1985

[16] H. Kleinwächter: „Weiter mit Stirling" in „Energie", Jahrgang 35 No. 7; Juli 1983

[17] G. W. Swift: „A Stirling engine with a liquid working substance"; J Appl. Phys. 65(11), 1. June 1989, pp. 4157–4173

6 Solarenergiesatelliten

6.1 Das Prinzip: Energie aus dem Weltraum

Außerhalb der Erde läßt sich ein wesentlich höherer Anteil der Sonnenenergie einfangen, da man hier außerhalb des Erdschattens und außerhalb der absorbierenden Luftschicht ist.

Auf geosynchroner oder geostationärer Bahn (in einer Entfernung von 36 000 km von der Erde) hat ein Solarsatellit nur 5% Beschattung. Die d.c.-Leistung der photovoltaischen Zellen wird im Satelliten in Mikrowellenenergie umgewandelt und von dort über eine Antenne auf die Erde abgestrahlt.

Dort werden die Mikrowellen durch eine Rectantenne empfangen und in d.c.-Leistung bzw. Wechselstrom zurückverwandelt.

Auch wird die Umwandlung der Solarzellenenergie in Laserlicht vorgeschlagen, da dieses ebenfalls einen gerichteten Energietransfer ermöglicht.

Im Raum außerhalb der Luftschicht der Erde ist die Sonneneinstrahlung (Insolation) bereits um einen Faktor 1,5 höher als auf der Erde, und die erhöhte Einstrahldauer (Faktor 3–4) bringt die verfügbare Solarenergie dann beträchtlich über diejenige auf der Erde, selbst in Zonen höchster Insolationswerte.

Beide Hauptteile des Projektes (s. [1] und [2]), einmal die wirksame Umsetzung des Sonnenlichts in Elektrizität, zum andern der wirksame Umsatz in Mikrowellenenergie sowie die Rückwandlung in Gleichstrom oder Wechselstrom lassen sich durchaus vertreten. Gemessene Wirkungsgrade sind z.B.:

η(Solarzellen) $\approx$ 30% (40% möglich)
η(d.c. in Mikrowellen; 3 GHz) $\approx$ 77%
η(Transfer, Mikrowellen vom Generator zum Sammler) $\approx$ 94%
η(Rectantenne) $\approx$ 64%
η(Übertragung und Gleichrichtung) $\approx$ 60%

Der Gesamtwirkungsgrad beträgt hiernach etwa 8%, gerechnet vom Solargleichstrom bis zur Umwandlung in Gleichstrom auf der Erde: $\eta = 27\%$.

Mit neuartigen Solarzellen, z.B. den III-V-SLS (Super Lattice Structures), könnten noch höhere Wirkungsgrade erzielt werden. Die Zellenwirksamkeit spielt außerdem eine große Rolle bei der Berechnung der Kosten für eine solche Raumenergieanlage. Der Hauptkostenfaktor ist nämlich der notwendige Raumtransport.

Diese Kosten hängen davon ab, ob man den Satelliten in GEO (Geostationary Orbit, d.h auf Erdumdrehung synchroner Bahn) oder in LEO (Low Earth Orbit, d.h. auf einer erdnahen Umlaufbahn) anbringt. Im zweiten Fall könnte der LEO-Satellit als Zwischenstation zum Aufbau einer größeren Anlage auch auf dem Mond dienen [3]. Dabei wird eine Herstellung von Material (Aluminium) für die Kraftstation aus Mondmaterial erwogen. Vakuumdestillation unter konzentriertem Sonnenlicht kann auf dem Mond eine Basis zur Anreicherung bestimmter Materialien, z.B. des seltenen He-3, bilden.

Für einen nach Glaser [1] konstruierten Solarsatelliten in geostationärer Bahn würden bei Anwendung von Siliziumsolarzellen $50\,\mathrm{km}^2$ Oberfläche und etwa 50 000 Tonnen Material benötigt.

Die installierte Energie läge im Bereich von $5\,\mathrm{GW_p}$ (etwa 5 normalen Kernkraftwerken entsprechend).

Mit modernen III-V-Konzentratorzellen könnte die Fläche für die 5 GWatt auf $17\,\mathrm{km}^2$ verkleinert werden. Das hätte einen großen Einfluß auf das zu transportierende Material (nur noch etwa 17 000 Tonnen).

Um die Menge des zu transportierenden Materials durch auf dem Mond hergestellte Teile zu verkleinern, wird in vielen Darstellungen von bis zu 95% an Massereduktion gesprochen. (Aluminium, Titan, Eisen, Magnesium sind bis zu 30% Gewichtsteilen im Mondboden enthalten.)

Dies ist infolge des notwendigen Transportes von Trenngeräten, Konzentratoren sowie Herstellungsgeräten für Konstruktionsteile reichlich optimistisch. Zu allen diesen Teilen kommen dann noch Unterkünfte für die Mannschaft. Als Basis für die menschliche Existenzgrundlage auf dem Mond benötigt jede Unterkunft komplexe Versorgungsanlagen (für Atmung, Ernährung, Abfallentsorgung etc.), die bemannte Raumflüge sehr energieaufwendig und teuer machen.

In neueren Arbeiten wird vorgeschlagen, den Raumtransport dadurch zu vereinfachen, daß die Energie, z.B. für Flüge aus LEO (Low Earth Orbit) in GEO (Geostationary Orbit), durch Mikrowellenenergie übertragen wird. Diese kaun von der Erde aus von äquatornahen Mikrowellensendern ausgestrahlt werden. Dabei wird auf dem bereits im LEO befindlichen Raumschiff die Mikrowellenenergie in Ionenstrahlenergie umgewandelt [4].

Ähnliche Vorschläge gibt es sogar für Laserenergieübertrager [5]. Hierbei geht man aus von der Gleichung:

$$d \times D \geqslant \lambda \times L$$

$d = $ Durchmesser des on-board optischen Systems; $D = $ Durchmesser des auf der Erde montierten optischen Systems; $L = $ Entfernung Satellit — Erde; $\lambda = $ Wellenlänge des Lichts.

Für L-Werte zwischen 4000 und 40 000 km liegt d bei einigen Metern und D bei 5 bis 25 m, wenn $\lambda \approx 1\,\mu\mathrm{m}$ ist. Für Mikrowellenübertrager ($\lambda = 1\,\mathrm{cm}$) läge d bei

50 bis 100 m Durchmesser. Hier ergibt sich also bei Verwendung von Licht als Energieübertrager eine Ersparnis an Material und Raum. Dabei ist der Umwandlungswirkungsgrad allerdings unberücksichtigt. Dieser ist bei der Umwandlung von d.c.-Energie in Mikrowellenenergie höher als bei der Lichtumwandlung: 30% gegen 15–20%.

Bei neuen Plänen wird wenig auf die Verluste beim Umsetzen der Energien geachtet. So verbindet eine neuere Arbeit zur Materialersparnis die Solarzelle mit ihren Oberflächenkontakten und die Mikrowellendipolstrahler. Dabei wird übersehen, daß bei Insolation zwischen den Solarzellenkontakten (Gitter und Basiskontakt) ein niedriger Shunt-Widerstand entsteht, unabhängig vom spezifischen Widerstand des Halbleiters.

Der Vorschlag, die Solarzellen in Dünnfilmform gleichzeitig als Teile eines seitensichtigen Radarschirms (phased array radar) zu verwenden, ist interessant. Dabei werden die Oszillatoren, z.B. Gunn, TRAPATTS oder IMPATTS etc., mit eingebaut.

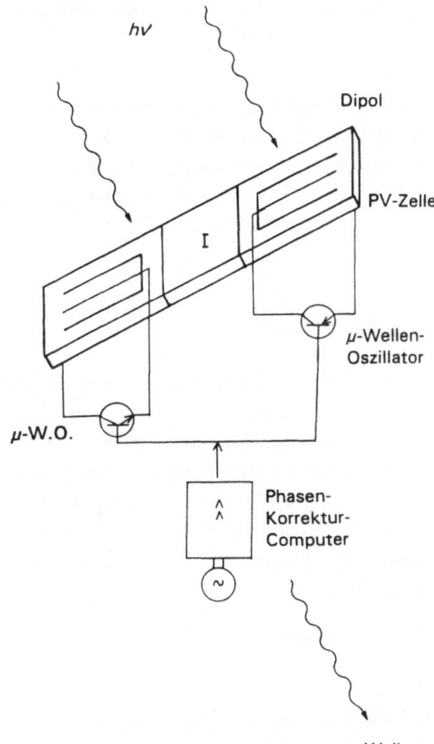

Abb. 6-1. Schema einer Solarzellenverschaltung als Mikrowellenstrahler. Der Vorschlag nutzt die Solarzellenplatten mit ihren Kontakten zugleich als Teile des Antennendipols. Die PV-Platten sind durch den Isolator I getrennt und werden zentral phasengesteuert. Es entsteht so eine PV-gespeiste, aktive mikrowellenausstrahlende Antenne, die als „phased array"-Strahler ausgebaut werden kann.

Ob aber so die notwendige Fokussierung auf eine erdgebundene Antenne möglich ist bzw. mit welchen Verlusten zu rechnen ist, ist hier noch gänzlich unberücksichtigt. Man spricht ganz allgemein von 30% Verlusten durch nicht perfekte Ausrichtung der Antennen.—Aber die Aufteilung einer Rektantenne in Millionen, ja Milliarden Einzelelemente ergibt natürlich Schaltverluste, die so groß sein werden, daß eine einfache Addition von 10^9 Bauelementen à 1 Watt Leistung durchaus keine GWatt Ausgangsleistung ergibt. Auch die Phasenausrichtung von Milliarden Oszillatoren ist ein Problem, das bei z.B. 10 GHz eine Frequenzstabilität besser als 10^{-12} erfordert. ($\Delta f/f < 10^{-12}$) Dies soll durch einen Supercomputer erreicht werden, der für jeden der Oszillatoren den Korrekturfaktor ermittelt [6].

Ein Beispiel eines solchen Solardipol-Oszillatorelementes ist in Abb. 6-1 gezeigt. Während hier die beiden Solarzellen mit ihren Metallisierungen auch die Mikrowellenantenne darstellen, die durch die Mikrowellenoszillatoren gespeist wird, muß die Phasenkorrektur all dieser Glieder durch eine zentrale Computeranlage gesteuert werden. Auch hier fehlt die Berücksichtigung der Interaktion von Oszillatorelement und Solarstrom, wobei der Arbeitspunkt des einzelnen Oszillators durchaus nicht mit der variablen Impedanz der Solarzelle im Einklang zu stehen braucht, also nicht so einfach optimale Wirkungsgrade zu erreichen sind.

Seit den ersten Vorschlägen zum Solarsatelliten hat sich allerdings vieles an Detailproblemen so gelöst, daß das Projekt sich vom Standpunkt der Kosten je kg Gewicht bzw. Kosten je kWatt durchaus vereinfacht hat. Demgegenüber sind alle Vorschläge für Kernkraftsatelliten (Fusions- oder Fissionsanlagen) im hohen GWatt-Bereich wenig attraktiv, schon wegen der Gefahr des Zurückfallens in die Atmosphäre.

6.2 Neuere Pläne unter Einschluß einer Mondbasis

Aufgrund der auf dem Mondboden gefundenen Elemente, welche als Baustoffe in Frage kommen, und der Tatsache, daß Helium-3 (^{3}He) sich auf dem Mondboden angesammelt hat, wird dem Mond als Materialbasis eine größere Bedeutung zugemessen. Außerdem hat man hier einen festen Referenzpunkt und Zwischenlandeplatz geringer Anziehungskraft für ausgedehntere Raumprojekte. Insbesondere wird aber in letzter Zeit der auf der Mondoberfläche im Regolith angesammelte Bestandteil an ^{3}He als wesentlicher Bestandteil des Mondbodens hervorgehoben. Dabei ist an die Fusionsgleichung:

$$D + {}^3He \rightarrow {}^4He(3{,}67\,MeV) + p(14{,}67\,MeV) \text{ gedacht.}$$

Verglichen mit den bekannteren Fusionsreaktionen:

$$D + D \rightarrow {}^3He + n + 3{,}25\,MeV; \quad T_c = 50\,keV = \text{Entzündungstemperatur}$$
$$T + D \rightarrow {}^4He + n + 17{,}6\,MeV; \quad T_c = 4\,keV$$

ist die ^{3}He-D-Fusion mit $T_c = 100\,\text{keV}$ aufwendiger zu zünden. Da selbst die Deuterium-Tritium-Reaktion $(T_c = 4\,\text{keV})$ bisher noch keine Selbstzündung ergeben hat [7], ist technische Fusion mit ^{3}He sicher in weiterer Ferne. Zwar wird von geringerer Beanspruchung der Reaktorwände gesprochen wegen des Fehlens der Neutronen in statu nascendi, jedoch dürften auch die bei höherer Fusionstemperatur frei werdenden Protonen ein ähnliches Problem verursachen.

Auch ist die Sammlung von ^{3}He auf dem Mondboden ein Problem. Obschon Vakuumdestillation dort durchaus möglich erscheint, so müssen aber $10^8\,\text{kg}$ Regolith für die Extraktion von 1 kg ^{3}He verarbeitet, d.h. destilliert werden.

Aus der Fusionsgleichung errechnet sich, daß eine Tonne ^{3}He die Energie liefern könnte, die z.B. Brasilien im Jahr verbraucht. Das Bild einer graduell vergrößerten Mondbasis und von Mondumlauf-Raketenbasen wurde nicht nur für die Herstellung von ^{3}He entwickelt (z.B. soll zwischen den Jahren 2010 und 2050 eine Menge von 219 Tonnen ^{3}He geliefert werden, was $2,6 \times 10^{13}\,\text{kWh/a}$ entspräche oder rund dem US-Energieverbrauch im Jahre 1985).

Trotz der attraktiven Aufrechnungen für den Materialgewinn—es sollen gleichzeitig Wasserstoff, Sauerstoff, Kohle, Eisen, Titan etc. gewonnen werden [8]—bleibt ein sehr großer Energie- und Materialeinsatz für 50 Raumgruppen auf dem Mond mit einer Bemannung von etwa 3000 Personen um 2050.

Dabei soll jede Gruppe 20×10^6 Tonnen/a fördern und davon 10 Millionen Tonnen thermisch aufschließen, so daß 300 kg (^{3}He)/a je Mine freigesetzt werden.

Hierfür muß dann für diese Gruppen alles Gerät und die Wohnquartiere auf den Mond transportiert werden, wobei dann auch $30\,\text{MW}_e$ an Elektrizität zur Verfügung gestellt werden müssen. Die für jede der 50 Raumgruppen erforderliche Menge an Material wird zu 680 Tonnen für Minengeräte, 123 Tonnen für Kernkraft-Elektrizitätsherstellung, 890 Tonnen für die Mondregolithverarbeitung, 310 Tonnen für die Sauerstoffherstellung und 224 Tonnen für die Unterbringung der Mannschaft und den Transport angesetzt. Es sind also rund 2200 Tonnen Material für jede der Raumgruppen notwendig.

Es wird berechnet, daß je Tonne ^{3}He, die der Erde geliefert wird, 250 Tonnen Masse in die Mondbahn bzw. auf den Mond zu bringen sind. Wenngleich diese Kosten durch die angenommene Fusionsenergie bei einer D + ^{3}He-Reaktion ausgeglichen werden sollen, so sind die enormen Zusatzkosten für bemannte Stationen auf dem Mond kaum berücksichtigt. (Ernährung über längere Perioden, Unterkunft plus aller mit Menschenkraft verbundenen Schwierigkeiten, Krankheitsfälle etc.) Solche Kosten können die Energiebilanz leicht negativ machen, so daß der Energieerntefaktor einer ^{3}He-Herstellung nahe bei 1 liegt, wie z.B. die Umwandlung von Niedrigwärme in Elektrizität, oder gar unter 1 fällt.

Die Minentätigkeit muß auf dem Mond stattfinden, denn es müßten Hunderte
Millionen Tonnen Mondregolith im Destillationstrenngerät bearbeitet werden,
um einige hundert Tonnen des ^{3}He zu gewinnen. Eine realistische Abschätzung
des Energieerntefaktors ist in allen raumgebundenen Unternehmungen bisher
vernachlässigt worden. Meist wird mit fertigen Zahlen einer Ausbeute gerechnet,
ohne die enormen, durch Menschen bedingten Kosten einzubeziehen. Alle bis-
herigen positiven Ergebnisse raumgebundener Unternehmungen beziehen sich
auf unbemannte Satelliten für Telekommunikation, Meteorologie, astronomische
Forschung etc., die zum großen Teil durch Automata und Robotronics program-
miert sind.

6.3 Realisierbarkeit und Kosten

Der Sonnensatellit (SPS = Solar Power Satellite) für $10\,GW_e$ Kapazität, für
welchen mit 10%igen Siliziumzellen eine Fläche von 38 km × 38 km zu überdecken
wäre, könnte mit modernen III-V-PV-Solarzellen auf 1/3 schrumpfen, also nur
noch eine Fläche von 20 km × 20 km überdecken. Dennoch würde beim Preis von
8000 \$/kg für den Raumtransport in GEO eine Gesamtpreislage für die 10^7 kg
von 80 Milliarden Doller prohibitiv sein. Beim Durchschnittsgewicht von 10
kg/kWe (PV-Zellen, Module plus Transmissionsteil plus Kontrolle plus Umwandler) ergäbe sich das Zehnfache. Leonard [9] setzt die heutigen Kosten des SPS
mit 998 260 Dollar je kWe an, was einem \$/kWh-Preis von 12,34 entspricht.
Jedoch soll schon im Jahre 2004 der Preis nur noch 1/200 betragen (4965 \$),
wobei der \$/kWh-Preis dann unter 6 cent liegen würde. Danach wäre dann der
Preis der kWh auf die Größenordnung des Preises in den Industrieländern
gesunken. Ohne auf die Unterhaltungskosten einzugehen (Teileauswechslung,
Reparaturen, menschliche Arbeit an Bord etc.) ergäbe sich so in vereinfachter
Rechnung eine SPS-Anlage, die mit erdgebundenen Anlagen konkurrieren könnte
(DOE/NASA-Schätzungen).

Die letzten Schätzungen von 4800 \$/kWe liegen immer noch um einen Faktor 3
über den von Glaser [1, 2] angenommenen Werten. Der Wert von 480 \$/kg wird
in anderen Berechnungen für SPS-Systeme erst in Jahren für den Teil LEO-GEO
erreicht, während die Gesamtkosten Erde-GEO auf 1415 \$/kg geschätzt werden.

Nimmt man Kostenreduktion durch Einsatz von Material der Mondoberfläche
an, so sollen sich die Ausgaben in \$/kWh nochmals auf die Hälfte reduzieren
lassen [9].

Eine Variable in all diesen Überlegungen ist das kg/kWe-Verhältnis, das erheblichen Schwankungen unterworfen ist, da es direkt vom technischen Stand der
Photovoltaik und der Mikrowellen- bzw. Laserübertragungstechnik abhängig
ist. Außerdem entstehen verschiedene kg/kWe-Werte dadurch, daß System-
bedingungen variieren. Zum Beispiel wird in einem Vorschlag die Reflektion der

Laser- oder Mikrowellenenergie an Antennen bzw. Spiegeln im Raum angenommen, um eine Verteilung am Boden auf verschiedene Empfangsorte zu erzielen. Der angegebene Wert von 10 kg/kWe ist jedenfalls konservativ, wenn hierin sowohl die PV-Zellen als auch der Mikrowellenumsetzer und der Raumtransporter einbezogen sind. Glaser (1985) schätzte, daß man mit 5 kg/kWe (kWe auf der Erde gemessen) auskommen könnte. Die Option, zwischen dem Mondsatelliten bzw. der Mondoberfläche und den LEO- bzw. GEO-Bahnen Material auszutauschen (Abb. 6-2), kann diese SPS-Projekte verbilligen, da jede technische Assistenz von einer Mondbasis aus mit erheblich geringerer Anziehungskraft (also Kosten) verknüpft ist (Abb. 6-2e–d und e–c).

Allerdings ist auch hier die Annahme implizit, daß die Mondbasis sich durch andere Aktivitäten, z.B. ^{3}He, bereits lohnt [10].

Glaser nahm ursprünglich als Kostengrößen an:

Solarzellen (Panels)	310 $/kWe
Mikrowellengeneratoren + Antenne	130 $/kWe
Gleichrichter etc.	100 $/kWe
Transport in Umlaufbahn	1380 $/kWe

Mit 10 kg/kWe ist die letzte Zahl: 138 $/kg.

Errechnet man die Energieerntefaktoren der verschiedenen SPS-Systeme, so ergeben sich weit streuende Daten je nach Methode und Systemtyp [7].

In einer Monte-Carlo-Simulation wurde ein Energieerntefaktor $E \approx 2$ errechnet

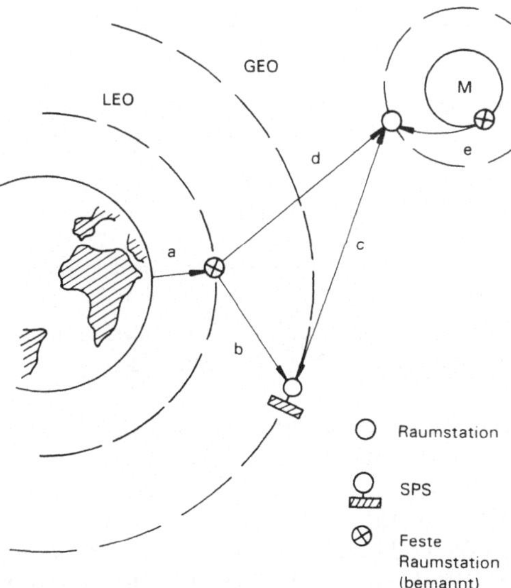

Abb. 6-2. Scenario der Raumverbindungen beim Aufbau eines SPS (spacepower satellite). Eine feste Raumstation in LEO (low earth orbit) in Abstand a von der Erde dient als Startpunkt sowohl für den SPS (Abstand b) als auch für die Raumstation um den Mond: Abstand d. Die feste Raumstation auf dem Mond steht im Austausch mit dieser Raumstation (Trajektorie e). Ebenso kann SPS über c mit der Raumstation, die den Mond umkreist, Material austauschen.

[11]; dies allerdings noch unter damaligen (1979) Grenzwerten für Solarzellen, Mikrowellenbauelementen, Antennen, Propulsionsmethoden etc., die sich in der Zwischenzeit sehr verbessert haben mit Ausnahme der Raumtransportkosten. In einer neueren Berechnung der Kosten für SPS und den Energieerntefaktor dieser Systeme kommt Criswell [12] zu dem Ergebnis, daß das operative Kostenverhältnis: Jahresergebnis/(Baukosten + Innerer Verbrauch) bei Einbeziehung einer Mondbasis hoch sein kann (200–300). Dagegen ist der für die Lebensdauer errechnete Wirkungsgrad $\eta = $ Gesamtenergie/(Lebensdauerprimärenergie + operative Kosten + interne Kosten + Kapitalinvestierung) nur 1,1 bis 1,2%. Der Erntefaktor $E = $ Gesamtenergieausstoß/(Gesamtlebensdaueroperation + interne und Kapitalkosten) gemessen an der erdgebundenen Rectantenne sollte bei 89 liegen [12] (siehe Kap. 12). Solch optimistische Werte basieren auf einer sicher unterschätzten Kosten-Energie-Bilanz des Raumtransports.

Literatur:

[1] Glaser, P. E.: „Solar Power Satellites"; Science, 162, p. 857 (1968)

[2] Glaser, P. E.: „The Potential of Satellite Power." Proceed. IEEE 65(8), p. 1162 (1977)

[3] Cohen, A.: „Human Exploration of Space and Power Development". Proceed SPS 91, Paris 27–30 August 1991, p. 31–35

[4] Maynard, O. E.; Howell, J. M.; Brown, W. C.: „Earth-based microwave power beaming to interorbital (LEO to and from HEO and GEO) electrically propelled transport vehicles". Proceed. SPS 91, Paris 27–30/8/91, pp. 504–509

[5] Kruzhilin, Y. I. „About the possibility of power supply of spacecrafts by ground laser beams". Proceed. SPS-91, Paris, 27–30 August 1991, pp. 605–611

[6] Landis, G. A.; Cull, R. C.: „Integrated Solar Power Satellite, an approach to low-mass space power". Proceed. SPS 91, Paris, 27–30 August 1991, pp. 225–232

[7] H. F. Mataré: „Energy, Facts and Future", CRC Press, Inc. Boca Raton, FL. 33531; 1989

[8] Davis, H. F.: „The Moon as a source of energy for terrestrial use". Proceed. SPS 91, Paris 27–30.8.1991, pp. 164–173

[9] Leonard, R. S.: „A different race: Global rural electrification, market niches, the thirs world as a starting place for SPS". Proceed. SPS 1, Paris 27–30.–8.–1991, pp. 109–116

[10] Maryniak, G. E.: „Nonterrestrial resources for solar power satellite construction". Proceed. SPS 91 Paris, 27–30.–8.–1991, pp. 146–153

[11] Herendeen, R. A.; Kary, T.; Rebitzer, J.: „Energy Analysis of the solar power satellite". Science, 205 (4405), p. 451; 1979

[12] Criswell, D. R.: „Terrestrial and Space Power Systems: Life Cycle Energy Considerations". Proceedings, SPS 91, Paris, 27–30, August 1991, pp. 71–78

7 Speicherung der Solarenergie

7.1 Einleitung

Die Energiedebatte hat seit Jahren die Wasserstofftechnik vordergründig einbezogen, wobei die Ansichten über die beste Art der Anwendung oft weit auseinandergingen.

Da reiner Wasserstoff nach Gewichtseinheit die höchste Energiedichte aufweist (33,3 kWh/kg gegen 12,7 kWh/kg für Isooctan oder Benzin), ist molekularer Wasserstoff seit Beginn der Raumfahrt der hauptsächliche Energievektor.

Für ein Hauptantriebsmittel im Verkehr ist jedoch die Frage des Volumens entscheidend. Da Wasserstoff jedoch hier gegenüber den Kohlenwasserstoffen einen Nachteil hat (keine Verflüssigung bei Raumtemperatur), so wird das Verhältnis selbst für $(H_2)_L$:

Benzin/(H_2): 8,76/2,36 in kWh/liter,

d.h. ein fast vierfacher Raumbedarf von $(H_2)_L$ für Anwendungen im Verkehr, den Kohlenwasserstoffen auf diesem Gebiet einen entscheidenden Vorteil geben. Die Synfuel-Industrie (synthetiches Benzin) wird daher auch noch nach Einführung einer im großen betriebenen Wasserstofftechnik weltweit einen wichtigen Stellenwert haben.

Um auch diese Quelle von Umweltverschmutzung (CO_2, CO, No_x etc.) abzustellen, wird man schließlich zu einer vollständigen Elektrifizierung des Verkehrs gezwungen sein. Dabei kann dann die Wasserstofftechnik in Zentralen die Elektrizitätserzeugung übernehmen.

Die Enthusiasten der Wasserstofftechnik haben in der Vergangenheit durch zu große Versprechungen in Laienkreisen allzu große Erwartung angefacht, die dann durch die Fakten nicht bestätigt werden konnte.

So ist es irreführend, von „Wasserstoff als Energie für alle Zeiten" (Bockris-Justi [1]) zu sprechen, denn der Wasserstoff ist zwar der ideale Energieträger wegen seiner umweltfreundlichen Verbrennung zu Wasser, aber die Primärenergie zu seiner Erzeugung muß auch umweltfreundlich sein, was das eigentliche Problem ist.

7.2 Verfahren

Die Speicherung der Solarenergie ist ein zentrales Problem, da diese Energiequelle zyklisch und nur bei mittäglichem Sonneneinfall maximal ist. Dies ist zwar im Einklang mit dem Maximalverbrauch an Elektrizität z.B. für Kühlanlagen (Air Conditioners), insbesondere in Ländern, wie USA, Australien und Arabien etc., aber an anderen Stellen, wo man die Elektrizität rund um die Uhr und in industrieller Anwendung benötigt, muß ein Weg gefunden werden, die zyklisch-variable Solarenergie zu speichern.

Es gibt eine Reihe von hydrodynamischen Lösungen, die an manchen Stellen angewandt werden. So kann z.B. ein durch Solarzellen angetriebenes Motoraggregat Wasser bei Tage in größere Höhen pumpen. Solche Anlagen sind auch zur Bewässerung von Agrarland in Betrieb. Sie erlauben, die gespeicherte Energie jederzeit in mechanische Energie umzuwandeln. Die mechanische Speicherung der elektrischen und thermischen Sonnenenergie ist natürlich mit Verlusten verbunden. Man kann die thermische Energie zum Antrieb von Stirling-Motoren benutzen und durch diese eine pneumatische Speicherung betätigen. Zum Beispiel kann man Preßluft in Unterwasserballons pumpen, welche zu anderer Zeit wiederum Motoren antreiben.

Weitere Techniken basieren auf der chemischen Anlagerung von H_2 in Metallen und Metalloiden in Form der bekannten Metallhydride. Als Metalle kommen Magnesium, Lanthan, Titan, Palladium und andere seltene Erdmetalle in Frage. Wasserstoffanlagerung an diese Metalle wird durch Druck und Temperatur bewirkt und geregelt. Je nach Temperatur kann der Druck um 5 Zehnerpotenzen (von 0,001 bar bis 100 bar) steigen. Nun gibt es solche Metalle bzw. Metallhydride für den Hochtemperaturbereich (einige 100 bis 1500 °C) und solche für den Temperaturberich unter 100 °C. In Abb. 7-1 sind eingige Beispiele für Metallhydride (Druck der Dissoziation gegen die Temperatur) aufgetragen. Wie zu sehen, sinken mit dem Dissoziationsdruck auch die Temperaturen. Bei den Metallhydriden, die bei niedrigen Temperaturen (unter 100 °C) dissoziieren, ist der Druck relativ hoch (1 bis 100 bar). Für Wasserstoffspeicherung, z.B. in Automobilen, ist dagegen der niedrigere Druckbereich interessanter. Dabei müssen dann allerdings zur Freisetzung des Wasserstoffs auch Temperaturen von einigen 100 °C angewandt werden, was eine getrennte Heizanlage für die Metallhydride erfordert. Der Nachteil dieser Hydride ist, daß diese nach mehrfachen Zyklen der Absorption und Dissoziation brüchig werden und schließlich in Staub zerfallen, der die Ventile blockiert. In dieser Hinsicht sind anscheinend die Lanthan- und Titanhydride stabiler als die der Erdalkalimetalle Ba, Sr, Ca.

Eine interessante Kombination für die Solarenergiestapelung befindet sich in der Entwicklung durch die Firma Bomin-Solar in Lörrach in Verbindung mit dem Max-Planck-Institut für Kohle-Forschung (Mühlheim-Ruhr) und dem IKE-Institut für Kernenergetik und Energiesysteme (Stuttgart-Vaihingen). Hierbei

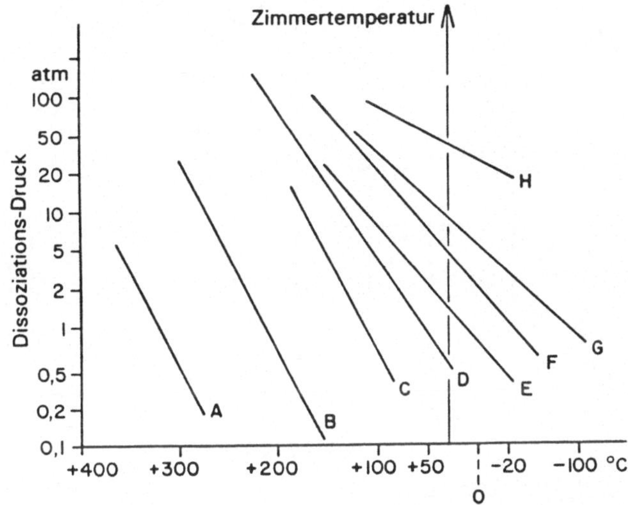

Abb. 7-1. Dissoziations-Druck von Wasserstoff in intermetallischen Verbindungen (Metallhydriden), aufgetragen gegen die Temperatur (°C) A = MgH_2; B = Mg_2-Ni-H und Mg_2-Cu-H; C = $Fe_{0,8}Ni_{0,2} \times NiH_{0,6}$; D = $La\ Ni_{0,7}\ Al_{0,3}\ H_3$; E = $CaNi_5H_3$; F = $La\ Ni_3\ H_3$; G = FeTiH; H = MNi_5H_3.

wird die Tatsache ausgenutzt, daß es die genannten zwei Gruppen von Hydriden gibt, deren Dissoziationstemperaturen (bei gleichem Druck) sehr verschieden sind (Abb. 7-1).

Zum Beispiel entspricht einer Dissoziationstemperatur von 350 °C bei 1 atm beim MgH_2 im Falle des $LaNi_3H_3$ eine solche von − 40 °C. Daraus kann nun ein Solarspeichersystem abgeleitet werden, das insbesondere für häusliche Kleinanlagen geeignet scheint. Das bei Bomin ausgearbeitete Prinzip zeigt Abb. 7-2.

Bei Tage wird die Sonnenenergie konzentriert auf das Hochtemperaturhydrid, wodurch einerseits Wasserstoff freigesetzt wird, der in Volumen 2 von dem Niedrigtemperaturhydrid absorbiert wird, so daß er ein kleines Volumen einnimmt; zugleich kann die erhöhte Temperatur in Volumen 1 zur Erzeugung von Elektrizität mittels Stirling-Generatoren ausgenutzt werden. Bei Nacht, wenn Volumen 1 kalt wird, wird der Wasserstoff aus Volumen 2 unter Wärmeentzug wieder in Volumen 1 getrieben, da nun der Dissoziationsdruck in Richtung des Hochtemperaturhydrids liegt. Auf diese Weise kann durch Öffnung eines Ventils Volumen 1 bei Nacht erhitzt werden, während Volumen 2 gekühlt wird. Man kann hier also z.B. einen Eisschrank anschließen. Solche fortschrittlichen Methoden der Speicherung von Solarenergie sind der Schlüssel zur praktischen Ausnutzung von umweltfreundlicher, erneuerbarer Energietechnik.

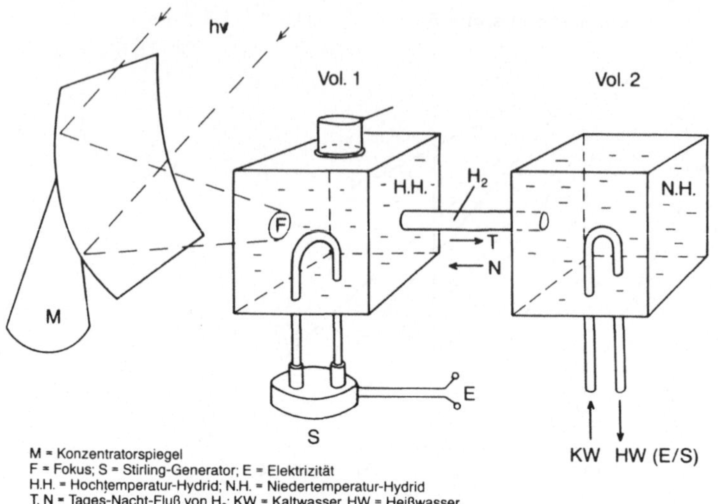

Abb. 7-2. Schema einer Hydrid-Speicheranlage, bei welcher die Solar-Erwärmung zum H_2-Übergang vom Hochtemperatur-Hydrid (Vol. 1) auf ein Nieder-Temperatur-Hydrid (Vol. 2) führt, wobei in Vol. 1 durch eine Stirling-Generator-Anlage Elektrizität erzeugt wird und in Vol. 2 Wärme entsteht. Bei Nacht diffundiert H_2 von Vol. 2 nach Vol. 1 unter Abkühlung von Vol. 2 (möglicher Betrieb von Kühlanlagen).

Jedoch muß in jedem Fall zunächst der Wasserstoff umweltfreundlich hergestellt werden. Es kommt übrigens sehr darauf an, den Wasserstoff in großen Wärmekraftanlagen so zu verbrennen, daß keine NO_x-Gase entstehen. Sie bilden sich, wenn der Wasserstoff bei geringem Sauerstoffgehalt der Luft verbrannt wird. Insofern ist die bei der Elektrolyse gleichzeitige Herstellung von O_2 und H_2 günstig, denn eine Verbrennung in O_2-reicher Atmosphäre ergibt geringere Stickoxidkonzentration.

Die bei weitem bedeutendste Stapelmethode ist die Elektrolyse von Wasser. Die durch photovoltaische Zellen gelieferte Leistung wird unmittelbar in Wasserstoff und Sauerstoff verwandelt. Ionisationszusatz ist z.B. H_2SO_4 oder KOH. Im großen Stil wird diese Methode überall da angewandt, wo ungenutzter Nachtstrom vorhanden ist. Der Vorgang ist:

Kathode: $H_2O + 2e^- \longrightarrow H_2 + 2OH^-$
Anode: $2OH^- - 2e^- \longrightarrow 1/2 O_2 + H_2O$ oder kurz: $H_2O + \text{Energie} \longrightarrow H_2 + 1/2 O_2$

Nun hängt die zuzuführende Energie von einigen Parametern bei der Elektrolyse ab. Theoretisch müßte Elektrolyse bei einer Spannung von 1,23 Volt einsetzen. Meist ist jedoch durch Verluste eine Spannung von 2 bis 2,5 Volt erforderlich, die sich bei höheren Strömen infolge des Spannungsabfalls noch erhöhen kann.

106

So wird die ideal notwendige Leistung von $3,54\,kWh/m^3$ H_2 (1 atm) erhöht. Man kann durch Druckelektrolyse den Spannungsabfall herabsetzen. Ebenso steigert Temperaturerhöhung den Wirkungsgrad. Kommerzielle Druckelektrolyse kommt auf $4,3\,kWh/m^3$ H_2. Dabei muß nun auch der thermische Wirkungsgrad berücksichtigt werden: $\eta = \eta_e \times \eta_{th}$. Da $\eta_{th} \approx 40\%$ ist und η_e der Elekrolyse bei 85% liegt, ist der Gesamtwirkungsgrad dann 34%.

Je geringer die Zellspannung gehalten wird, desto geringer ist der Arbeitsaufwand bzw. die kWh/m^3-H_2-Zahl.
Typische Werte sind:

Zellspannung	notwendige elektrische Energie in kWh/m^3H_2
2,09 Volt	5,0 ⎫ konventionelle Elektrolyse
1,86 Volt	4,5 ⎭
1,65 Volt	4,0 (150 °C, thermisch verstärkt)
1,45 volt	3,5 (350–900 °C; Hochtemperatur-dampfelektrolyse)
1,25 und darunter	3,0 Hybridprozeß mit H_2SO_4

Durch Erhitzen wird elektrische Energie eingespart. Dies gilt besonders für die Hochtemperaturelektrolyse, bei der Dampf mit KOH oder H_2SO_4 ionisiert wird:

Thermochemischer Prozeß: $H_2SO_4 \longrightarrow SO_2 + H_2O + 1/2O_2$
(700–1000 °C)
Elektrochemischer Prozeß: $SO_2 + 2H_2O \longrightarrow H_2SO_4 + H_2$
(Zellspannung 0,6 Volt)

In solchen Prozessen wird die total zuzuführende Enthalpie/m^3 H_2 entscheidend herabgesetzt. Praktische Werte unter $2\,kWh/m^3$ H_2 sind erreicht worden [2].

7.3 Solare Photoelektrolyse

Die Erzeugung von Wasserstoff durch chemische Zersetzung von Wasser (Photolyse) ist ein photochemischer Prozeß, bei dem die Strahlungsernergie $h\nu$ der Sonne direkt die notwendigen 57 kcal Energie liefert, die zur Spaltung eines Wassermoleküls erforderlich sind. Die Natur hat sich so eingestellt, daß die Pflanzen vorwiegend den Spektralteil umsetzen, in welchem die Solarstrahlung ihr Maximum hat, also im grünen Spektralbereich (Chlorophyll).

In der Pflanze wird nun der Wasserstoff zum Aufbau von Biomasse ($CH_2O =$ Kohlehydrate, wie $C_6H_{12}O_6$ oder allgemein $(CH_2)_6O_6$) verwandt. Der entscheidende Prozeß findet an den Zellmembranen statt. Diese bewirken die Trennung der Oxidations- und Reduktionsprodukte (s. Abb. 7-3). Die Energieschwelle

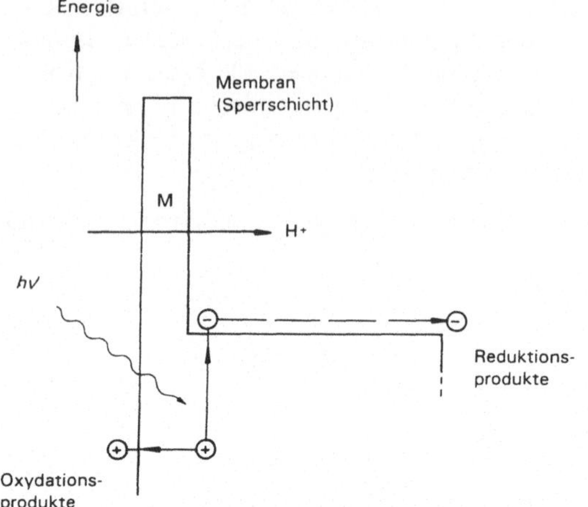

Abb. 7-3. Schema einer lichtangetriebenen Elektronenpumpe. M = Membran oder Sperrschicht; hv = Lichtenergie, welche die Elektron-Loch-Paare anregt, die zu den Oxidations- bzw. Reduktions-Produkten im Elektrolyten führen.

der asymmetrischen Membran erlaubt einerseits Lichteinfall auf das Chlorophyll, anderseits bewirkt sie Trennung von Oxidations- und Reduktionsprodukten. Wasserstoff wird hierbei nicht freigesetzt, sondern sofort in Enzymen verarbeitet.

Wie das Modell zeigt, arbeitet die Membran ähnlich einer Tunneldiode bzw. Tunneljunktion, die Elektronlochpaare anregt und trennt. Die organische Chemie entwickelt z.Zt. Schichten, welche diesen Prozeß in einfacher Weise durchführen sollen. Zur Realisierung einer Wasserstoffherstellung auf dieser Basis ist jedoch noch ein weiter Weg [3].

Dagegen hat die Photoelektrolyse mit Halbleiterelektroden bereits einige Erfolge verzeichnet. Hier wird die Sperrschicht an der Halbleiteroberfläche zum Elektrolyten als Sperrschicht oder Trennschicht verwandt. Bei Belichtung wird die Potentialschwelle gesenkt (Abb. 7-4a), und es fließen Elektronen nach links (Abb. 7-4b) und Defektelektronen nach rechts zum Elektrolyten hin. Ein äußerer Kreis zur Metallelektrode (Gegenelektrode) schließt den Stromkreis so, daß Ionen transportiert werden, wenn der Elektrolyt z.B. KOH (Kalilauge) enthält. An der Kathode entsteht dann aus

$$4H_2O + 4e^- \longrightarrow 2H_2 + 4OH^- \text{ und an der Anode}$$
$$4OH^- \longrightarrow O_2 + 2H_2O + 4e^-$$

Die Bruttoreaktion ist dann: $2H_2O + \text{Energie} = 2H_2 + O_2$. Zur Trennung der Gase wird in der Mitte zwischen den Elektroden eine semipermeable Wand (Membran) angebracht. Durch diese werden die Gasströme getrennt und nach außen geführt, während die Ionen die Membran passieren.

Die optimale Lichtfrequenz hängt vom Halbleiterbandabstand ab. Für oxidische Halbleiter, wie TiO_2 (3,0 eV), SnO_2 (3,5 eV), $SrTiO_3$ (3,3 eV), $KTaO_2$ (3,6 eV), mit

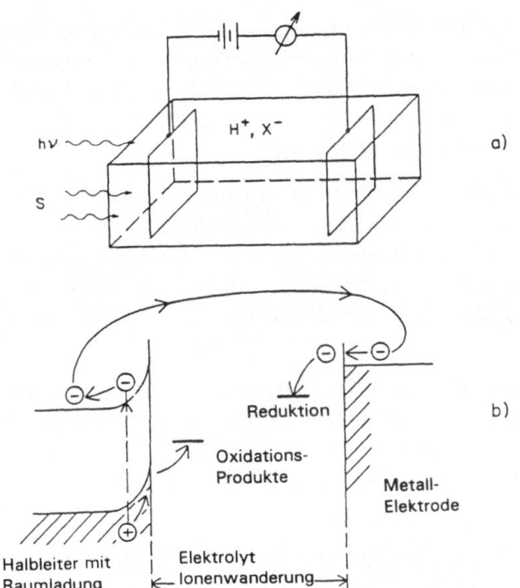

Abb. 7-4. a) Photo-Elektrolyse einer Wasserstoff-Anion-Lösung unter Lichteinfluß.
b) Elektronentransfer-Reaktion während der Photoelektrolyse zwischen einer Halbleiter-Elektrode (Anode) und einer Metallelektrode (Kathode).

hohem Bandabstand beginnt der Photostrom im blauen Spektralgebiet und nimmt zu bis in das UV-Gebiet. Optimale Wirkungsgrade ergeben sich aus der Energie des chemischen Produktes H_2 und O_2. Da dies $1,23\,eV/Mol$ ist, so ergibt sich für $\eta_{max} = 1,23/E_B \approx 0,38$. In praxi ist $\eta_{max} = (1,23 - E_{Batterie})\ \varphi/E_{h\nu}$ (φ = Elektronenfluß).

Für $SrTiO_3$ z.B. sollte für 0,4 Volt/Mol von der Batterie $\eta_{max} = 0,25$ sein. Gemessene Wirkungsgrade sind allerdings weit geringer: 0,04 bis 0.09 oder 4 bis 9% [4].

Das Hauptproblem ist stabiles Verhalten. Dies gilt insbesondere für II-VI-intermetallische Verbindungen, wie CdSe. Die hohen Bandabstände sind außerdem ungünstig, da im höher frequenten Gebiet die Solareinstrahlung geringer ist. Andere Halbleiter liegen mit ihrem Bandabstand näher dem Insolationsmaximum. Z.B. sind die Photospannungen der folgenden Halbleiter bei Einstrahlung einer Frequenz, die über dem Bandabstand liegt und die Intensität $0,1\,W/cm^2$ hat [5]:

Halbleiter	Photospannung (Volt)
CdS (in S^{2-}/S_2^{2-} Wasserlösung)	0,5
$MoSe_2$	0,6
GaAs	0,73
CdS (in Ferrocyanlösung)	1,2

Da die Energie des chemischen Produktes, das erzeugt wird, 1,23 eV pro Mol ist, sollte die Halbleiteranode einen Bandabstand haben, der nicht weit hierüber hinausgeht. Daher sind die oben genannten oxidischen Halbleiter ungeeignet, obschon sie im Elektrolyten bessere Haltbarkeit haben als andere Halbleiter. Einige Erfolge wurden mit $MoSe_2$ und WSe_2 erzielt (10%).

III-V-Verbindungshalbleiter, wie GaAs und InP, ergaben noch bessere Werte. Allerdings oxidieren hier die Oberflächen. Durch Platinzusatz kann dies teilweise verhindert werden, wobei allerdings die optische Reflektion zunimmt. Daher wurde mit einem Platingitter auf der Anode gearbeitet, wobei die Abstände im Gitter kleiner als die Diffusionslänge der Minoritäten sein müssen. Höchste η -Werte für InP-Elektroden lagen bei 13%.

Man sieht, welch komplexe Bedingungen das Elektrodenmaterial erfüllen muß. Bei den oxidischen Halbleitern besteht zwar bessere Stabilität gegen den Angriff des Elektrolyten, aber hier liegt das Valenzband eben zu tief auf der Energieskala für H_2-Evolution. Bei größeren Bandabständen muß äußere Vorspannung zu Hilfe genommen werden.

Von den nichtoxidischen Halbleitern sind die Sulfide am instabilsten [5]. Gericher zieht die Schlußfolgerung, daß eine Trennung des Solargenerators von der elektrolytischen Zelle eine bessere Chance hat, günstige Wirkungsgrade bei der H_2-Herstellung zu erzielen. Daher sind auch die von Texas Instruments gemachten Versuche mit Siliziumkugeln, welche von einer Junktion umgeben sind und in HBr in wäßriger Lösung eintauchen [6], als H_2-Erzeuger zugunsten der einfachen Si-Kugeln-Solarzellen in den Hintergrund getreten.

7.4 Wasserstoffherstellung mit Solarzellen

Ganz allgemein ist jede Art der Herstellung von Wasserstoff interessant, weil Wasserstoff billiger als Elektrizität zu transportieren ist und damit die Erzeugerpunkte weit ab von den Verbraucherorten liegen können. Justi wies schon 1964 auf die Vorteile einer Wasserstoffwirtschaft hin [7].

Ein europäisches Gasrohrleitungssystem, das bereits besteht, kann auf Wasserstoff umgestellt werden. An den Endpunkten können dann alle nur denkbaren Energieaggregate angeschlossen werden. (zur Heizung, zum Antrieb, zur Elektrizitätserzeugung etc.) (s. Kap. 8).

Was hier vor allem ins Auge gefaßt werden soll, ist die oben genannte Kombination von solarerzeugtem Strom mit angeschlossener Elektrolyse. Als Beispiel ist in Abb. 7-5 eine Konzentratoranlage mit photovoltaischen Zellen, verbunden mit einer elektrolytischen Zelle, dargestellt. Die photovoltaischen Zellen befinden sich auf der oberen Glasscheibe im Fokus des Kuvettenkonzentrators C. Das Panel ist auf 3 Transportrollen T_1 montiert, so daß es mittels eines kleinen

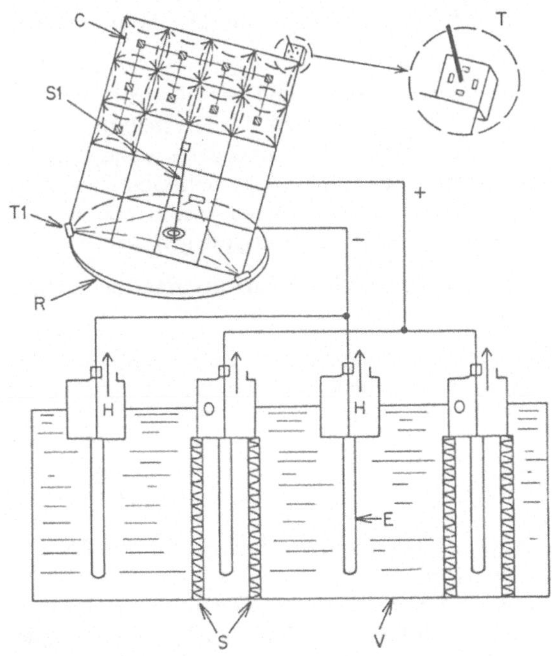

Abb. 7-5. Solar-Konzentrator in Verbindung mit einer elektrolytischen Zelle zur Wasserstoff (Sauerstoff)-Herstellung. C = Konzentrator Modul; T = Tracker (Detektor Quartett mit Schattenstab); S_1 = Spindel mit Motor (Azimutale Einstellung); T_1 = Transport-Rollen mit Motor-Antrieb; R = Schiene; S = semipermeable Wand; E = Elektrode; V = Kuvette.

Motorantriebs der Sonne folgt. Ein Detektorquartett stellt mittels eines Schattenstabs das Panel senkrecht zur Sonne. Außerdem korrigiert eine Spindel S_1 den Azimutwinkel.

Die Verschaltung der Zellen ist so, daß etwa 2 bis 4 Volt Spannung bei hohem Strom geliefert werden. Dieser wird in den elektrolytischen Trog mit Elektroden E für H_2-Abscheidung und den durch semipermeable Wände abgeschirmten Elektroden für die Sauerstoffherstellung geleitet.

Die Schwierigkeiten dieser Anordnung liegen in den Verlustwiderständen im Elektrolyten und den Metallelektroden. Dadurch wird bei so hohen Stromstärken die Spannung leicht um ein Vielfaches heraufgesetzt, bei welcher die Gase entstehen.

Dies gilt besonders für organische Elektrolyten oder Festelektrolyten. Der bekannte Durchtrittswiderstand rührt von der Erhöhung des Widerstandes parallel zum Stromanstieg her. Er ist übrigens nicht ohmisch, da er mit dem Strom nicht linear ansteigt.

Es kommt also sehr auf die Wahl des Elektrolyten und der Elektrodenmetalle an, wie hoch der Wirkungsgrad einer solchen Anlage zur H_2-Herstellung ist. Seit 1986 wird im Hysolar-Programm seitens des BMFT und der saudiarabischen KACST (King Abdulaziz City of Science and Technology) ein Gemeinschaftsprojekt dieser Art betrieben. Die technische Seite wird seitens des Landes Baden-Württemberg von der DFVLR und der Universität Stuttgart getragen.

Eine 100 kWe-Anlage soll die Möglichkeiten der Solarwasserstoffherstellung demonstrieren [8].

Ebenso hat die Bölkow-Stiftung in der Oberpfalz ein Solarwasserstoffwerk mit der Bayernwerke-AG errichtet, in dem diese Art von Energieversorgung getestet wird [9].

Literatur:

[1] J. O'M Bockris und E. W. Justi: „Wasserstoff, die Energie für alle Zeiten." Udo Pfriemer Verlag, München, 1980

[2] H. W. Nürnberg, J. Divisch, B. D. Struck: „Modern Electrolytic Procedures for the production of Hydrogen by splitting water." In: Nuclear Technologies in a sustainable Energy System. Editors G. S. Bauer & A. McDonald, Springer-Verlag, Berlin New York 1983, pp. 155–171

[3] E. Broda: „Erzeugung von Wasserstoff durch photochemische Zersetzung von Wasser (Photolyse) in pflanzlichen Organismen." in [1], pp. 115–132

[4] M. S. Wrighton, A. B. Ellis und S. W. Kaiser: „Photoelectrochemical Cells; Conversion of intense optical energy." Proceedings of the Internat. „Symposium on Solar Energy." Ed. T. B. Berkowitz and i. A. Lesk; The Electrochemical Society, Electronics and Electrothermics and Metallurgy Division, 1976. pp. 66–91

[5] H. Gericher: „Solar Photoelectrolysis with Semiconductor Electrodes". In: „Solar Energy Conversion". Topics in Appl. Physics. Springer-Verlag, Berlin-New York 1979

[6] T. H. Maugh II: „Fuels from Solar Energy: How Soon?" Science Vol. 222(4620) 14. Oct. 1983, pp. 151–153

[7] E. Justi, P. Brennecke u. J. Kleinwächter: „Die Funktion der Wasserstoff-Druckgas-Transport- und Speicherleitung in einer Wasserstoffwirtschaft." Abhandlungen der Braunschweigischen Wissenschaftl. Gesellsch, Bd. 32, 1981, pp. 153–185

[8] J. Pohl: „Elektrochemische Energieumwandlung u. Speicherung." Umschau 1986, Heft 11, pp. 558–564

[9] Bild der Wissenschaft (Sonderdruck): „Solarer Wasserstoff in einer zukünftigen Energiewirtschaft." Vol. 4, 1987

8 Wasserstoff als Speichermaterial

8.1 Herstellung

Hier soll kurz dargestellt werden, welchen Stellenwert Wasserstoff allgemein in der Energieversorgung einnehmen kann und wie die zukünftige Energiewirtschaft dadurch verändert wird.

Die Bewertung der verschiedenen Speichermaterialien ergibt sich aus der Gegenüberstellung der Dichten (g/l), der Energiedichte in kWh/kg bzw. in kWh/liter, der Speicherkapazität im Vergleich zu H_2 in Gewichtseinheiten und Volumeneinheiten sowie der Arbeitstemperatur:

Tabelle 8-1. Bewertung verschiedener Speichermaterialien

Material	Speicherkapazität in % der Gewichtseinheit von H_2	H_2-Dichte (g/l)	Energiedichte kWh/kg (kWh/l)	Arbeitstemperatur (°C)
$(H_2)_L$	100	71	33,3 (2,36)	−250
Methyl (Cyclohexan)	6,1	47	2,03 (1,56)	>300
MgH_2	7,0	101	2,33 (3,6)	>350
Mg_2NiH	3,16	81	1,05 (2,67)	>250
FeTiH	1,75	96	0,58 (3,18)	>−10
Methanol	12,5	99	5,6 (4,42)	>0
Methan (L)	25	105	13,8 (5,8)	−161
NH_3	17,6	144	5,14 (4,21)	>0
Isooctan	17,3	117	12,7 (8,76)	>−40

Herauszuheben sind die entsprechenden Werte für Benzin (Isooctan)

Man sieht hier, daß zwar die Energiedichte von $(H_2)_L$ in kWh/kg fast um den Faktor 3 höher liegt. In kWh/liter liegt aber die Energiedichte von Benzin fast um den Faktor 4 höher!

Da die Wasserstoffverflüssigung nicht bei Raumtemperatur möglich ist, wird Wasserstoff in Druckflaschen aufbewahrt (bis zu 100 atm = 100 bar $\simeq 10^5$ Pa). Im Verkehr sind jedoch die Metallhydride das Sicherste.

Trotzdem ist ein Übergang zu einer Wasserstoffwirtschaft technisch gut möglich und ist die beste Lösung für Umweltverträglichkeit. Die Herstellung von Wasserstoff gliedert sich in mehrere Sparten:

8.1.1 Herstellung aus fossilen Brennstoffen

Etwa 16% des heute hergestellten Wasserstoffs stammen aus der Kohle, dem Rohöl und dem Erdgas. Das als Hydropyrolyse bekannte Verfahren besteht in einer Reduktion von Wasserdampf durch C-reiche Kohlenwasserstoffe:

1. $C + H_2O \rightarrow CO + H_2$
2. $CO + H_2O \rightarrow CO_2 + H_2$ (Wassergastransfer) und
3. $CO + 3H_2 \rightarrow CH_4 + H_2O$,

wobei die letzte Reaktion das auch vielfach benötigte Methan liefert. Die erste Reaktion ist endothermisch (800 bis 900 °C), während Gleichung 3 exothermisch verläuft, und zwar bei 300 bis 350 °C.

8.1.2 Umwandlung von Naturgas

1. $CH_4 + H_2O \rightarrow CO + 3H_2$ gefolgt von
2. $CO + H_2O \rightarrow CO_2 + H_2$

Hiernach wird CO_2 durch physikalische und chemische Methoden absorbiert.

Teilweise Oxidation von Kohlenwasserstoffen: $CH_4 + 1/2\,O_2 \rightarrow CO + H_2$, wieder gefolgt von Wassergastransfer und CO_2-Absorption. Die Umwandlung von Naturgas ist die meist angewandte Methode. Dabei wird entschwefeltes Naturgas in Gegenwart von Nickelkatalysatoren umgeformt. Bei 375 °C erfolgt dann der Wassergastransfer mit Fe/Cr-Katalysatoren.

8.1.3 Elektrolyse

Industriell wird meist ein Gleichstrom durch 2 Elektroden gegeben, die in einen Elektrolyten tauchen, z.B. in eine Kaliumlaugelösung. Dabei werden, gemäß dem Faraday-Gesetz je 1 kg H_2 und 8 kg O_2 26 500 Amperestunden erzeugt.

Die zu liefernde Energie ist 280 kJoule/Mol H_2 (25 °C; 1 bar.) oder rund 1 kWh/Mol H_2. Eine perfekte Zelle würde bei 25 °C mit 1,229 Volt oder 118 MJ/kg/ H_2 (425 kWh/kg H_2) arbeiten, wobei dann 24,6 MJ/kg H_2 (88,56 kWh/kg

H_2) als Wärme zu liefern wären. In der Praxis treten aber mehr als 20% Verluste auf, die sowohl als thermische als auch als Spannungsabfallverluste erscheinen [1]. In den Großanlagen zur Wasserstoffherstellung wird mit Stromdichten im Bereich von 1000 bis 5000 A/m² gearbeitet. Die Spannungen liegen bei 2 Volt. Höhere Stromdichten werden bei Überdruck erreicht.

Die Preise für Wasserstoff hängen in erster Linie vom Strompreis ab. Darum ist man bemüht, die Elektrolyse- und Verflüssigungsanlagen in der Nähe von großen Elektrizitätswerken anzusiedeln. Der Strompreis (besonders Nachtstrom) kann dann, d.h. bei Ansiedlung in der Nähe von Elektrizitätswerken, wesentlich unter dem Preis von 0,14 DM/kWh liegen. Unter günstigen Umständen kann man mit einem Strompreis von 0,03 bis 0,04 DM/kWh rechnen.

Gasförmiger Wasserstoff läßt sich dann zu 0,10 DM/kWh herstellen. Flüssiger Wasserstoff kostet etwa das Doppelte. Da 1 kg H_2 34,2 kWh entspricht, ist der Brennwert des 1 kg H_2 = 1,70 DM bei einem Elektrizitätspreis von 0,05 DM/kWh. Man rechnet mit einem Wirkungsgrad von 75% bei der H_2-Herstellung. In neueren Verfahren (General Electric, USA) mit Festelektrolyten (Polymeren) sollen bis zu 85% erreicht werden.

8.1.4 Thermochemische Wasserspaltung

Weltweit arbeiten viele Forschungsinstitute mit Halogenverbindungen:

$$CaBr_2 + 2H_2O \rightarrow Ca(OH)_2 + 2HBr \qquad (730\,°C)$$
$$Hg + 2HBr \rightarrow HgBr + H_2 \qquad (250\,°C)$$
$$HgBr_2 + Ca(OH)_2 \rightarrow CaBr_2 + HgO + H_2O \qquad (200\,°C)$$
$$HgO \rightarrow Hg + 1/2\,O_2 \qquad (600\,°C)$$

Bei solchen Prozessen sind, wie man sieht, alle eingesetzten Chemikalien wieder verwendbar. Es wird versucht, Wirkungsgrade im 40 bis 60%-Bereich zu erzielen. Verschiedene Institute arbeiten mit Eisenverbindungen, wie

$$3Fe + 4H_2O \rightarrow Fe_3O_4 + 4H_2 \qquad (500\,°C)$$

Hierbei wird das Eisenoxid durch Chlorierung zurückgewonnen. Auch direkte Chlorierung kann angewandt werden:

$$H_2O + Cl_2 \rightarrow 2HCl + 1/2\,O_2 \qquad (900\,°C)$$
$$2HCl + 2CrCl_2 \rightarrow 2CrCl_3 + H_2 \qquad (200\,°C)$$
$$2CrCl_3 \rightarrow 2CrCl_2 + Cl_2 \qquad (1000\,°C)$$

(z.B. Dr. Knoche, TH-Aachen)

8.1.5 Hybride, thermochemische/elektrochemische Umwandlung

In diesem Fall wird zunächst Sauerstoff abgetrennt:

$$H_2O + Cl_2 \rightarrow 2HCl + 1/2\,O_2 \qquad (700\,°C)$$

und dann HCl gespalten:

$$2HCl \rightarrow H_2 + Cl_2 \qquad\qquad (300\,^\circ C)$$

(Elektrolyse)

Ähnlich verläuft die alkalische Methode mit Caesium [2 bis 4].

8.2 Verarbeitung

Die Anwendung von Wasserstoff ist bereits überall in der Industrie, d.h. vor Herstellung von Solarwasserstoff, ein Kernstück der Produktion von Ammoniak (Kunstdünger), Methanol, bei der Synthese von Chemikalien und bei der Entschwefelung bzw. Aufarbeitung von Kohlenwasserstoffen sowie bei der synthetischen Herstellung von Brennstoffen.

In $10^9\,m^3$-Einheiten werden über $250\,Gm^3$ weltweit hergestellt. Der Preis hängt bei der vorwiegend angewandten Elektrolyse stark vom lokalen Strompreis ab.

Wieviel H_2 für die einzelnen Industrieprozesse heute schon benötigt wird, geben folgende Beispiele:

Anwendung	H_2-Einsatz in m^3
Ammoniaksynthese	$1,9$ bis $2,2 \times 10^3$/Tonne NH_3
Methanolsynthese	$2,25$/kg
Petroleumveredelung	$109/m^3$ Rohöl
Koksdestillation	$180/m^3$
Kohlekonversion zu Flüssigbrennstoff	1070–$1250/m^3$
Eisenveredelung	560/Tonne Eisenerz

Die Verarbeitung von Wasserstoff in der Industrie findet also in großem Maßstab statt, wobei entweder Druckgasbehälter oder verflüssigter Wasserstoff zur Anwendung kommen. Als Ersatz für die flüssigen Kohlenwasserstoffe ist Wasserstoff wenig geeignet, was aus den oben genannten Vergleichszahlen mit Kohlenwasserstoffen hervorgeht. Insbesondere kann H_2 in Druckflaschen nicht mit flüssig Kohlenwasserstoffen konkurrieren.

Dafür ist aber die Anwendung im Großen sehr wirksam. Insbesondere haben Brennstoffzellen, die mit H_2 und O_2 betrieben werden, einen hohen Wirkungsgrad. Die Arbeitsweise solcher Zellen ist in Abb. 8-1 dargestellt.

Die zu reagierenden Gase werden in die Elektroden eingeleitet, die durch semipermeable Wände vom Elektrolyten (KOH oder H_3PO_4) getrennt sind. An der Kathode wird unter Elektronenanlagerung das Hydroxilion gebildet, während an der Anode umgekehrt Elektronen freigesetzt werden. So erfolgt Stromfluß im äußeren Kreis.

Die Wirkungsgrade der Brennstoffzellen im Vergleich mit anderen Energie-
erzeugersystemen zeigen, daß hier eine außerordentlich sinnvolle Energiequelle
vorliegt, welche dazu keine Umweltschäden verursacht, da das Endprodukt reines
Wasser ist, das im Kreislauf aller menschlichen Aktivitäten notwendig ist
(Abb. 8-2).

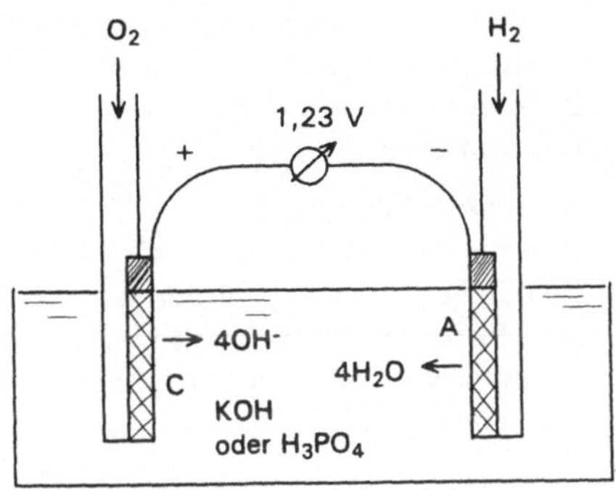

Abb. 8-1. Schema einer Brennstoffzelle.

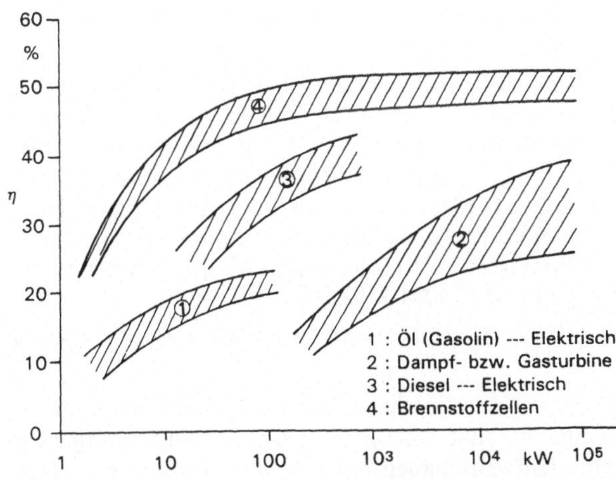

Abb. 8-2. Wirkungsgrad der verschiedenen Energiesysteme. *1* Gasolin (Benzin)→
Elektrizität; *2* Dampf-Gas-Turbine; *3* Diesel-Aggregat→Elektrizität; *4* Brennstoffzelle

117

Die Verflüssigung von Wasserstoff erfordert wiederum Energie, da zunächst mit flüssigem Stickstoff vorgekühlt wird (Linde-Verfahren) und dann durch eine Expansionsmaschine weiter gekühlt werden muß. Ähnlich arbeitet das Verfahren nach Claude im Gegenstrombetrieb.

Nun können sich die Elektronenspins der H-Kerne des H_2-Moleküls entweder parallel (Orthowasserstoff) oder antiparallel (Parawasserstoff) ausrichten. Das Verhältnis von Para- zu Orthowasserstoff hängt von der Temperatur ab. Bei Abkühlung wird Ortho-H_2 zu P-H_2 umgewandelt, wobei wieder Wärme freigesetzt wird (zusätzlicher Energieaufwand 20 bis 30%).

Neben den genannten Verfahren wird auch die magnetokalorische Verflüssigung weiterentwickelt. Hierbei handelt es sich um einen magnetischen Carnot-Prozeß, bei dem die isotherme Magnetisierung bei der Temperatur T_1 unter Wärmeabgabe des Arbeitsmediums an die Wärmesenke abgegeben wird. Nach Unterbrechung des thermischen Kontaktes zur Wärmesenke wird dann isentrop eine teilweise Entmagnetisierung vorgenommen, was eine Abkühlung des magnetischen Arbeitsmediums zur Folge hat [3].

Flüssiger Wasserstoff ist heute im großtechnischen Einsatz bei allen Raumfahrt-projekten, wobei auch alle Transport- und Speichereinrichtungen weitgehend entwickelt sind.

Die Entwicklung der Metallhydridspeicherung ist in vielen Fällen bereits praktisch erprobt worden [4, 5].

8.3 Transport

Der Einsatz von Wasserstoff im Transportwesen ist aus den genannten Gründen auf große Projekte beschränkt.

Durch Wasserstoff in Großanlagen kann Elektrizität hergestellt werden, deren Verteilung im kleinen (Elektroauto) dann einfacher ist. Bei Großprojekten ist der Einsatz als Flüssigwasserstoff am wirksamsten. Bei einem Preis von 0,10 DM/kWh und einem Heizwert von 34,2 $kW_{th}h/kg$ H_2 liegt der kg-Preis von H_2 bei 3,42 DM. Die Verflüssigung erfordert theoretisch 3,23 kWh/kg zusätzlich. Praktisch liegt dieser Wert bei 10 kWh/kg, das heißt der Preis von $(H_2)_L$ ist dann 4,42 DM/kg. Somit liegt der Preis von 1 kWh, die durch $(H_2)_L$ erzeugt wird bei 4,42 DM/kg/34,2 kWh/kg oder bei 0,13 DM/kWh.

Bei Benzin liegt der Preis z.B. bei 1,20 DM/l. Mit 8,7 kWh/l kostet hier die kWh also auch 0,14 DM.

Die Aufbewahrung von $(H_2)_L$ und der Transport sind im Großen routinemäßig eingeführt, z.B. Cape Kennedy. Die Sicherheitsaspekte sind weitgehend untersucht, und es sind keine Umweltschäden bekannt. Der Einsatz von $(H_2)_L$ in Flugzeugen ist weitgehend geprüft worden. Das Brennstoffvolumen muß im Falle von $(H_2)_L$ etwa viermal so groß sein wie bei Kerosin, wodurch z.B. im

Überschallflugzeug eine größere Länge des Flugkörpers erforderlich wird (104 m gegen 93 m heute). Dabei ist die Tragflächenkonstruktion mit Kühlrippen zu versehen, durch welche die bei höheren Mach-Zahlen erfolgende Außenhauterhitzung abgeleitet wird. Dabei setzt man den thermischen Emissionskoeffizienten durch Polieren der Metallwände (Aluminium, Kupfer, Edelstahl etc.) nach innen herab [2]. $(H_2)_L$-Lagertanks haben dazu Perlitvakuumisolation bei einem Speichervolumen von 3800 m³ (ca. 270t $(H_2)_L$). In der Anwendung für Großraumflugzeuge ergibt der Betrieb mit $(H_2)_L$ bei gleicher Reichweite und Nutzlast eine erhebliche Verringerung der Startgewichts. Die NASA (Lewis Research Center) hat bereits Versuchsflugzeuge mit $(H_2)_L$ betrieben (B-57-Canberra). Während der Brennstoff konventionell in den Tragflächen untergebracht ist, bevorzugt man für $(H_2)_L$-angetriebene Turbinen die Tanks mit dem flüssigen Wasserstoff im vorderen und hinteren Flugzeugkörperteil [2, 3].

Denkt man jedoch an eine weitergehende Verwendung von Wasserstoff für die gesamte Energiewirtschaft, so ist der Transport des Wasserstoffs selbst von entscheidender Bedeutung, denn der in südlichen Erdteilen mit hoher Insolation durch Solarenergie hergestellte Wasserstoff kann in verschiedener Weise seine Energie an die Verbraucherländer im Norden abgeben. Einmal kann am Erzeugerort direkt Elektrizität (Hochspannung) erzeugt werden, die dann über Hochspannungsleitungen (oder auch Hochstromleitungen) die Energie zu den Industriezentren bringt. Anderseits ist der Transport von verflüssigtem Wasserstoff mit Schiffen in Verteilerhäfen denkbar.

Justi weist jedoch darauf hin, daß die über Europa verlegten Erdgasleitungen durchaus zum Transport von gasförmigem Wasserstoff geeignet sind, wobei der Preis vergleichbar ist mit dem, welcher mittels 400 kVolt-Wechselstromleitungen möglich ist (0,30 DM/kcal). Verglichen mit Erdgas (CH_4) hat H_2 einen $2\frac{1}{2}$ mal höheren Heizwert (28,57 kcal/kg gegen 11,30 kcal/kg), ist aber infolge seines geringen Litergewichts, d.h. geringerer Dichte, von 3,32 fach geringerem Heizwert je Volumeneinheit (2570 kcal/m³ gegen 8550 kcal/m³).

Da aber die geringere Viskosität des H_2 eine höhere Durchlaufgeschwindigkeit ermöglicht, wird dies teilweise ausgeglichen, insbesondere wenn mit höheren Drücken gearbeitet wird.

Es ergibt sich also durchaus die Möglichkeit, das europäische Gasverteilungsnetz mit Wasserstoff zu speisen, das durch Unterwasserleitungen im Mittelmeer mit dem nordafrikanischen Gasnetz verbunden ist.

8.4 Industrielle Anwendungen

Eine Umstellung der Industrie auf Wasserstoff ist im Detail durchdacht worden. Sie gründet sich auf die im Großen betriebene Elektrolyse und zentrale Speicherung. Die zur Herstellung erforderliche Elektrizität soll umweltfreundlich durch photovoltaische Module in Wüstengebieten der Erde (für Europa besonders in

Nordafrika oder der Sahara) erzeugt werden. Am Ort der Solaranlagen wird die moderne Druckelektrolyse betrieben, und zugleich kann dort der Wasserstoff verflüssigt werden (für den zusätzlichen Energieaufwand, s. Kap. 17).

Der flüssige Wasserstoff kann mittels besonders dafür eingerichteter Tanker an die europäischen Häfen im Norden (Antwerpen, Hamburg) oder auch an die südlichen Anschlüsse des europäischen Gasleitungsnetzes (Marseille, Barcelona) gebracht werden. Von Algerien aus gehen bereits Gasleitungen nach Frankreich und Spanien, welche für den Wasserstofftransport eingesetzt werden können [6].

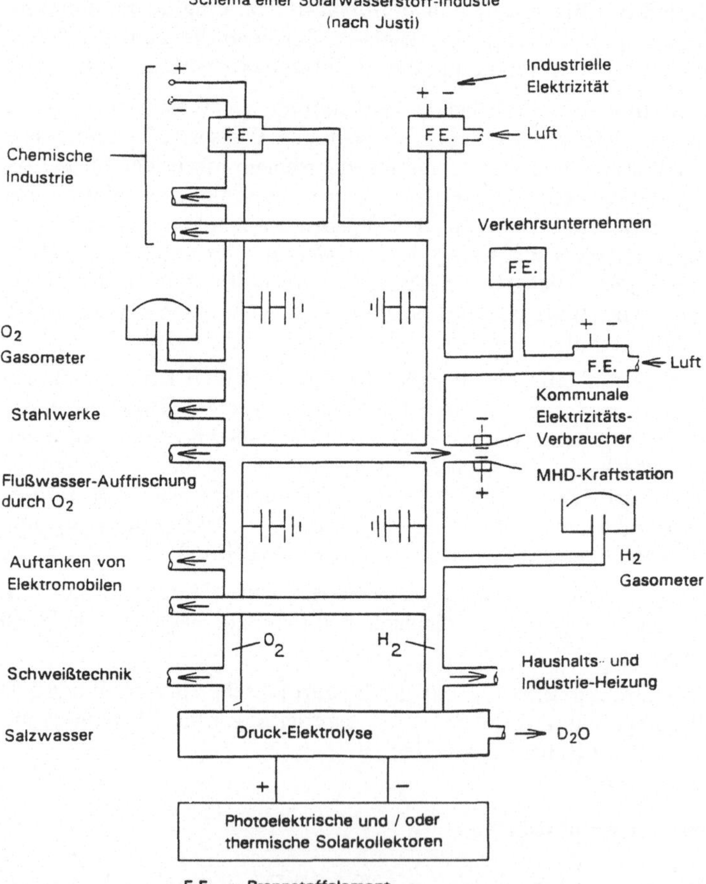

Abb. 8-3. Schema eines Verteilersystems bei der industriellen Anwendung von Wasserstoff (nach Justi).

Ein Bild des Wasserstoffverteilernetzes hat bereits Justi [7] angegeben. Es ist in Abb. 8-3 dargestellt.

Da die Elektrolyse sowohl Wasserstoff als auch Sauerstoff liefert, ergibt sich eine hervorragende Verwendung dieser Gase für industrielle Tätigkeiten sowie für eine Umweltverbesserung. Der Sauerstoff kann nämlich in Reinwasser erzeugenden Brennstoffelementen verwandt werden, welche wieder Elektrizität erzeugen. Auch kann er bei der Regeneration von Flußwasser, das verseucht ist, eingesetzt werden.

H_2-Gas eignet sich besonders für zentrale Heizanlagen oder auch für die direkte Umwandlung in Elektrizität in Magnetohydrodynamischen Umwandlern, welche durch Ionisation des Gases (mit Beimischungen) und Einblasen in ein magnetisches Feld eine Hall-spannung ergeben, die als EMK ohne eigentliche Wasserstoffverbrennung erzeugt wird. Andere Anwendungen ergeben sich in der Stahlherstellung und dem Betrieb von Entsalzungsanlagen zur Süßwasserherstellung sowie ganz allgemein in der Chemieindustrie. So könnte die gesamte Wirtschaft auf Wasserstoff als Basismaterial aufgebaut werden.

Im Personenverkehr, im Kleintransport, im Schiffsverkehr kann Wasserstoff nur schwerlich Benzin ersetzen, wie wir gesehen haben. Dafür kann aber zentral der Wasserstoff die Energiequelle für große zentrale Elektrizitätswerke werden.

Ist genügend billige Elektrizität vorhanden, sollte auch der Automobilverkehr im wesentlichen auf dem Elektroauto basieren, so wie der Eisenbahnverkehr heute fast ausschließlich elektrisch betrieben wird.

Für große Schiffe und Flugzeuge hat flüssiger Wasserstoff durchaus eine reale Bedeutung. Es bedarf nur noch einer Erhöhung der Ölpreise, um einer Entwicklung in diese Richtung den notwendigen Nachdruck zu verleihen.

Literatur:

[1] C. A. McAuliffe: „Hydrogen and Energy" in „Energy, Present and Future Options.", Vol. 2. Edit. D. Merrick. John Wiley & Sons, New York 1984, pp. 179–225
[2] Bokris, O. M. und Justi, E.: „Wasserstoff, Energie für alle Zeiten." Udo-Pfriemer-Verlag, München 1980, p. 245
[3] Peschka, W.: „Flüssiger Wasserstoff als Energieträger." Springer-Verlag, Berlin-New York 1984
[4] Cohen, R. L. und Werwick, J. H.: „Hydrogen storage materials: Properties and Possibilities." SCIENCE, Vol. 214, 1981 (1081)
[5] Luedecke, C. M., Deublin, G. u. Huggins, R. A.: „Electrochemical Investigation of Hydrogen Storage in Metal Hydrides." Journal of the Electrochem. Society of Japan, 132(1), 52; 1985

[6] „Energie Internationale" (1989–1990); „Rapport annuel sur les évolutions énergétiques mondiales." Institut d'Economie et de politique de l'énergie. Editeur: ECONOMICA 1989, p. 149

[7] Justi, E., Brennecke, P. u. Kleinwächter, J.: „Die Funktion der Wasser-stoff-Druckgas-Transport- und Speicherleitung in einer Wasserstoff-Wirtschaft." in „Abhandlungen der Braunschweigischen Wissenschaftlichen Gesellschaft." Band XXXII, 1981, Verlag Erich Gotze, Göttingen, pp. 153–185.

9 Elektrochemische Energiespeicher

9.1 Allgemeines

Elektrochemische Energiespeichersysteme beruhen auf der Fähigkeit von Metallen oder Metallverbindungen im elektrischen Verband, d.h. über eine ionenleitende Flüssigkeit, elektrische Spannungen (Potentiale) zu bilden. Grundlage und ursprüngliche Anordnung ist dabei der allgemein bekannte Versuch von Galvani im Jahr 1790 mit einem Froschschenkel, der von zwei miteinander verbundenen Metallen (Kupfer und Eisen) berührt zusammenzuckte. Dies ist jedoch noch keine Anordnung, mit welcher elektrische Energie gespeichert werden kann. Erst später hat Alessandro Volta durch wechselweises Übereinanderlegen von Silber und Zink auf mit Kalilauge getränkten Stoffstückchen eine Säule gebaut, deren Spannung sich zu höherem Wert addierte. Ab 1834 haben dann Faraday, Daniell, Zamboni und Leclanché die ersten, für Experimente geeigneten Primärzellen gebaut. Die Elektrochemie hat danach eine stürmische Entwicklung erfahren. Männer, wie Gautherot, Ritter, Grove, Bunsen, Planté, Faure, Brush und Siemens, haben dazu beigetragen, die Phänomene systematischer zu untersuchen. Insbesondere Planté hat schon 1859 die Polarisation des Stromes am Blei benutzt, um erstmalig elektrische Energie in einem „Akkumulator" reversibel zu speichern.

Man unterscheidet deshalb zwei Arten von Batterien. Batterie ist ein Begriff, der selbst von vielen Fachleuten in doppeltem Sinn verwendet wird. Es kann freilich auch nach Primärbatterien und Sekundärbatterien eingeteilt werden. Besser ist es jedoch, wenn man sich daran gewöhnt, Batterien (Primärelemente) nur solche Stromquellen zu nennen, die ihre in dem angewandten Material vorliegende elektrische Energie einmalig abgeben. Dagegen sollte eine Sekundärbatterie besser als Akkumulator bezeichnet werden.

Von Primärbatterien wird hier nur insofern gesprochen, als es elektrochemische Systeme gibt, die auch außerhalb ihres Behältnisses, beispielsweise durch Regeneration ihrer verbrauchten Substanzen, wieder aufgeladen werden können. Naturgemäß hängen an solcherart externer Wiederaufladung viele Schwierigkeiten, nicht zuletzt die, daß jede Batterie zu einem zentralen Bearbeitungspunkt transportiert werden muß. Dennoch ist Batterierecycling heutzutage im allgemeinen Bewußtsein der Anwender kein Fremdwort mehr. Es gilt auch, wertvolle sowie giftige Metalle vom allgemeinen Müll gesondert zu sammeln.

Der Schwerpunkt nachfolgender Auseinandersetzung mit dem elektrochemischen Energiespeicher muß deshalb beim Akkumulator liegen.

9.2 Kriterien

Bevor im einzelnen beschrieben wird, welche Akkumulatoren sich praktisch bewährt haben, sei vorangestellt, nach welchen Kriterien ein Energiespeicher zu beurteilen ist. Es nutzt nichts, nur auf die theoretische Energiedichte hinzuweisen, um ein bestimmtes System zu empfehlen. Es soll von Anfang an darauf geachtet werden, daß man einen Energiespeicher auch auf seine Anschaffungs- und Betriebskosten bzw. Betreuungsumstände hin zu bewerten hat.

Zunächst eine Zusammenstellung der wichtigsten elektrischen Kenngrößen zur Bewertung eines Akkumulators:

- Zellenspannung gemessen in Volt (V):
  Die elektromotorische Kraft eines elektrochemischen Systems ergibt sich aus den beiden Halbzellenpotentialen der sie bestimmenden Einzelelektroden. Die Zellenspannung (EMK) ist eine theoretisch ableitbare und stromlos zu messende Größe.
- Zellenstrom gemessen in Ampère (A):
  Der Zellenstrom fließt, wenn die beiden Halbzellen über eine ionisch leitende Flüssigkeit, den Elektrolyten, durch einen äußeren Leiter miteinander verbunden werden.
- Belastbarkeit gemessen in Ampère pro Ableitoberfläche (A/cm^2):
  Die Strombelastbarkeit ist eine häufig unterschätzte Qualtität für den Akkumulator. Bei Elektroden mit aktiven Pulvern ist es nicht leicht, die wahren Bezugsflächen zu nennen. Dann wird der Strom auf die Elktrodenfläche als Ganzes bezogen.
- Betriebsspannung gemessen in Volt (V):
  Wenn die in einem elektrochemischen System vorliegende Energie über den äußeren Leiterkreis entnommen wird und ein Strom fließt, dann sinkt die Zellenspannung auf einen niedrigeren Wert, der über den Innenwiderstand mit dem Strom korreliert. Dies ist für das Verständnis eines Akkumulators von sehr großer Wichtigkeit und hat Konsequenzen für alle weiteren charakteristischen Kenngrößen.
- Kapazität gemessen in Ampèrestunden (Ah):
  Die Kapazität eines Energiespeichers ist das Produkt des jeweils fließenden Stromes mit der Zeit. Die Kapazität ist ihrerseits vom Strom abhängig. Das führt zu verheerenden Mißverständnissen in bezug auf die Beurteilung des Energiespeichervermögens eines Akkumulators. Die Kapazität ein und desselben Akkumulators ist also z.B. bei 5-stündiger Entladung eine andere als bei 20-stündiger Entladung, und zwar kleiner. Je höher das System mit Strom belastet wird, um so niedriger wird seine Kapazität. Das gilt auch für Primärbatterien. Bei schnellem, elektrochemischem Umsatz an der Oberfläche der Elektroden eines Akkumulators ist die Kapazität wenig von der Stromentnahme abhängig. Man sollte also bei der Kapazität immer wissen, ob diese in 20 Stunden (K 20), 5 Stunden oder in einer Stunde (K 1) entnommen worden ist.

In der angelsächsischen Literatur findet man auch den reziproken Wert zum K-Wert. So entspricht K 5 dem Wert 0,2 CA (siehe Abb. 9-14).

- Energiespeichervermögen gemessen in Wattstunden (Wh):
  Das Energiespeichervermögen ergibt sich aus der Multiplikation der Kapazität (Ah) mit der mittleren Betriebsspannung (V). Logischerweise ist das Energiespeichervermögen nach dem vorher Gesagten ebenfalls eine von der Entladungsform, d.h. eine vom Strom abhängige Größe. Dabei spielt auch die Tatsache, daß die Betriebsspannung vom Strom abhängig ist, eine große Rolle. Das bedeutet, man muß immer wissen, innerhalb welcher Zeit bzw. mit welchem Strom dieser Energieinhalt ermittelt worden ist. Andernfalls führt die Berechnung in die Irre. Die Batteriehersteller haben sich vor einigen Jahren dabei auf die 5-stündige Kapazität als Nennkapazität geeinigt. Für Akkumulatoren zum Antrieb elektrischer Straßenfahrzeuge wäre es richtiger, den 1-stündigen Strom zu nehmen, weil der Akkumulator eben meist in 1 bis 2 Stunden entladen wird. Aber dann sieht es nicht mehr so gut aus mit der Angabe um die Speicherfähigkeit.

- Leistungsvermögen gemessen in Watt (W):
  Wegen der vorgenannten Abhängigkeiten wird ergänzend auch vom Leistungsvermögen eines Akkumulators zu sprechen sein. Das Leistungsvermögen ist gewissermaßen die momentan aus dem System ziehbare Leistung. Bei Brennstoffelementen ist diese Größe zumindest für die Gaselektrode wichtig, da es hier auf den Umsatz der Arbeitsgase an der Oberfläche der porösen Elektroden ankommt.

- Zyklisierbarkeit (Zahl der Lade/Enladevorgänge):
  Als Zyklus wird ein Lade- und Entladevorgang bezeichnet. Akkumulatoren als wiederaufladbare Energiespeicher werden sich daran messen lassen müssen, wie oft sie entladen und wieder geladen werden können, ohne ihre charakteristischen Eigenschaften zu verlieren. Beim Zyklisieren eines Akkumulators (Sammler) kommt es noch weit mehr darauf an anzugeben, unter welchen Bedingungen diese Lade/Entladerhythmen vorgenommen werden. Jetzt kommt es nicht nur darauf an, mit welchem Strom gearbeitet wird, sondern auch darauf, ob der Akkumulator nur teilweise oder vollständig entladen worden ist.

- Lebensdauer gemessen in Zeit, z.B. Jahren:
  Die Lebensdauer eines Akkumulators hängt mit seiner Zyklisierbarkeit zusammen. Manchmal wird die Lebensdauer direkt mit der Zahl der Zyklen ausgedrückt. Besser ist es, danach zu fragen, unter welchen Bedingungen der Energiespeicher seine Lebenszeit durchgehalten hat. Genauer faßt diesen Sachverhalt eine Kenngröße, die in jüngerer Zeit oft benutzt wird: der Energiedurchsatz. Der Energiedurchsatz ist die Summe aller hineingeladenen und wieder herausgeholten Energiemengen in Watt- oder Kilowattstunden. Darin zeigt sich die Stabilität eines elektrochemischen Energiespeichers auf Dauer.

- Gewichts-und volumenspezifische Werte (Wh/kg und Wh/l): Das Energiespeichervermögen muß insbesondere bei Akkumulatoren zum Antrieb von

Fahrzeugen auch auf das Gewicht bzw. das Volumen bezogen werden. Die Energiedichte ist für den Konstrukteur des Elektrofahrzeugs wichtig, mehr noch das Energiespeichervermögen pro Volumen.

In gleicher Weise muß auch die elektrische Leistung eines Speicher- oder elektrochemischen Arbeitssystems (Brennstoffelement) auf das Gewicht (W/kg) und das Volumen (W/l) bezogen werden.

- Kostenkennwerte gemessen in DM/kWh:
  Als letzte Beurteilungsgröße sei hier erwähnt, daß jeder Akkumulator auch danach gemessen werden muß, wieviel er kostet. Es ist also zweckmäßig, den Preis eines mit Elektrolyt gefüllten Akkumulators auf den bei einer bestimmten Entladungsform (K-Wert) festgestellten Energieinhalt zu beziehen. Man kann dann sehr schnell abschätzen, wenn diese energiespeicherspezifische Größe in DM/kWh bekannt ist, was ein Akkumulator z.B. für ein Elektrofahrzeug kostet. Für Starterakkumulatoren liegt dieser Wert bei ca. 300 DM/kWh, für Traktionsakkumulatoren liegt er heutzutage (1991) bei über 1000 DM/kWh.

Zur Verdeutlichung dieser Kriterien einige Diagramme: Abb. 9-1 zeigt zwei Kurven zum Abfall der Kapazität bei verschiedener Belastung. Bei der oberen Kurve handelt es sich um einen Bleiakkumulator mit Blei/Kunststoff-Verbundelektroden (BKV) und bei der unteren Kurve (PzF) um einen vergleichbaren Bleiakkumulator (200 Ah) mit Röhrchenelektroden. Eine Stromentnahme bei 100 A (K 2) läßt die Kapazität des BKV-Systems gegenüber dem 5 stündigen Strom (40 A) um gut 10% absinken.

Ähnliches gilt für alkalische Akkumulatoren, wie in Abb. 9-2 dargestellt.

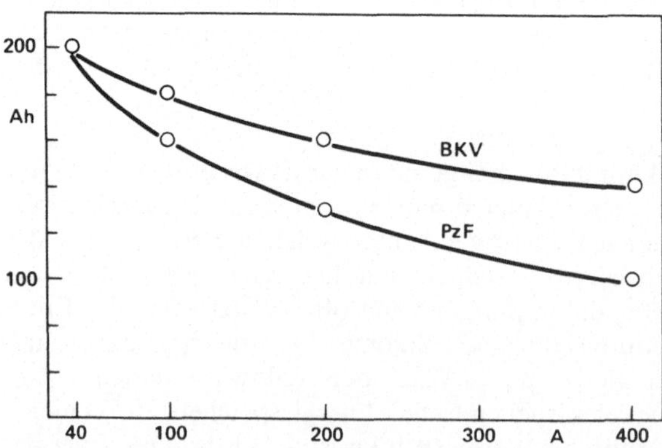

Abb. 9-1. Kapazität und Strombelastung bei verschiedenen Bleiakkumulatoren.

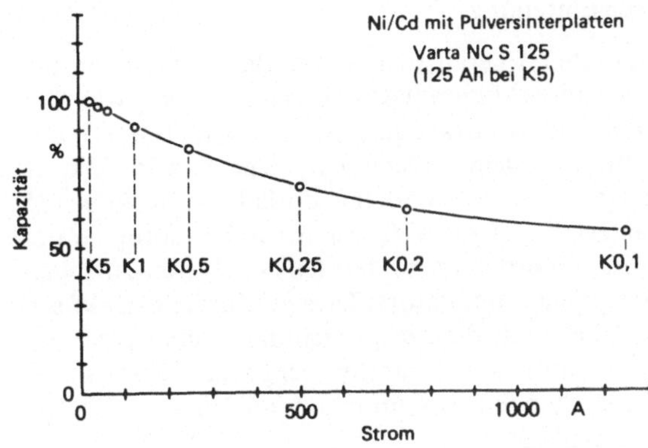

Abb. 9-2. Kapazität und Strombelastung bei einem Ni/Cd-Akkumulator mit Pulversinterelektroden.

9.3 Systeme (sauer, alkalisch, „exotisch")

Es gibt viele elektrochemische Systeme, die auf ihre Eignung zur Speicherung elektrischer Energie untersucht worden sind. Hier können nur einige davon genannt und dann die wichtigsten, in der Praxis angewandten Systeme näher beschrieben werden.

Da gibt es elektrochemische Anordnungen, die im sauren oder im alkalischen Elektrolyten arbeiten. Aber es gibt auch interessante Systeme, die in neutralen Elektrolytlösungen durchaus sinnvoll erscheinen. Darüber hinaus haben sich in den letzten 50 Jahren früher exotisch anmutende Kombinationen von Metallen und Metalloiden als für die Energiespeicherung geeignet erwiesen. Am bekanntesten ist die klassische Primärbatterie mit Zink und Kohle oder Zink und Braunstein (Mangandioxid). Ursprünglich hat man nicht daran gedacht, dieses System zur Energiespeicherung zu benutzen. Es gibt aber in jüngster Zeit erfolgreiche Arbeiten, die eine Wiederaufladbarkeit des Systems Zink/Braunstein möglich machen.

Der klassische Akkumulator ist der Bleiakkumulator mit schwefelsaurem Elektrolyten. Um die Wende zum 20. Jahrhundert hat dann auch ein grundsätzlich zweites System praktische Anwendung gefunden: der alkalische Akkumulator mit Nickel und Eisen (Edison) oder Cadmium (Jungner). Den alkalischen Akkumulator mit Nickel auch mit Zink auszuführen, ist bis heute daran gescheitert, daß sich Zink nicht ohne weiteres nach seiner Auflösung (Entladung) wiederabscheiden, d.h. wiederaufladen läßt. Heute gibt es darüber hinaus Hochtemperatursysteme und andere „Exoten", die wider ursprünglicher Erwartung praktische Verwendung und Formen gefunden haben.

Zunächst eine Übersicht zu dieser Einteilung:

An den in der Tabelle 9-1 genannten Energiedichten für die verschiedensten Systeme soll am Beispiel des Blei/Säure-Akkumulators gezeigt werden, wie weit solche Werte in der Praxis von der Theorie abweichen. So ist der theoretisch aus der aktiven Masse des Bleiakkumlators allein berechenbare Wert von 167 Wh/kg ein Wert, der schließlich in der Praxis einer 5stündigen Entladung (K 5) bei 25 bis 30 Wh/kg liegt. Das liegt einesteils an der Art der Strombelastung, unter welcher diese Energiedichte ermittelt worden ist, andernteils noch weit entscheidender an den Baumerkmalen des Bleiakkumulators. Dies gilt für jede praktisch eingesetzte Batterie. Dazu eine Übersicht, die die prozentuale Beteiligung der einzelnen Bauelemente des Akkumulators am Gesamtgewicht zeigt. Daraus geht hervor, daß es auf den Typ des betreffenden Akkumulators ankommt. Abb. 9-3 zeigt hier die wesentlichen Einflußgrößen:

Man sieht, daß neben der Masse, aus welcher sich leicht eine hohe Energiedichte errechnen läßt, weitere Teile hinzukommen, die diese Energiedichte erheblich mindern. Beim Bleiakkumulator ist dies vor allem die Säure, die notwendigerweise am Umsatz der im System verwendeten Massen teilnimmt. Man kann praktisch die Kapazität eines Sammlers auch mit der Menge an Säure bestimmter Konzentration ausdrücken.

Tabelle 9-1. Elektrochemische Energiespeicher in der Praxis um 1991

System	Spannung	Energiedichte bei K 5		Lebensdauer	Kosten
	(Volt)	(Wh/kg)	(Wh/l)	(Zyklen)	(DM/kWh)
Pb/Pb (Starter)	2,1	35	90	40	niedrig
Pb/Pb (Röhrchen)	2,1	30	80	1200	mittel
Ni/Cd (Tasche)	1,3	35	35	2000	hoch
Ni/Cd (Faser)	1,3	45	20	2000	sehr hoch
Ni/Zn	1,7	60	120	300	mittel
Ag/Zn	1,6	100	200	100	sehr hoch
Zn/Luft	1,6	110	140	300	mittel
Na/S (300°)	1,9	240	130	500	sehr hoch
Na/NiCl$_2$ (Zebra) 250°	2,6	100	110	4500	hoch
Ni/MeH (Schaum)	1,2	60	160	1000	noch nicht auf dem Markt
Li-Ion (Al-Base)	3,6	115	250	1200	noch nicht auf dem Markt

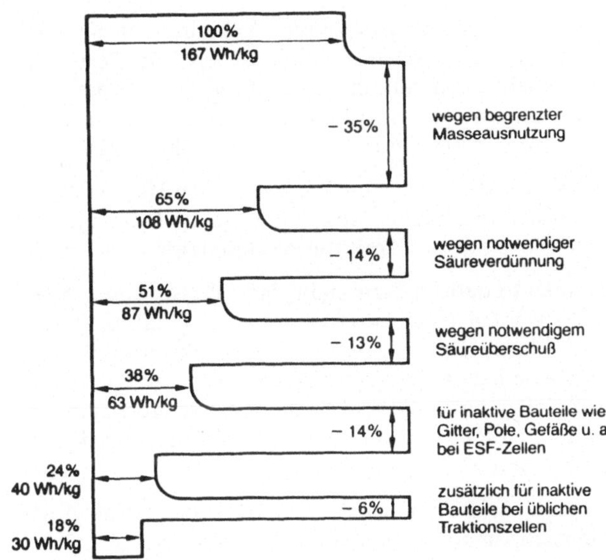

Abb. 9-3. Theoretisches und praktisches Energiegewicht bei Traktionszellen.

Beim alkalischen Akkumulator, z.B. den Systemen mit Nickeloxiden auf der Plusseite, ist das völlig anders. Im alkalischen System mit unlöslichen aktiven Massen nimmt der Elektrolyt nicht am Stoffumsatz teil, d.h. man kann ihn minimieren. Praktisch genügt ein mit Lauge getränkter Filz zwischen den Elektroden mit ihren Massen, und die Energiespeicherung kann stattfinden. Dies ist ein wesentlicher Vorteil der alkalischen Akkumulatoren gegenüber dem sauren Bleiakkumulator.

Tabelle 9-2. Elektrodenformen für den alkalischen Akkumulator

Elektroden-form	Strombelast-barkeit	Herstellungs-verfahren	Kosten
Tasche 4,5 mm	mäßig	mechanisch	niedrig
Tasche 1,2 mm	mittel	mechanisch	mittel
Faltband	gut	mechanisch	niedrig
Metallfaser	gut	sintern	mittel
Metallisierter Kunststoffilz	gut	galvanisch	sehr teuer
Metallschaum-struktur	gut	mechanisch	mittel
Pulverstruktur	sehr gut	sintern	teuer

Am alkalischen System, z.B. dem Nickeloxid/Cadmium-Akkumulator, läßt sich auch eindrucksvoll beweisen, welchen großen Einfluß die Art und Weise der Fixierung in den jeweiligen Elektroden auf die Energiespeicherfähigkeit des Akkumulators hat. Beim alkalischen Ni/Cd-Akkumulator gibt es allein 7 verschiedene Elektrodenformen. Jede verursacht andere Kosten (siehe Tabelle 9-2).

Ähnliches gilt für den Bleiakkumulator. Dazu ein Bild der beiden Hauptelektrodentypen, die praktische Verwendung finden. Abb. 9-4 zeigt die Elektrode des Starterakkumulators und die Elektrode des Traktionsakkumulators.

Die Starterelektrode wird vollautomatisch hergestellt, ihre Masse wird einfach pastiert. Traktionselektroden werden trotz bereits entwickelter automatischer Fertigung weitgehend noch in Einzelschritten gefertigt. Neben der verschiedenartigen Nutzung der aktiven Masse haben die beiden Archetypen der Elektroden jeweils andere Schwachpunkte: Bei der Starterelektrode ist es die Korrosion des Gitters; bei der vorwiegend für die Elektrotraktion benutzten Röhrchenelektrode sind es die Kosten.

Seit einiger Zeit entwickelt sich hier ein Trend zur Kombination der Vorteile: eine einfach und wirtschaftlich herstellbare, tiefentladbare Traktionselektrode mit den elektrischen Qualitäten der Starterstrombelastbarkeit. Man wird abwarten müssen, welche Impulse hier die Neuentwicklungen für das Elektrofahrzeug bringen werden.

Die Röhrchenelektrode (links) ist teilweise von ihren Röhrchen und der Masse befreit. Man erkennt das kammartige Bleiableitgitter. Bei der Starterelektrode (rechts) sind einige Felder ohne Masse, um das Gitter sichtbar zu machen.

Bei der Röhrchenkonstruktion bleibt die Oberfläche des Bleiableiters, von dem oberen Verbindungsteil abgesehen, vollständig von Masse umhüllt. Bei der Gitter-

Abb. 9-4. Röhrchenelektrode (links) und Starterelektrode (rechts) für Bleiakkumulatoren.

elektrode, deren Masse über das Gitter abgestrichen (pastiert) wird, hat das Blei „die Nase vorn" und bleibt damit korrosionsgefährdet. In Abb. 9-5a ist die positive Röhrchenelektrode im Orginal und das dazugehörige Ableitgitter, die sogenannte Spinne, gezeigt. Man erkennt, in welchem Verhältnis die Gesamtelektrode zur Ableitstruktur steht. Rein gewichtsmäßig macht die Spinne etwa die Hälfte des Gesamtgewichts aus. In der abgebildeten Röhrchenelektrode sind ca. 300 g positive aktive Masse. Das entspricht ca. 20 Ah. Über jede einzelne Seele oder Spinne wird ein innen mit Glasfaservlies bedecktes Lochröhrchen geschoben, um den Ausfall der Plusmasse zu verhindern. Für die negative Elektrode braucht man die Röhrchenkonstruktion nicht. Die Bleimasse der Negativen hält sich von selbst in ihrer Ableitstruktur. Bei Tiefentladung quellen jedoch beide Massen. Das gibt Probleme für den Einsatz des Bleiakkumulators bei den Elektrofahrzeugen.

Ein weiteres Kapitel für die Akkumulatoren ganz allgemein ist die Gasentwicklung beim Laden. Früher gehörte es dazu, einen Bleiakkumulator zu laden, bis er „kocht", d.h. gast. Heute sind die Ladeverfahren derart verfeinert und elektronisiert, daß man die Gasung weitestgehend vermeidet. Die Gasung ist insbesondere deshalb ein Problem, weil man damit auf der einen Seite elektrische Energie zur

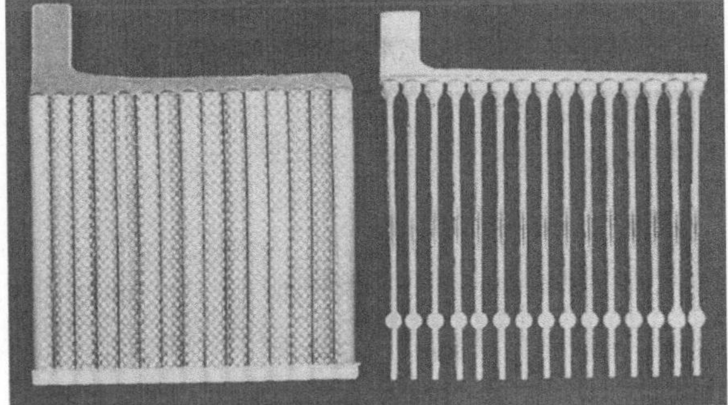

Abb. 9-5. a) Bleiröhrchenelektrode und ihre Bleiableitstruktur.
b) Bleiakkumulator mit aufgesetzem Rekombinator.

Wasserzersetzung verschwendet, auf der anderen Seite die Gasung Säurenebel mitzieht, die die Umgebung des Akkumulators schädigt. Ein Mittel gegen die Gasung sind die oben auf die Akkumulatoren aufgesetzten Rekombinatoren. Dabei muß das Gasungsverhältnis so eingestellt werden, daß stöchiometrisch Wasser herauskommt. Abb. 9-5b zeigt einen solchen Blei/Säure-Akkumulator mit einem 6-A-Rekombinator der Firma Hoppecke.

Bei kleineren Größen kann man auf eine interne Rekombination setzen, wie sie neuerdings auch beim alkalischen System mit Erfolg praktiziert wird. Die interne Rekombination beruht darauf, daß der auf der Plusseite entwickelte Sauerstoff an der Minusmasse „aufgefressen" wird. Dazu müssen freilich Wege vorgesehen sein, um das Gas über den Separator auf die andere Seite zu bringen.

In welcher Weise sich die Elektrodenkonstruktion von z.B. alkalischen Akkumulatoren des Typs Ni/Cd auswirkt, zeigt die Tabelle 9–3. Je größer die Ableitoberfläche für die aktive Masse ist, um so besser wird sie ausgenutzt.

Der theoretische Wert für Ni-II-Hydroxyd als aktive Masse entspricht 289 mAh/ Gramm = 100% Massenausnutzung. Man erkennt aus der Tabelle 9-3, daß in einer pulvergesinterten Elektrode die in sie eingebrachte elektrische Kapazität zu 96% aus der Masse wieder entnommen werden kann. Wenn der Werkstoff Nickel nicht so teuer wäre, wäre diese Elektrodenform wohl ideal für einen Traktionsakkumulator geeignet. Die Zukunft gehört deshalb wohl der Nickelschaumelektrode, vorausgesetzt sie wird sich preiswert genug herstellen lassen.

Der alkalische Akkumulator ist dem sauren Bleiakkumulator in seinen elektrischen Fähigkeiten überlegen. Insbesondere die Unabhängigkeit des alkalischen Akkumulators von der Strombelastung, die in Abb. 9-6 dargestellt ist, läßt ahnen, welche Schwächen der saure Bleiakkumulator bei beispielsweise 1stündiger Entladung (Elektrofahrzeug) hat.

Tabelle 9-3. Ausnutzung und Kosten verschiedener Elektrodenkonzeptionen für den alkalischen Ni/Cd-Akkumulator bei 2stündiger Entladung

Elektrodentyp	Massennutzung mAh/g Ni(OH)$_2$	Zyklenstabilität	Kosten
Taschenplatte (4,5 mm)	114	gut	niedrig
Plastikverbundelektrode (RWE)	186	gut	niedrig
Folienelektrode CMG (Inco)	285	schlecht	hoch
Metallfaserelektrode (Nat. Stand.)	220	sehr gut	hoch
Ni-Schaumelektrode (3,1 mm)	240	sehr gut	mittel
Sinterelektrode (VARTA)	280	sehr gut	sehr hoch

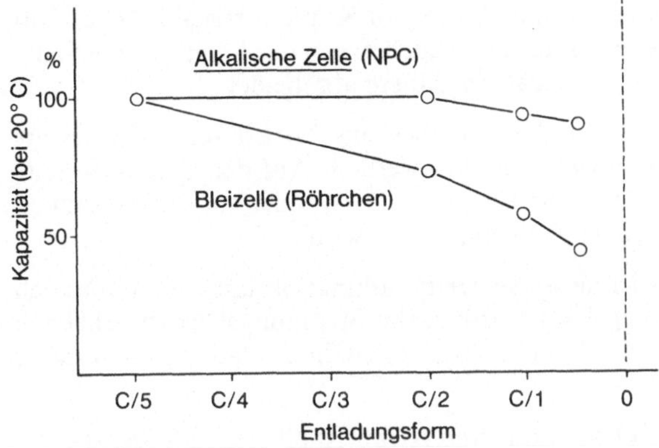

Abb. 9-6. Vergleich der Abhängigkeit von Kapazität und Entladungsstrom zwischen dem alkalischen und sauren System.

Die obere Kurve gilt für eine Nickel/Kunststoff-Verbundelektrode (NKV), die aufgrund ihres Aufbaus als „offene Elektrode" bezeichnet werden kann. Die untere Kurve ist an der klassischen Bleiröhrchenelektrode gemessen worden.

Ergänzend dazu ein Diagramm zur Spannungslage der NKV-Elektrode bei verschiedener Belastung. Die Arbeitsspannung bleibt auch bei einstündigem Strom über 1 Volt (Abb. 9-7).

Die alkalischen Akkumulatoren haben „die besseren Karten", weil die Bandbreite der anwendbaren Konstruktionswerkstoffe größer ist. Der Bleiakkumulator kennt bisher nur das Blei oder bestimmte Legierungen des Bleis als Werkstoff zur elektronischen Sammlung der in der Masse gespeicherten elektrischen Energie. Erst in jüngster Zeit ist mit großem Erfolg Kupferstreckmetall für die negative

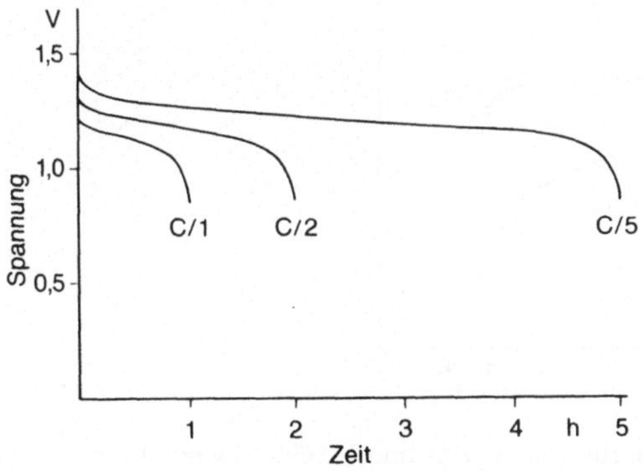

Abb. 9-7. Spannungslage einer Nickel/Kunststoff-Verbundelektrode bei ein- bis fünfstündiger Belastung.

Seite zur Anwendung gekommen. Lange Jahre galt Kupfer als gefährliches Gift
für den Bleiakkumulator. Dies gilt auch heute noch, wenn das Kupfer in die Säure
kommt und sich von außen an der negativen Masse abscheidet.

Beim alkalischen Akkumulator muß nicht alles aus Nickel sein. Vernickelte
Strukturen (Faser, Tasche) können eingesetzt werden. Auf der negativen Seite
kann auch Eisenstreckmetall verwendet werden. Dies bildet ein Stromsammel-
gerüst, in welches das Cadmium einfach einpastiert wird.

Der alkalische Akkumulator ist neben seiner Kombination mit Cadmium auch
als Nickel/Zink-Akkumulator gebaut worden; die Spannungslage ist erheblich
höher als beim Nickel/Cadmium-Akkumulator; dazu die Entladungsdiagramme
der beiden Varianten in Abb. 9-8.

Zink ist umweltfreundlicher als Cadmium, und Nickel ist billiger als Silber. Leider
scheitern alle Entwürfe eines alkalischen Akkumulators mit Zink an der seit
Jahrzehnten nicht beherrschten Wiederabscheidung des Zinks. Es bilden sich
Dendriten, das sind baumartige Auswüchse auf der Elektrode, die bisher noch
jedes Trennmedium (Separator) durchdrungen haben. Sie wachsen auf die Plusseite
zu und sorgen für einen inneren Kurzschluß. Die Zelle wird zerstört.

Es hat nicht an Versuchen gefehlt, das Zink „gesellschaftsfähig" zu machen.
André hat schon in den Jahren 1948–52 eine Zinkelektrode II. Art benutzt, um
die gefährlichen Zinkdendriten zu vermeiden. Wie eine mit Zellophan umwickelte
einfache Zinkelekrode aussieht, wenn sie mehrfach zyklisiert wird, zeigt Abb. 9-9.

Das Dendritenproblem hat vielleicht eine Chance gelöst zu werden, wenn der
Forschungsfortschritt es möglich macht, kationensperrende Anionenaustauscher-
membranen zu realisieren. Dabei besteht die Schwierigkeit, diese Membran
oxidations- und reduktionsstabil zu gestalten. In diesem Sinne stabile Kationen-

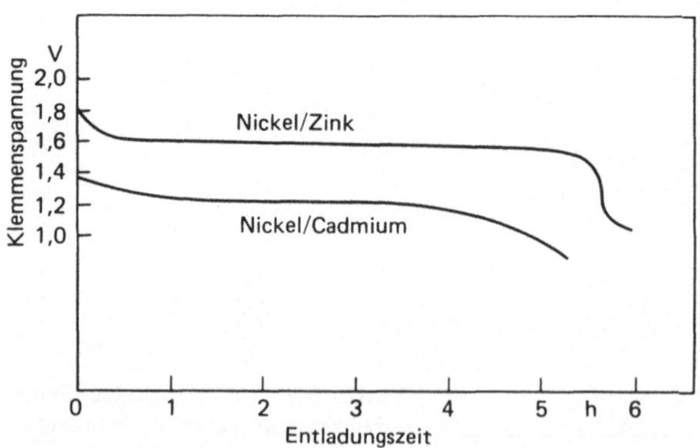

Abb. 9-8. Vergleich der Spannungslage für den Ni/Zn- und Ni/Cd-Akkumulator.

Abb. 9-9. Zinkelektrode mit Zellophanseparator nach 50 Zyklen in KOH.

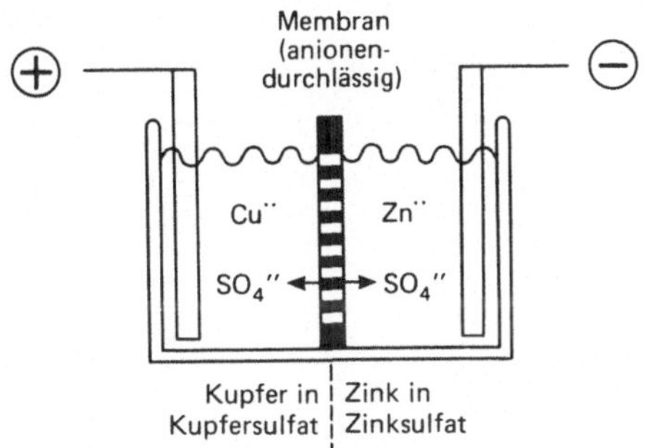

Abb. 9-10. Cu/Zn-,,Akkumulator'' mit Anionenaustauscher.

austauschermembranen gibt es bereits unter der Marktbezeichnung Nafion-membran. Ein Akkumulator mit einer entsprechend haltbaren Anionenaustau-schermembran könnte das historische Daniell-Element umkehrbar machen (Abb. 9-10). Dieser ,,Akkumulator'' hätte eine Klemmenspannung von etwa 1 Volt. Das wäre eine neue Klasse elektrochemischer Energiespeicher.

Neben den sauren und alkalischen Akkumulatoren kennt man heute (1992) noch einige ,,exotische'' Systeme. Es können hier nur sechs davon, die Eingang in die Praxis gefunden haben bzw. auf dem Wege dazu sind, beschrieben werden:

- der Natrium/Schwefel-Akkumulator,
- der Natrium/Nickelchlorid-Akkumulator,

- der Zink/Brom-Akkumulator,
- der Akkumulator mit intrinsisch leitenden Kunststoffen,
- der alkalische Akkumulator mit Ni/MeH und
- der Lithium-Swing-Akkumulator.

Der Natrium/Schwefel-Akkumulator arbeitet bei 300 °C und wird wegen seiner hohen Energiedichte von ca. 200 Wh/kg von vielen Elektrofahrzeugentwicklern zu Recht sehr hoch geschätzt. Leider bricht seine Betriebsspannung bei der für die Elektrofahrzeuge typischen Entladungsdauer von 1,5 Stunden erheblich zusammen. Aufbau und Betriebsspannung werden in Abb. 9-11 und 9-12 gezeigt.

Der Na/S-Akkumulator hat zwei Schwächen. Zum einen ist er trotz der billigen und leicht verfügbaren Rohstoffe sehr teuer, zum anderen dient ein keramischer Festionenleiter als Separator, der keine hohen Ströme zuläßt. Das bedeutet, daß relativ viele Einzelzellen parallel und hintereinander geschaltet werden müssen. Ein derartiges System ist und bleibt störanfällig.

Der Natrium/Nickelchlorid-Akkumulator ist dem Na/S-Akkumulator relativ ähnlich. Seine Reaktionsgleichung kann vereinfacht folgendermaßen formuliert werden:

$$Ni + 2\,NaCl = NiCl_2 + 2\,Na$$
$$\text{(entladen)} \qquad \text{(geladen)}$$

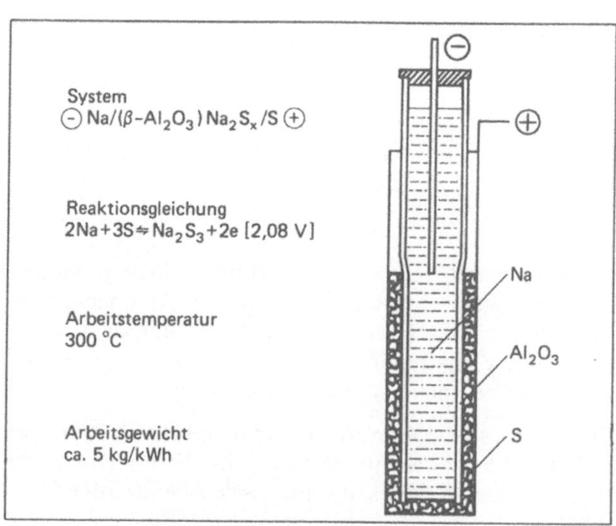

Abb. 9-11. Aufbau der Natrium/Schwefel-Zelle.

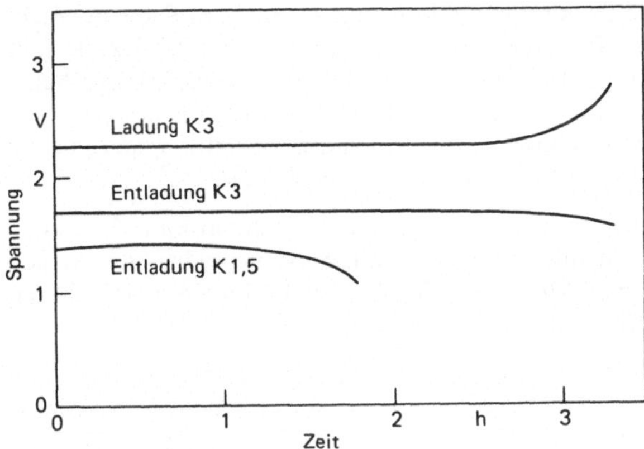

Abb. 9-12. Klemmenspannung der Natrium/Schwefel-Zelle.

Als Festkörperelektrolyt dient ein Sinterkörper aus ß-Aluminiumoxid und Natriumaluminiumchlorid. Die Betriebstemperatur liegt bei 300 °C. Zur Überbrückung von Stillstandszeiten werden zusätzliche elektrische Heizelemente in der Batterie installiert. Es besteht die Erwartung, mit der nächsten Generation ab 1992 Energiedichten von 130 Wh/kg und 170 Wh/l zu erreichen. Man hofft auf 1000 Zyklen.

Diese beiden Hochtemperatursysteme werden als Fahrzeugantriebshochleistungsakkumulatoren apostrophiert. Es bleibt abzuwarten, welche Probleme bei Unfällen oder Betriebsmißhelligkeiten auftreten.

Der Zink/Brom-Akkumulator als Nachfolger des Zink/Chlor-Systems ist keineswegs ein harmloses System, obwohl seine Protagonisten davon überzeugt sind, daß er eine Lösung für die Elektrotraktion wird. Die Peripherie ist nicht gerade unkompliziert. Brom ist außerdem seinem Wesen nach ein Augenreizstoff. Die Fixierung von Brom ist vielleicht einfacher als diejenige von Chlor; aber wer möchte schon die Risiken eingehen, die in jedem Fall mit diesem starken Oxidationsmittel bei Unfällen verbunden sind?

Elektrochemische Speichersysteme mit intrinsisch leitenden Kunststoffen sind direkt mit der elektrischen Leitfähigkeit dieser polymeren Kunststoffe gekoppelt. Diese Kunststoffe können oxidiert und reduziert werden und dabei zwischen Plus- und Minuselektrode ein Potential aufbauen, ein Akkumulatorprinzip, bei dem ausschließlich Kunststoffe verwendet werden. Als Polymere werden vorerst folgende Substanzen eingesetzt:

- Polyacetylen
- Polypyrrol
- Polyanilin

Polyacetylen hat sich auf die Dauer der Zyklisierung wie auch in Ruhe als nicht stabile Verbindung gezeigt. Mit einer Lithiumperchlorat/Polypyrrol-Zelle läßt sich bei einer mittlere Entladespannung von 3 Volt eine theoretische Energiedichte von ca. 90 Wh/kg erreichen. Praktisch gebaute Kleinzellen kommen jedoch nur auf 15 bis 30 Wh/kg. Die Entwicklung scheint im Augenblick etwas gebremst zu sein. Zellen mit Polyanilin sind technisch noch nicht ausgereift.

Akkumulatoren mit Metallhydriden sind alkalische Akkumulatoren. Sie haben auf der positiven Seite eine wie auch immer gestaltete Nickelhydroxidelektrode und auf der negativen Seite eine Masse, die den bei der Ladung entwickelbaren Wasserstoff speichert. Der Elektrolyt ist Kalilauge.

Wasserstoffspeichernde Substanzen sind nicht neu. Es gibt derzeit weltweit drei Entwicklungslinien für den Ni/MeH-Akkumulator, die an den verwendeten Minusmassen zu unterscheiden sind:

- Metallhydridmassen auf der Basis von Nickel/Lanthanverbindungen (Fa. Philips, Eindhoven/Holland)
- Metallhydridmassen auf einer Multikomponentenbasis von Ti, Ni, V, Zr und Chrom (Fa. Ovonics, Troy/USA)
- Metallhydridmassen auf der Basis binärer Mischmetalle in Japan

Zunächst ist vorauszuschicken, daß die Zielsetzung der Wasserstoffspeicherung ursprünglich dahin ging, den Wasserstoff in Form von Hydriden zu speichern und in normale Verbrennungsmotoren zu bringen. Vornehmlich Titan- und Magnesiumlegierungen haben sich hier als brauchbar erwiesen. Danach hat man in den 80er Jahren erstmalig in Holland eine Ni/Lanthan-Legierung mit Erfolg direkt für die Speicherung des elektrochemisch erzeugten Wasserstoffs eingesetzt. Dabei sind Speicherdichten von 320 mAh/Gramm aktiver Masse erreicht worden, das sind 85% der theoretisch zu erwartenden Kapazität. Leider hat man festgestellt, daß Zellen mit dieser Masse bereits nach 300 Zyklen auf 1/4 ihrer Kapazität absinken. Der Kapazitätsabfall wird der Lanthankomponente zugeschrieben, einem Metall, welches im Laufe der Lade/Entlade-Zyklen irreversibel oxidiert und die weitere Wasserstoffaufnahme behindert. Auf der Suche nach besseren Lösungen hat man in den USA zeigen können, daß auch andere Mehrkomponentenlegierungen in der Lage sind, den Wasserstoff sehr effektiv elektrochemisch zu speichern. Die Fa. Varta (Deutschland) hat dazu 1991 NiMH-Zellen vorgestellt, die außerordentlich interessante Eigenschaften zeigen. Die Hydridakkumulatoren benutzen eine Mehrkomponentenlegierung von Ti, Ni, V, Zr und Cr. Zunächst zeigt Abb. 9-13 das Verhalten der Spannung einer Nickel/Hydrid-Zelle mit 1 Ah-Kapazität im Vergleich zu einer analogen Ni/Cd-Zelle.

Die mittlere Entladespannung der NiH-Zelle liegt bei 1,3 Volt, ihre Kapazität ist unter 8stündigem Strom um gut 50% höher als die der verglichenen Ni/Cd-Zelle. Der Spannungsverlauf bei höheren Strombelastungen wird mit Abb. 9-14 dargestellt.

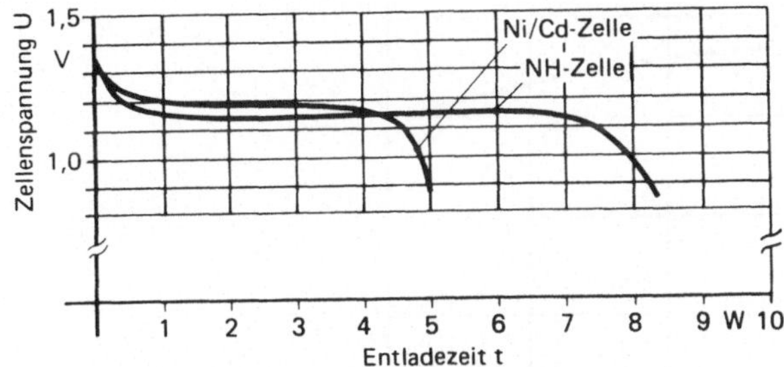

Abb. 9-13. Entladespannung 1,0 Ah Ni/NH-Zelle im Vergleich zur Ni/Cd-Zelle.

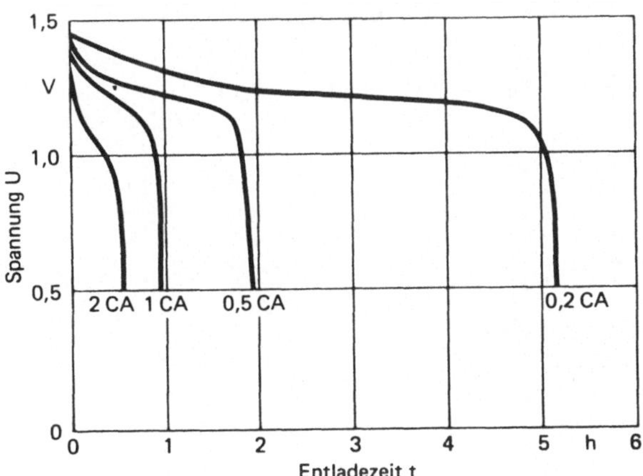

Abb. 9-14. Spannungsverlauf Ni/H-Zelle in Abhängigkeit von der Balastung bei Raumtemperatur (1 CA = 1/K).

Auch das Lebensdauer- und Temperaturverhalten des Nickel/Metallhydrid-Akkumulators ist hervorragend. Die Ursprungskapazität von 1 Ah fällt nach 1000 Zyklen nur auf 0,8 A ab. Dazu Abb. 9-15 und 9-16.

Die Reaktionsgleichung des Nickel/MeH-Akkumulators kann vereinfacht wie folgt beschrieben werden:

$$Ni(OH)_2 + Me = NiOOH + MeH$$
$$\text{(entladen)} \qquad \text{(geladen)}$$

Die Hydridmasse nimmt unter drucklosen Verhältnissen bis zu 1,5 Gew.% Wasserstoff auf. Die hohe Mobilität der Wasserstoffionen im System erlaubt es, das System sowohl beim Laden als auch beim Entladen mit sehr hohen Strömen zu

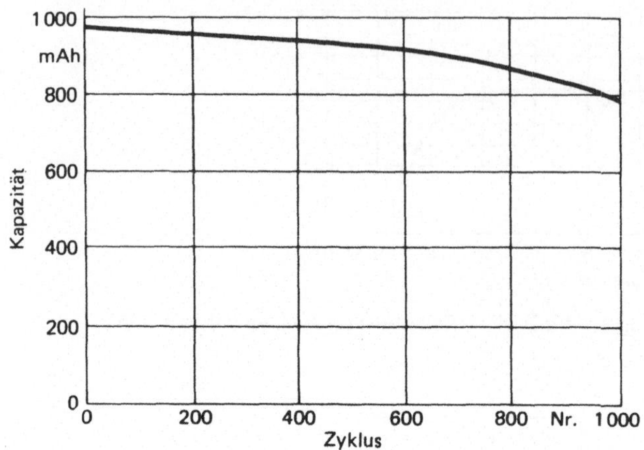

Abb. 9-15. Lebensdauerverhalten eines Ni/MeH-Akkumulators bei k 2.

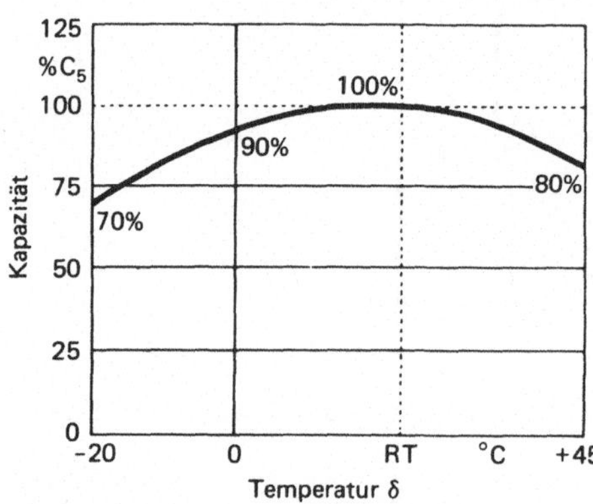

Abb. 9-16. Kapazität und Temperaturverhalten Ni/MeH-Akkumulator.

belasten. Ni/MeH-Akkumulatoren können auch gasdicht gebaut werden, falls nach bestimmter Ladetechnik gearbeitet wird. Die Zellen sind wartungsfrei und können in jeder Lage betrieben werden. Die Selbstentladung beträgt 50% innerhalb eines Monats. Sie können danach jedoch wieder aufgeladen und sofort in Betrieb genommen werden. Wegen seiner günstigen Hochstromeigenschaften ist der Ni/ MeH-Akkumulator ein idealer Energiespeicher für Elektrostraßenfahrzeuge.

Als letzter Kandidat aus der Gruppe zukunftsträchtiger Akkumulatoren ist noch der von der Fa. Varta (Deutschland) entwickelte Lithium-Swing-Akkumulator zu nennen. Sein Prinzip beruht auf der Fähigkeit des metallischen Lithiums, beim Entladevorgang als Ion von der negativen Seite aus einer porösen, zweidimensio-

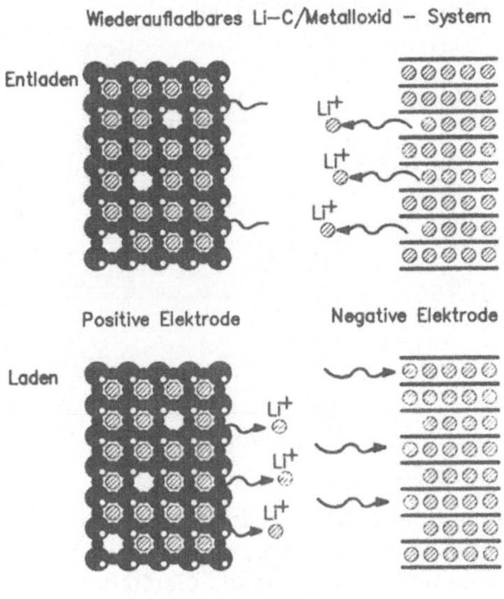

Abb. 9-17. Arbeitsprinzip des wiederaufladbaren Lithium-C/Metalloxid-Systems.

nalen Kohlenstoffstruktur heraus auf die positive, mit Mangandioxid besetzte ebenfalls poröse Struktur zu gehen. In Abb. 9-17 wird dieser Vorgang schematisch veranschaulicht.

Die Lithium/Mangandioxid-Batterie hat sich als Primärenergiequelle schon seit längerer Zeit bewährt. Die Herstellungskosten sind jedoch relativ hoch, für den einmaligen Gebrauch zu kostspielig. Als wiederaufladbarer Akkumulator ist das System preislich zu vertreten.

Der Lithium-Swing-Akkumulator hat eine mittlere Entladespannung von 3,5 Volt. Die gewichtsspezifische Energiedichte beträgt 115 Wh/kg und die volumenspezifische Energiedichte 250 Wh/l. Die Zellen können mit K 1 (= 1 CA) geladen und entladen werden. Man hat bereits über 1000 Zyklen erreicht.

Die volumenbezogene Energiedichte des Lithium-Swing-Akkumulators ist verglichen mit denjenigen von Primärbatterien nicht hoch. Primärbatterien sind in vorstehender Abhandlung bewußt nicht behandelt worden. Es sind keine Energiespeicher im eigentlichen Sinn. Man wird es sich auch nicht leisten können, elektrischen Energiebedarf über Primärzellen zu befriedigen. Die Primärzellen haben auch gegenüber Solarzellen keine langfristige Chance. Die nicht wiederaufladbare Primärbatterie wird zwar ihren Markt behalten, aber wenn es um die Verwaltung großer Energiemengen geht, kann dies kaum mit dem Massenbedarf

Tabelle 9-4. Spannung, Energiedichte und Kosten von Primärbatterien

Zelle	Spannung	Energiedichte		Kosten
	(Volt)	(Wh/kg)	(Wh/l)	(DM)
MnO_2-Zn (sauer)	1,2	70	200	niedrig
MnO_2-Zn (alkal.)	1,1	80	200	niedrig
Ag_2O-Zn	1,5	100	400	sehr teuer
HgO-Zn	1,2	100	450	teuer
Li-SO_2	2,8	200	350	sehr teuer
Li-$SOCl_2$	3,7	440	800	sehr teuer

chemischer Substanzen gehen, die nur ein einziges Mal, und das kurzfristig, elektrischen Strom abgeben.

Dennoch wird am Schluß zur Vollständigkeit dieses Kapitels mit Tabelle 9-4 eine Übersicht zu den anderen Primärbatterien gegeben.

Im übrigen kann natürlich jeder Akkumulator auch als Primärbatterie verwendet werden. Der Trend geht dahin, daß die Akkumulatoren miniaturisiert werden. Es gibt seit langem Blei- und Nickel/Cadmium-Batterien, die als Gerätebatterien eingesetzt werden und eben dazu für den Käufer den Vorteil haben, eine zwar teure, aber wiederaufladbare Energiequelle zu sein.

9.4 Beurteilung und Entwicklungstrend

Es ist schwer, bei der Fülle der behandelten Systeme und praktisch gebauten Akkumulatoren eine gerechte Beurteilung zu geben. Der klassische Bleiakkumulator wird sicher in verbesserter Form sein Anwendungsgebiet behalten, als Starter- und auch als Traktionsakkumulator.

Neben dem sauren Akkumulator wird der alkalische Akkumulator eine große Zukunft haben. Wichtig ist hier, daß sowohl das Nickel selbst als Rohstoff als auch die Kosten seiner Verarbeitung zu Fasern oder Schaum billiger werden. Den derzeit auf dem Markt befindlichen alkalischen Ni/Cd-Akkumulator mit Faserstrukturelektroden darf man als Star der Hochleistungsenergiespeicher bezeichnen. Abb. 9-18 zeigt den von der Fa. Hoppecke angebotenen wartungsfreien Typ FNC-trak E. Er ist sehr teuer.

Bezüglich des Preises wird der Faserstrukturakkumulator nur noch von dem Natrium/Schwefel-Akkumulator übertroffen. Eine 10-kWh-Elektrofahrzeugbatterie kostet dann 100 000, – DM (1991). An den Preisen werden sich die Geister scheiden.

Eine großes Potential für das Elektrofahrzeug wird in den Nickel-Hydrid-Akkumulatoren gesehen. Im Augenblick werden jedoch nur kleine Einheiten hergestellt. Das wasserstoffspeichernde Material ist noch nicht hinreichend auf seine Zyklen-

Abb. 9-18. Wartungsfreier Ni/Cd-Akkumulator FNC-trak E mit Faserstrukturelektroden der Fa. Hoppecke (BRD).

stabilität geprüft. Die Hydridakkumulatoren arbeiten mit Faser- oder Schaumstrukturelektroden, Materialien, die ebenfalls im Augenblick noch sehr teuer sind.

Man darf also zunächst darauf warten, daß es Hersteller gibt, die den klassischen Bleiakkumulator für das Elektrofahrzeug so billig machen und einfach zu fertigen wissen, daß er einen breiteren Käuferkreis findet, denn solange die Energiequelle für das elektrische Fahren derart teuer ist, bleibt auch das Elektrofahrzeug ein kostspieliger Traum.

Zum Abschluß noch ein Wort über die Rohstoffpreise in Abhängigkeit von der sich verbessernden, politischen Weltlage. So könnte z.B. der Rohstoffmarkt zwischen den sich entwickelnden Ostländern und der Westwirtschaft intensiviert werden, wenn man im Osten den Rohstoffreichtum zugunsten der eigenen Wirtschaftsförderung flexibler gestaltet. Solange Nickel noch gut 10 mal teurer bleibt als Blei, wird der effektivere alkalische Akkumulator dem Bleisammler immer unterlegen sein. Und Nickel ist und bleibt das Schlüsselmaterial auch für das Nickel/Metallhydrid-System. Hier liegt eine große Chance für die russischen Republiken.

Literatur:

[1] „Electrochemical Power Sources". M. Barak, Dickinson, Falk, Sudworth, Thirsk, Tye. A. Wheaton & Co. Ltd. Exeter/England (1980)
[2] „Lead-Acid Batteries". H. Bode. J. Wiley & Sons Inc., New York (1977)
[3] „Alkaline Storage Batteries". U. Falk, A. J. Salkind. Wiley & Sons Inc., New York-London (1969)

[4] „Handbook of Batteries & Fuel Cells". D. Linden. McGraw Hill-Book Co. USA (1984).

[5] „Rechargeable alcaline Zinc/Manganesedioxide Batteries". K. Kordesch et al. Int. Power Sources Sympos. 1988, Cherry Hill, NJ/USA (1988)

[6] „Elektrisch leitende Kunststoffe". H. J. Mair, S. Roth. Carl-Hanser-Verlag, München (1986)

[7] „Metal Hydride Electrodes Stability of LaNi$_5$-related Compounds". J. J. G. Willems, Dissertationsarbeit. Philips Journ. Res. Vol. 39 (1984)

[8] „Hydrogen Storage Materials for Use in Rechargeable Ni-metal Hydride Battery". M. A. Fetcenko, S. Venkatesan, K. C. Hong, B. Reichmann. Journ. Power Sources Vol 13 (1991) 411 ff.

[9] „Electrocatalitic Hydride-Forming Compounds for Rechargeable Batteries". P. H. L. Notten, R. E. F. Einerhand. Adv. Materials 3 (1991) 7/8, 343 ff.

10 Brennstoffelemente

10.1 Allgemeines

Die Behandlung dieses Kapitels ist zwiespältig. Einesteils ist seit den 90er Jahren eine erneute, weltweite Entwicklungsaktivität festzustellen, anderenteils vergessen die hier engagierten Forscher und Ingenieure, daß es für den in der Brennstoffzellentechnologie weitaus wichtigsten Rohstoff, den Wasserstoff, praktisch noch keine Logistik gibt. Außerdem wird geflissentlich übersehen, daß der Entwicklungsstand für die Elektrolyse von Wasserstoff als mögliche Rohstoffquelle noch schwach ist gegenüber dem billigen Crackwasserstoff aus der Raffination des Erdöls.

Bleibt die Frage: Soll man zuerst die Entwicklung der Brennstoffzellen selbst vorantreiben, um danach über einen Mangel an Wasserstoffinfrastruktur zu klagen, oder soll man zunächst unter den möglichen Methoden der Wasserstoffverbrennung für die Perfektion des Besten sorgen?

Natürlich gibt es einen Mittelweg zwischen diesen beiden Arbeitsextrema, so wie es Varianten für die Brennstoffzellenanwendung gibt, die nicht direkt mit gasförmigem Wasserstoff arbeiten. Bleibend ist jedoch in jedem Fall die Tatsache, daß es bis dato (1992) keine wirtschaftlich arbeitende elektrochemische Maschine mit gasförmigem (Wasserstoff, Methan, Hydrazin) oder flüssigem Brennstoff (Methanol, Ethanol, Benzin) oder sonstigen, löslichen organischen Stoffen (Zucker) gibt, die als Energiequelle eingesetzt werden könnte.

In Tabelle 10-1 sind einige bekannte und teilweise praktisch verwirklichte Brennstoffzellen zusammengefaßt. Obwohl unter Brennstoffzellen im eigentlichen und ursprünglichen Sinn nur elektrochemische Systeme mit Wasserstoff und Sauerstoff zu verstehen sind, gibt es eine Menge anderer, auch mit Luft arbeitender Kombinationen. Insbesondere haben sich auf der Minusseite eingesetzte Metalle bewährt, die freilich nicht alle umkehrbar sind, das heißt sich direkt wieder aufladen lassen.

10.2 Ausführungsformen

Brennstoffzellen und verwandte elektrochemische Anordnungen mit gasförmigen Arbeitsmedien haben gegenüber den klassischen Batterien mit festen Elektronenspeichermassen Vor- und Nachteile. Bei Metall/Luft-Zellen beispielsweise tritt auf

Tabelle 10-1. Generalisierte Vergleichswerte für Brennstoffzellenaggregate

System	Arbeits-spannung (EMK)	Praktische Energiedichte (Wh/kg)	Brennstoff-kosten ($/kWh)
Wasserstoff/Sauerstoff	0,9 V	120	0.40
Alkohol/Luft	0,8 V	200	0.80
Hydrazin/Sauerstoff (alkal)	1,0 V	270	2.50
Aluminium/Luft (sauer)	1,2 V	300	9.—
Zink/Luft (alkal)	0,9 V	110	10.—

der Plusseite in der praktischen Anwendung kein Gewicht auf. Der Sauerstoff der Luft kann direkt eingesetzt werden, ohne daß er Volumen und Gewicht des Systems belastet. Beim Wasserstoff wird es schon etwas schwieriger, falls er direkt als Gas eingesetzt werden soll. Man muß ihn unter Druck speichern, um genügend Arbeitssubstanz zu haben. In jüngster Zeit hat man gelernt, Wasserstoff an einen Festkörper (Nickel- oder Titanlegierungen) in Form von Hydriden zu binden. Aus diesen Hydriden kann der Wasserstoff thermisch leicht ausgetrieben und dann in einer Brennstoffzelle wirksam werden. Da Wasserstoff als solcher billig bleibt, kann dieses Energiespeichersystem wirtschaftlich genannt werden. Aber es gibt eben leider bei diesen Wasserstoff/Luft-Zellen auch Schwierigkeiten mit den katalytischen Umsätzen an den Elektrodenoberflächen.

Gaszellen arbeiten mit porösen Elektroden, die nicht nur vom Substantiellen, sondern auch von ihrer strukturellen Beschaffenheit großen Einfluß auf die Funktion einer Brennstoffzelle haben. Sind die Poren der Elektroden zu groß, fließt der Elektrolyt aus. Sind die Poren zu klein, kommt das Gas an der Dreiphasengrenze nicht schnell genug zur Wirkung.

Generell darf gesagt werden, daß die Arbeitsspannung einer Brennstoffzelle sehr von der Belastbarkeit der Elektroden, d.h. von der Umsatzgeschwindigkeit des gasförmigen Mediums an der Elektrode abhängig ist. So arbeiten bis heute praktisch alle Sauerstoffelektroden nicht schnell genug. In direkter Folge sind dann auch die Brennstoffkosten selbst und die Investition für sämtliche Hilfsaggregate von dieser Belastbarkeit abhängig. Es nützt also nichts, wenn die Leerlaufspannung hoch ist und dann bei technisch aktueller Stromentnahme zusammenbricht. Der auch bei den klassischen elektrochemischen Energiespeichern gern gemachte Fehler, aus den thermodynamischen Daten eine hohe Energiedichte (Wh/kg) auszurechnen, wirkt sich bei den Brennstoffzellen besonders negativ aus. Daran kann schließlich jeder wirtschaftliche Einsatz scheitern. Dennoch bestehen große Hoffnungen, daß man durch geeignete, dem Stoffumsatz förderlich wirkende Oberflächen der porösen Gaselektroden eines Tages schnell arbeitende und damit hochwirksame Brennstoffzellensysteme entwickeln kann.

Es gibt Brennstoffzellen, die bei Zimmertemperaturen und bei Temperaturen über 800 °C arbeiten. Die verwendete Elektrolyte können Flüssigkeiten, Säuren oder alkalische Lösungen, aber auch Festkörper sein. Brennstoffzellen, bei denen der Versuch unternommen worden ist, den Kohlenstoff selbst direkt zu oxidieren, haben sich nicht bewährt. Kohlenstoff muß zuerst zu Kohlenmonoxid reformiert werden, um erfolgreich als Brennstoff in einer elektrochemischen Zelle zu arbeiten. Natürlich gibt es auch Brennstoffzellen, die mit Methan (CH_4) betrieben werden. Aber schon bei dem heutzutage allgegenwärtigen Campinggas, dem Propan (C_3H_8), treten große Schwierigkeiten bei der Suche nach geeigneten Elektroden auf. Die Wasserstoff/Sauerstoff-Brennstoffzelle, im Jahre 1839 von Grove erstmalig realisiert, arbeitet nach der Summenformel:

$$H_2 + 1/2\,O_2 = H_2O \text{ (Knallgasreaktion)}.$$

Bei der Hydrazin/Sauerstoff-Zelle entsteht neben Wasser auch Stickstoff nach der Reaktion:

$$N_2H_4 + O_2 = N_2 + 2H_2O.$$

Der Stickstoff muß hier als Gas aus dem System abgeführt werden, was die Hydrazinzelle, obwohl sie wirksamer ist als die Wasserstoffzelle, schon wieder komplizierter macht.

Im Folgenden werden in schematischer Darstellung das Bauprinzip einer Wasserstoff/Sauerstoff-Zelle (Abb. 10-1) und einer Luftzelle, die mit Hydrazin

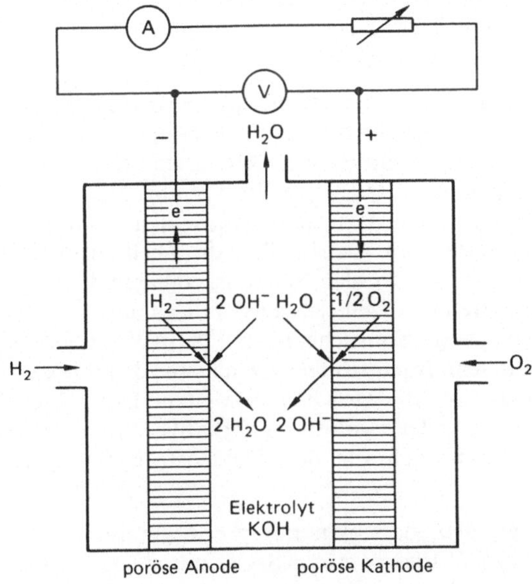

Abb. 10-1. Prinzipdarstellung einer Brennstoffzelle.

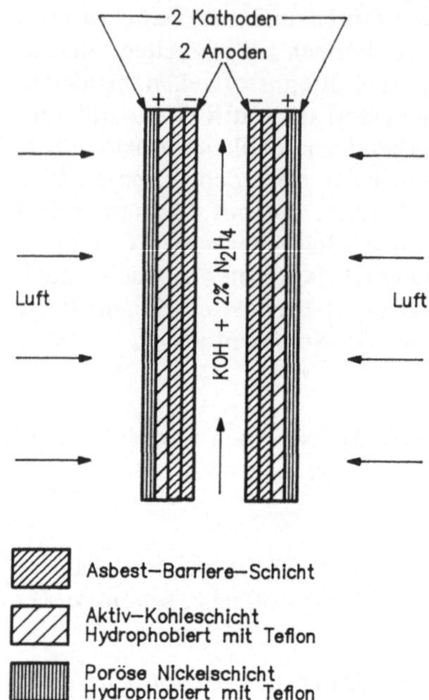

Abb. 10-2. Hydrazin/Luft-Zelle.

arbeitet (Abb. 10-2), gezeigt. Zellen, denen auf der Plus- und auf der Minusseite Gase zugeführt werden müssen, sind im allgemeinen nach dem Filterplattenprinzip aufgebaut.

Die gezeigte Wasserstoff/Sauerstoff-Zelle hat einen alkalischen Elektrolyten. Die porösen Elektroden werden von innen vom Elektrolyten benetzt und außen von den Arbeitsgasen berührt. Es muß dabei dafür gesorgt werden, daß das bei der elektrochemischen „kalten" Verbrennung entstehende Wasser abgeführt wird. Schlecht aufgebaute Brennstoffzellen neigen dazu, daß sie „weinen", d.h. daß das gebildete Wasser zur Sauerstoffseite hin austritt. Auf die Dichtigkeit der einzelnen Elektrodenmodule muß geachtet werden, da sonst vagabundierende Nebenströme auftreten. Kurz, eine Brennstoffzelle ist in jedem Fall unvergleichlich komplizierter aufgebaut und betriebsunsicherer als beispielsweise ein normaler Akkumulator. Ob die einfache Brennstoffzelle jemals für den direkten Antrieb von Automobilen in Frage kommt, wird hier bezweifelt. Es zeichnen sich allerdings in jüngster Zeit wie bei jeder Evolution alternative und hybride Konstruktionen ab, die einen Durchbruch für das Elektrostraßenfahrzeug möglich machen.

Dagegen ist kürzlich errechnet worden, daß man mit der Aluminium/Luft-Zelle durchaus fliegen kann. Ein 10-kW-Elektromotor-Segler mit ca. 35 kg Batteriegewicht könnte etwa 1 Stunde in der Luft bleiben. Die Kosten dieses Fluges würden bei gut 100,–DM liegen, und der Transport des Aluminiums sowie der Verbrauchslauge könnte zu den etwa 500 kleinen Sportflugplätzen mit Hubschraubern oder anderem Fluggerät leicht abgewickelt werden. Es ist jedoch zu fürchten, daß diese Vision an anderen formellen Widerständen der begleitenden Luftfahrtbehörden scheitern wird. Derzeit werden nur in Kalifornien/USA zaghafte Versuche dieser Art gemacht. Warum gibt es keinen Umweltschützer, der einen solchen lautlosen Flug zum Programm macht?

Stellvertretend für die verschiedenen Metall/Luft-Zellen wird die einfache Anordnung einer Aluminium/Luft-Zelle (Abb. 10-3) gezeigt, wie sie im Meerwasser, beispielsweise für Leuchtbojen, als sogenannte offene Zelle eingesetzt werden kann. Als Brennstoff dient ein Aluminiumstab bzw. eine besondere Aluminiumlegierung, die man direkt ins Salzwasser taucht. Das Aluminium muß einerseits im Ruhezustand der Zelle korrosionsfest, aber im Falle der Nutzung seiner elektrochemischen Energie aktiv, also nicht korrosionsfest sein. Das ist eigentlich eine paradoxe Forderung. Aber es gibt Legierungen mit Indium oder Zinn, die sich in dieser Richtung bewährt haben. Manche Hersteller lösen dieses Problem auch damit, daß man die Aluminium-Minuselektrode im Ruhezustand aus dem Elektrolyten zieht. Neben Salzelektrolyten (KCl, NaCl) kommt Kalilauge (KOH) mit und ohne Wasserstoffperoxid (H_2O_2) zur Anwendung.

Die Arbeitsspannung der Aluminium/Luft-Zellen liegt bei 0,7 bis 1,2 Volt. Dabei soll nicht unerwähnt bleiben, daß diese Spannung auch bei Stromdichten von $1000\,mA/cm^2$ gehalten werden kann. Ein großer Vorteil dieses Gaszellentyps ist die metallische Minuselektrode. Nachteilig dagegen ist, daß die Aluminium-

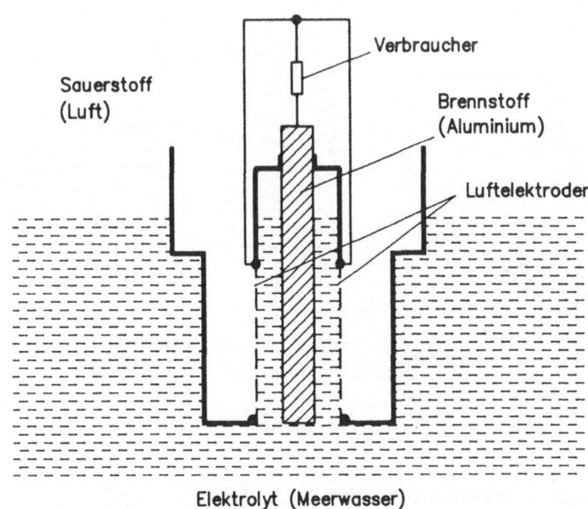

Abb. 10-3. Aluminium/Luft-Zelle (Offene Zelle).

elektrode nach ihrem Verbrauch nur recht aufwendig wieder regenerierbar bleibt. Das beim Umsatz nach

$$4\,Al + 3\,O_2 + 4\,OH^- + 6\,H_2O = 4\,Al(OH)_4^-$$

entstehende Aluminiumhydroxid kann wirtschaftlich nur nach bekanntem elektrothermischem Verfahren wieder in metallisches Aluminium zurückgeführt werden. Falls also jemand auf die Idee kommen sollte, das Aluminium/Luft-System für die Elektrotraktion auf der Straße vorzuschlagen, wird bereits jetzt darauf hingewiesen, daß dann die Aluminium- und Laugetransportlastwagen an Stelle des Elektromobils die Straßen besetzen werden. Das kann kein umweltbewußter Ingenieur oder Politiker vertreten.

Wie kompliziert sich ein Aluminium/Luft-System mit allen Hilfsaggregaten darstellt, zeigt schließlich ein weiteres Blockdiagramm (Abb. 10-4). Vorratsbehälter, Pumpen, Ventile und Wärmeübertrager machen die Gesamtmaschine teuer und nicht selten störanfällig.

Dennoch hat sich in jüngster Zeit (1991) eine Gruppe amerikanischer Ingenieure daran gemacht, die Brennstoffzelle zum Antrieb eines Langstreckenfahrzeugs einzusetzen. Für die nur eimergroße Wasserstoff/Luft-Zelle wird in einem Ford-Fiesta eine Betriebsdauer von 400 000 km angesetzt. Die Brennstoffzelle wird unter Benutzung einer ionenleitenden, protonenaustauschenden Membran mit Wasser betrieben. Der Wasserstoff wird über ein Metallhydrid im hochdrucksicheren Tank (120 kg) gespeichert. Die Leistungsdichte beträgt 1000 W/kg. Dies ist ein 10mal größerer Wert als bisher für Brennstoffzellen bekannt: ein sehr zukunftsreiches Projekt für die Elektrotraktion.

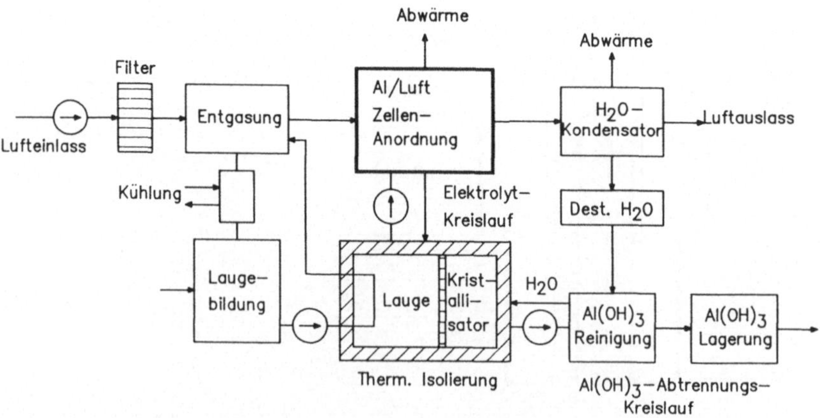

Abb. 10-4. Aluminium/Luft-Aggregat Systemanordnung.

10.3 Lagebeurteilung

Unter den möglichen Varianten der Brennstoffzellen hat die direkte Wasserstoff/
Luft- oder Wasserstoff/Sauerstoff-Zelle wenig Chancen auf dem Markt. Größere
Kraftwerke nach diesem Prinzip sind zwar gebaut, aber letztlich doch wieder
wegen Unwirtschaftlichkeit abgerissen worden. Für Brennstoffzellen mit zu
reformierenden Kohlenstoffgasen darf man etwas mehr Hoffnung beanspru-
chen, insbesondere wenn auch Methan landesweit über Rohrleitungen verteilbar
geworden ist. Die Hydrazinzelle scheitert am hohen Preis für diesen Rohstoff im
ansonsten geeigneten Entwurf. Egal wie preiswert Elektrofahrzeuge werden, die
ihre Antriebsenergie in Akkumulatoren speichern, die Wasserstoff/Luft-Zelle mit

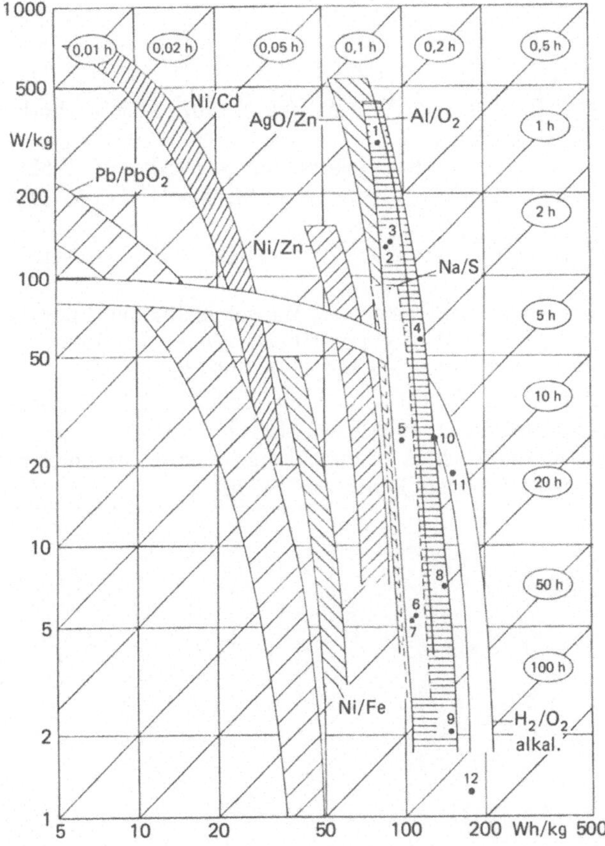

Abb. 10-5. Vergleich Energieinhalt Al/O_2-Zelle gegen H_2/O_2-Zelle.

einem Hydridspeicher wird zur Hauptkonkurrenz aller diesbezüglichen Entwürfe. Europa muß sich beeilen. Die Flut fernöstlicher Patentanmeldungen zur Sache der Brennstoffelemente ist ein verdächtiges Zeichen aktiver und womöglich erfolgreicher Entwicklung.

Zum Abschluß ein Diagramm (Abb. 10-5), mit welchem die Verhältnisse des Energieinhalts (Wh/kg), der Leistungsdichte (W/h) und der Belastbarkeit (h) durch die Kurven der verschiedenen Systeme dargestellt werden. Daraus läßt sich ablesen, daß die Aluminium/Luft-Zelle der Wasserstoff/Sauerstoff-Zelle im Kurzzeitbelastungsbereich, der ja für die Elektrofahrzeuge bekanntlich bei 1 bis 2 Stunden liegt, überlegen ist. Das klassische Brennstoffzellensystem mit gasförmigem Wasserstoff und Sauerstoff kann kaum für diesen Bereich eingesetzt werden.

Literatur:

[1] „Kalte Verbrennung". E. Justi, A. W. Winsel. Franz Steiner Verlag Wiesbaden (1962)

[2] „Brennstoffelemente". G. J. Young. Krausskopf Verlag Wiesbaden (1962)

[3] „Hydrazin-Luft-Batterien". K. V. Kordesch. E. u. M. **86**, H. **11**, 451–456 (1969)

[4] „Brennstoffelemente". H. H. v. Döhren, K. J. Euler. VDI-Verlag, Düsseldorf (1971)

[5] „Galvanische Elemente, Brennstoffzellen". A. Winsel. Ullmanns Encyklopädie der technischen Chemie Band 12 Verlag Chemie Weinheim (1976)

[6] „Aluminium/Luft-Zelle". M. Ritschel. etz **101**, H. 6, 399–400 (1980)

[7] „Hochleistungsbatterien auf der Basis von Al/O_2-Zellen". D. Katryniok, J. Ruch, P. Schmöde. etz **102**, H. 21, 1094–1095 (1981)

[8] „Brennstoffzellen". Stand der Technik, Entwicklungslinien, Marktchancen. H. Wendt, V. Plzag u. a. VDI-Verlag, Düsseldorf (1990)

11 Elektrotraktion

11.1 Allgemeines

Es ist kein Geheimnis, daß es noch keinen geeigneten Energiespeicher für das Elektrostraßenfahrzeug (ESF) gibt. Alle Versuche, den klassischen Bleiakkumulator durch nicht selten „exotische" Batteriesysteme zu ersetzen, sind bis heute gescheitert. Entweder sind sie zu teuer, oder sie haben technisch gravierende Mängel. Über die Batterien und ihre Verwendung für die Elektrotraktion ist in Kapitel 9 ausführlich berichtet worden. Im nachfolgenden sollen die Kritierien und Anforderungsprofile beschrieben werden, die ein elektrischer Akkumulator für den Einsatz auf Straße, Schiene und Wasser haben muß.

Zunächst ein allgemeines Wort über die Eigenschaften von Traktionsbatterien. Es ist konsequent zu unterscheiden, ob ein Akkumulator nur für die Zwecke des Startens, der Beleuchtung und der Zündung konzipiert worden ist oder ob er als ausschließliche Quelle bis zur völligen Erschöpfung seines Energieinhalts benutzt werden soll, Tabelle 11-1.

Zwischen den beiden grundsätzlich unterschiedlichen Batterietypen gibt es Übergänge. Unter anderem gibt es Versuche, eine Starterbatterie so hochzuzüchten, daß sie 400- bis 600mal zyklisierbar wird. Auf der anderen Seite versucht man, die Traktionsbatterie mit neuartiger Fertigungstechnik leichter und billiger zu machen.

Neben dieser qualitativen Betrachtungsweise müssen natürlich weitere Parameter zur Beurteilung einer Elektrofahrzeugbatterie berücksichtigt werden.

11.2 Anforderungen an eine Traktionsbatterie

Zu den in Tabelle 11-2 genannten Punkten gehören wichtige Korrelationen, die im folgenden beschrieben werden:

a) Eine hohe Einzelzellenspannung vermindert die Zahl der Zellen, die beispielsweise für eine 120 Volt-Fahrzeugbatterie nötig werden. Diese Forderung ist immer mit dem elektrochemischen System verbunden, auf dem die Batterie steht, z.B. saurer Bleiakkumulator, alkalischer Nickel/Cadmium-Akkumulator oder eine Schwefel/Natrium-Batterie. Man darf zu dieser Forderung sagen, daß die höheren Einzelzellspannungen meist bei den exotischen Systemen

Tabelle 11-1. Vergleich der Nutzbarkeit von Starter- und Traktionsbatterien

Typ	Stromanforderung	Tiefentladbarkeit	Zyklisierbarkeit
Starter- batterie	kurzfristig hoch (300 bis 500 Amp.)	schwach ca. 30 mal	langfristig keine
Traktions- batterie	zum Anfahren hoch bei Fahrt mittel (150 bis 200 Amp.)	notwendiger- weise gut	mindestens 1000 Entlade/Lade- Zyklen

Tabelle 11-2. Anforderungen an Elektrofahrzeugbatterien

a) Hohe Einzelzellenspannung
b) Hoher Energieinhalt pro Gewicht und Volumen
c) Hohe Leistungsdichte
d) Fixierung der aktiven Massen in den Elektroden
e) Lange Lebensdauer bei Tiefentladung
f) Gute Akzeptanz des Ladungsstroms
g) Geringe Selbstentladung im Ruhezustand
h) Maximale ökologische Verträglichkeit
i) Geringe Wartung
k) Einfache Herstellungsverfahren
l) Niedrige Material- und Produktionskosten
m) Einfache Wiederverarbeitbarkeit (Recycling)

liegen. Die niedrigsten Einzelzellenspannungen liegen bei den alkalischen Akkumulatoren (siehe auch im Kapitel 9).

b) Die Energiedichte einer Elektrostraßenfahrzeugbatterie wird aus dem Gesamtgewicht und dem Inhalt seiner Energiespeicherfähigkeit gebildet. Die Energiespeicherfähigkeit errechnet sich aus dem Mittelwert der aktuellen Klemmenspannung während einer bestimmten Stromentnahme über die Zeit (Kapazität). Wie im Kapitel 9 bereits erwähnt, ist jedoch das Produkt Strom mal Zeit eine Funktion des Stromes selbst. Somit ist auch die Energiedichte pro Gewicht oder Volumen eine Funktion dieser rechnerisch oder experimentell ermittelten Kapazität. Man muß also unbedingt wissen, bei welcher Entladungsform (K-Faktor) die Energiedichte gültig ist. Den Batterieherstellern gelingt es immer wieder, die Kapazität einer Antriebsbatterie bei 5stündiger (K5) Entladung anzugeben, ein Mißverständnis, wenn die Batterie im Elektrofahrzeug meist in 1 oder 2 Stunden entladen wird. Es wäre ein für allemal und generell zu fordern, daß der Wert der Kapazität (Ah) eben bei 1- oder 2stündiger Belastung als Maß für die Qualität genommen wird.

c) Die Leistungsdichte (W/kg) sagt deshalb mehr über die Belastbarkeit eines Akkumulators aus als die Energiedichte allein.

d) Die Fixierung der aktiven Massen innerhalb des Elektrodenableitgitters ist eine alte Forderung und wird damit erreicht, daß man die Massen in Röhrchen oder anderen Konstruktionen um die Oberfläche des jeweiligen Ableitgitters herum festhält.

e) Die Lebensdauerstabilität hängt mit dem bereits erwähnten Faktum zusammen, daß die aktiven Massen bei der Entladung quellen und nur allzuleicht die Gitterstruktur verlassen. Insbesondere bei Tiefentladung wird die ganze eingebrachte aktive Masse davon erfaßt. Auch ist die Lebensdauerstabilität ein Charakteristikum der aktiven Masse selbst.

f) Eine gute Akzeptanz des Ladungsstromes hängt mit der Oberfläche des Elektrodenableitgitters und mit dem Übergang dieses Stromes von der aktiven Masse auf die Oberfläche der Ableitung zusammen. Natürlich hängt diese Akzeptanz auch von der Größe der in einer Zelle insgesamt vorhandenen elektronisch leitenden Ableitfläche zusammen. Deshalb ist es besser, viele dünne Elektroden als wenige dicke Elektroden in einer Zelle unterzubringen. Die dicken Elektroden haben vielleicht mehr Masse pro Gitter, aber der Strom braucht zuviel „Sprünge" von Teilchen zu Teilchen, während eine dünne Elektrode weniger Masse pro Gitter hat, dafür aber der Weg zur Ableitoberfläche kürzer ist, d.h. der Strom besser hinein- oder herauskommt.

g) Die Selbstentladung einer Batterie klein zu halten ist gleichfalls nicht so ohne weiteres zu erfüllen. Wenn Lokalelemente vorhanden sind, z.B. durch Vergiftung der Massen oder ungeeignete Gitterlegierungen, so entlädt sich die Batterie schon im geladenen Zustand von selbst. Leider spielt hier, wie am Beispiel des Bleiakkumulators nachzuweisen, die notwendige Zulegierung bestimmter Metalle eine wichtige Rolle. So kämpfen z.B. die Entwicklungsingenieure der Bleiakkumulatoren seit Jahren um möglichst niedrige Antimongehalte in der positiven Gitterlegierung.

h) Unter maximaler, ökologischer Verträglichkeit sollte man nicht nur die Umweltverträglichkeit verstehen, sondern auch die vom Betreiber eines Elektrostraßenfahrzeuges geforderte Handhabbarkeit einer solchen Maschine, die vornehmlich aus elektrischen Bauteilen besteht. Zur Umweltverträglichkeit gehört auch diejenige des Batteriesystems selbst, die beispielsweise für das Natrium/Schwefel-System oder das Zink/Brom-System noch sehr fragwürdig bleibt.

i) Die geringstmögliche Wartung ist der Traum jedes Automobilbesitzers. Der neuerliche Trend zur Elektronik macht jedoch moderne Fahrzeugfahrer zu Cockpittrainern. Je komplizierter und damit störanfälliger ein Straßenfahrzeug ist, um so mehr Wartung braucht es. Darüber können auch die automatischen Testgeräte nicht hinwegtäuschen. Elektrofahrzeuge der Zukunft sollten zum Antrieb nur Elektromotoren, Batterie und eine wie auch immer gestaltete, einfache Steuerung haben.

k) Einfache Herstellungsverfahren sind der Wunschtraum jedes Herstellers. Die Menschen, welche die Komponenten für ein Elektrofahrzeug bauen, sollten mit möglichst verträglichen und umweltbezogenen Verfahren belastet werden. Bei der Herstellung einer Batterie gibt es jedoch Arbeitsschritte, die bis heute noch recht wenig sympathisch sind.

l) Die Forderung nach niedrigen Material- und Produktionskosten richtet sich in erster Linie an die „Phantasten", die ständig neue Batteriesysteme für den Elektrofahrzeugantrieb vorschlagen, die an teure, systemrelevante Substanzen oder Metalle gebunden sind. Jede Innovation ist hier zunächst der Feind der alten Verfahrenstechnik. Die Verbesserung mag an sich sogar zum billigeren Produkt führen; aber was macht der Hersteller dann mit den alten Maschinen, bevor sie sich amortisiert haben?

m) Das neue Umweltbewußtsein verlangt zu Recht heute für jedes Produkt, d.h. auch für das Elektrostraßenfahrzeug mitsamt seiner Batterie, eine sichere Wiederaufarbeitung. Hier sei deshalb gleich vorgeschlagen, die relativ teure Batterie im Besitz des Batterieherstellers zu behalten, sie nur zu vermieten und auch den Service von ihm übernehmen zu lassen.

Aber das sind noch nicht alle Faktoren, die mit der Einführung der Elektrotraktion auf der Straße verbunden sind. Es wird später über weitere Notwendigkeiten zu sprechen sein, die Schwierigkeiten verursachen können; zunächst Tabelle 11-3 mit einigen in bezug auf Antriebsbatterien wichtigen Kenngrößen.

Speziell die Natrium/Schwefel-Batterie muß in einen Thermobehälter integriert werden, was Volumen und Gewicht ungünstig beeinflussen.

Für den Entwurf eines Elektrofahrzeugs ist es auch wichtig, das in Tabelle 11-3 nicht aufgeführte Volumen zu kennen, welches als Platz in der Gesamtkonstruktion zu berücksichtigen ist. Anfangs hat man die etwas starre Philosophie vertreten, die Batterie in jedem Fall als einen kompakten Körper in das Fahrzeug

Tabelle 11-3. Praktisch eingesetzte Antriebsbatterien für Elektrostraßenfahrzeuge

Typ Elektrodenform	Energiedichte (Wh/kg)	Lebensdauer (Zyklen)	Batteriekosten 1992 (DM/kWh)
Blei/Schwefelsäure Röhrchenplatte	30 (K2)	1 500	1 100, −
Blei/Schwefelsäure Verbundplatte	40 (K2)	1 000	700, −
Alkal.Ni/Cd Sinterplate	50 (K2)	2 000	1 800, −
Alkal.Ni/Fe Sinterplatte	50 (K5)	500 Fe-Elektrode	800, −
Na/S-Zelle (350°)	95 (K5)	900 ß-Al$_2$O$_3$	5 000, −
Zn/Br-Zelle	60 (K5)	Zn-Elektrode	?

zu bringen. Inzwischen hat die Praxis gezeigt, daß es vernünftiger ist, die Antriebsbatterie im Rahmen des Chassis zu verteilen.

Auch in bezug auf die Fahrspannung ist die Entwicklung über anfängliche Ängste hinweggegangen. Zunächst mit 48 Volt, dann mit 72 Volt ist man heute zu der Erkenntnis gekommen, daß auch Spannungen zwischen 120 und 144 Volt durchaus für den Antrieb eines Elektro-Pkw geeignet sein können. Freilich steht hier die Gefährdung des Betreibers als Gegenargument; aber schließlich ist ein Benzintank auch nicht gerade ungefährlich, was Zusammenstöße beweisen.

Neben der Batterie stehen die übrigen elektrischen Bauteile, der Elektromotor und die Stromsteuerung, im Vordergrund der notwendigen Ausrüstung eines Elektrofahrzeugs. Hier mag zunächst entschieden werden, ob mit Gleichstrom gefahren werden soll oder über einen Konverter mit Wechselstrom. Letzteres hat Vorteile bei der Umwandlung der Fahrspannung durch Transformation und bei der Auswahl des Motorsystems. Gleichstrommotoren können felderregt sein oder mit einem Permanentmagneten arbeiten. Es gibt schon bei der Grundkonzeption eines Elektrofahrzeugs eine Fülle von Varianten, die jeweils Vor- und Nachteile haben. Und es ist bis heute noch nicht entschieden, ob der Fahrstrom zweckmäßigerweise über eine Relaisschaltung (Serien/Parallel-schaltung der Batterieen) oder über ein elektronisches Bauteil (Thyristor oder Leistungstransistor) geregelt werden sollte. Ein nicht unwichtiger Punkt bleibt auch die Frage, ob ein Getriebe im Elektroauto zum besseren Batteriewirkungsgrad führen könnte.

Große Automobilkonzerne haben manchen brauchbaren Prototyp entwickelt, viele kleine Bastler haben zum Teil überraschende Gedanken verwirklicht. Zu einer Großserienfertigung von Elektrofahrzeugen ist es bis heute auf der ganzen Welt nicht gekommen. Man steht aber offenbar jetzt mit einer Fülle von Erfahrungen vor einem neuen Ansatz zur Durchsetzung der Elektrotraktion. Zwei Anstöße haben dazu geführt:

- der Fortschritt von solarzellengetriebenen Elektrofahrzeugen und
- die Einführung von hybriden Antrieben.

Einen nicht unbeträchtlichen Anteil an der Entwicklung neuer Konzepte haben dabei die Wettbewerbe elektrisch angetriebener Straßenfahrzeuge gehabt, wie sie vornehmlich in der Schweiz inzwischen Tradition haben. Die Klassifizierung hat sich wie folgt ergeben:

- rein solarelektrisch angetriebene Leichtfahrzeuge,
- solarelektrisch mit Batteriestützung angetriebene Fahrzeuge und
- echte, rein batterieelektrisch angetriebene Elektrofahrzeuge.

Als vierte, in jüngster Zeit auf dem Markt erscheinende Fahrzeugklasse zählen jetzt die Hybride, denen von vielen Seiten große chancen gegeben werden. In den Stadtgebieten fährt man elektrisch und über Land mit einem kleinen Dieselaggregat. Und als allerneuester Hit darf wohl der Antrieb genannt werden, der im folgenden weiter erläutert wird.

Tabelle 11-4. Fahrstrecke von rein batteriebetriebenen Elektrofahrzeugen

Fahrgeschwindigkeit	Fahrstrecke	
	Bleiakkumulator	Natrium/Schwefel-System
56 km/h	160 km	210 km
80 km/h	89 km	150 km
EV J227a (US-Standardzyklus)	105 km	200 km

Dieser neue Antrieb kombiniert eine Brennstoffzelle mit einem Wasserstoff-pulverspeicher. Das von Dr. Billings (USA) vorgestellte Konzept benutzt zur Speicherung des Wasserstoffs ein Magnesium/Eisenhydrid. Aus dem „Pulvertank" wird der Wasserstoff bei 360° wieder ausgetrieben und einer Wasserstoff/Luft-Batterie zugeführt. Der Elektromotor hat 16 kW. Umgekehrt kann die Brennstoffzelle Wasserstoff erzeugen, d.h. das System kann auch aus der Steckdose aufgeladen werden. Das Fahrzeug hat für eine „Tankfüllung" einen Aktionsradius von 500 Kilometern, wobei Geschwindigkeiten bis zu 130 km/h erreicht werden. Getankt wird in 5 Minuten. Falls Wasserstoff aus Erdgas gewonnen wird, kosten bei heutigen (1992) Gaspreisen 100 km Fahrstrecke etwa 0,85 DM (ohne Steuer). Zum Vergleich zeigt Tabelle 11-4, welche Fahrleistungen bei bestimmten Geschwindigkeiten und dem US-Standardfahrzyklus mit dem Bleiakkumulator und dem Natrium/Schwefel-System erreichbar sind.

Um heute (1992) in der Fülle bereits gebauter und in der Praxis erprobter Elektrofahrzeuge einen Überblick zu gewinnen, werden wir uns hier auf einige wenige, besonders herausragende Prototypen beschränken und eine grundsätzliche Einteilung vornehmen müssen. Im folgenden werden deshalb lediglich im generellen Beispiel das mit Solarzellen angetriebene Elektrofahrzeug und dann verschiedene, ausschließlich mit Batterien laufende Elektrofahrzeuge beschrieben. Bei letzteren sollen nur diejenigen ausgewählt werden, die besondere Merkmale oder neueste Formen zeigen. Grundsätzlich darf gesagt werden, daß die meisten Elektrofahrzeuge sogenannte convertibles sind, d.h. im Umbau aus vorhandenen Konzepten mit dem Elektroantrieb versehen worden sind. Völlig neue direkt als Elektrofahrzeug entwickelte Prototypen sind fast nicht und auch dann nur unter hohem Kostenaufwand gebaut worden. Interessant ist dabei der Umstand, daß der Gedanke an größere Räder außer bei den Solarzellenfahrzeugen bisher keinen weiteren Eingang in die Konstruktionen gefunden hat. Oldtimer zeigen in dieser Hinsicht mehr Einfallsreichtum.

11.3 Überblick Elektrofahrzeuge (Prototypen, Daten)

Über die Oldtimer und ihre wiederholt veröffentlichten Bilder muß erwähnt bleiben, daß es vor Ferdinand Porsche bereits im auslaufenden 19. Jahrhundert mancherlei Elektrofahrzeug gegeben hat. Diese Elektrofahrzeuge fuhren alle sehr langsam, hatten hohe Räder und wegen des hohen Batteriegewichts meist Hartgummireifen. Porsche hat dann die Entwicklung 1911 systematisch aufgegriffen. Dabei wählte er als erster eine Konstruktion, die den Elektromotor in die Räder bringt. Die meisten Modelle benutzten einen Kettenantrieb. Zur Steuerung wurde eine verlustreiche Schaltung über Widerstände eingesetzt. Die Batterien hatten seinerzeit noch Energiedichten von lediglich 10 Wh/kg. Der Elektrowagen war ein Amüsierfahrzeug für die Damen der Gesellschaft. Inzwischen ist in gut 100 Jahren eine gewaltige Entwicklung vor sich gegangen. Die elektrische Komponente hat enorme Verbesserungen erfahren, doch die Bleibatterie, jedenfalls nur diese, hat sich kaum verbessert. Heute haben wir Energiedichten von 40 Wh/kg und mehr. Man jubelt über jedes höhere Prozent. Geschichtlich hat es mehere Schübe bezüglich des Fortschritts gegeben. Der erste fand in den Jahren 1920 bis 1930 statt, der zweite 1970 bis 1980. Jetzt, seit 1990, scheint es ernst zu werden mit der Markteinführung. Diese jüngste Aktivität auf dem Gebiet der Elektrofahrzeugentwicklung wurde durch die Demonstration von mit zum Antrieb geeigneten Solarzellen bestückten Elektrofahrzeugen eingeläutet.

Solarfahrzeuge gibt es heute in sehr vielen Varianten. Die Hersteller haben sich gegenseitig zu Höchstleistungen angetrieben. 100 km/h sind keine Seltenheit. Allgemein jedoch sind die Fahrzeuge nur für eine Person gebaut, die noch dazu oft am Steuer des Wagens liegen muß. Um jedes Kilogramm hat man gekämpft.

Negativ wirkt sich bei Solarzellenfahrzeugen aus, daß die Solarzellen selbst trotz jahrzehntelanger Beteuerung nicht wesentlich billiger geworden sind. Für eine Leistung von 1 Kilowatt entstehen nach wie vor Kosten in Höhe von 20 000 DM. Und für 1 Kilowatt Leistung wird bei einem Wirkungsgrad der Solarzelle von 10% eine Fläche von 10 m^2 benötigt. 10 m^2 ist etwa die Gesamtaufsichtsfläche eines normalen Pkw. Das bedeutet, daß selbst das berühmte in Abb. 11-1 gezeigte Solarfahrzeug „Sunraycer" mit seinem nur 1,5 kW starkem Motor nicht ohne Parallelbatterie fahren kann. Der von General Motors, Hughes Aircraft Co. und Aero Vironment Inc. in USA gebaute Sunraycer hat deshalb besondere Konstruktionsmerkmale, die man dem Sieger des Solarfahrzeugrennens in Australien 1987 zunächst nicht ansieht. Er hat neben 1500 Siliziumsolarzellen auch 6000 Galliumarsenidzellen auf der windschnittigen Karosse. Und er hat eine Silber/Zink-Batterie neben einem speziellen, bürstenlosen Elektromotor. Mit derartig kostspieligen Komponenten kann man zwar einen internationalen Wettbewerb gewinnen, aber keinen Käufer. Mit anderen Worten: Solarzellenfahrzeuge sind vorerst nicht zu bezahlen und nur mit Subventionen interessierter Firmen überhaupt herstellbar.

Die Erfahrungen mit den Solarzellenfahrzeugen haben also gezeigt, daß sie vorerst nicht marktfähig sind. Wohl aber kann man Solarzellen in den Energiekreislauf eines Elektrofahrzeugs als zusätzliche Komponente, z.B. zum Betrieb einer Lüftungsanlage oder der Scheibenwischer integrieren, um ihm den Touch der Modernität zu geben, aber preiswerter wird dieses Elektrofahrzeug damit kaum.

Abb. 11-1. Solarzellenfahrzeug „Sunracer" (USA 1987). (Mit freundlicher Genehmigung der Zeitschrift „Spektrum der Wissenschaft")

In bezug auf den Preis wetteifern derzeit die Hersteller zweier Elektrofahrzeuge miteinander: eine Sonderkonstruktion der Firma Pöhlmann, Nürnberg, und ein Elektrofahrzeug der Superlative der Fa. General Motors aus Detroit (USA), der „Impact". Das Pöhlmann-Fahrzeug hat dabei, abgesehen vom sehr guten Styling, einige außerordentliche technische Innovationen.

Pöhlmann-Elektrofahrzeug EL:
* Kunststoffkarosserie
* Ausgefeilte Batteriekonstruktion mit Heizung/Kühlung, zentraler Entgasung und Wassernachfüllung
* Neuartiger Zweimotorenantrieb auf jedes Hinterrad
* Reihen/Parallel-Schaltung der Fahrmotoren für Anfahrt und Endgeschwindigkeit

Weitere technische Einzelheiten:
Spitzengeschwindigkeit: 115 km/h
Aktionsradius: (bei 60 km/h)   105 km
             (bei 80 km/h)   85 km

Motoren: 2 mal 7 kW (Nenndrehzahl 2000 min^{-1}, max. 4000 min^{-1})
Batterie: 90 Volt/195 Ah Blei/Schwefelsäure
Batteriegewicht: 580 kg
Steuerung: Thyristorchopper 80 Volt, max. 600 A
Gesamtgewicht: 1280 kg
Zuladung: 260 kg
Heizung (Öl): 3,2 kW bei Öllastverbrauch von 0,38 l/h

Der Pöhlmann EL ist in Daten und Image als ausgezeichnete Lösung für ein Elektrofahrzeug zu bezeichnen. Nur mit einem Preis von 78 000 DM wird er praktisch nicht zu verkaufen sein bzw. in Serie gehen. Dieses Elektrofahrzeug ist inzwischen auch mit einem alkalischen Ni/Fe- bzw. Ni/Cd-Akkumulator und dem Natrium/Schwefel-Akkumulator betrieben worden. Mit einer Ladung von letzterer sind 200 km Fahrstrecke erreicht worden (Abb. 11-2).

Über den Elektrowagen „Impact" von General Motors sind vergleichsweise wenige Einzelheiten bekannt. Der Antrieb liegt auf den Vorderrädern. Zwei 40 kW-Gleichstrommotoren treiben den ebenfalls sehr gut gestylten, mit einer Kunststoffkarosserie bekleideten Wagen an. Die Fahrspannung beträgt 320 Volt (!), der Energiespeicher wiegt 392 kg und hat eine Kapazität von 100 Ah. Die Ladung erfolgt in 2 Stunden mit 50 A. Mit einer Ladung werden 200 km gefahren. Die Stromsteller, für jeden Motor einer, können 100 kW, maximal 400 kW schalten. Als Preis werden 20 000 US-$ genannt.

Aus der Vielzahl (England 50 000 Stück) der inzwischen von den verschiedensten europäischen und amerikanischen Firmen gebauten größeren und kleineren Elektrofahrzeuge können hier stellvertretend nur einige im Bild gezeigt und in allgemeinen Daten beschrieben werden. Der ursprüngliche, in falsch verstandener

Abb. 11-2. Elektrofahrzeug „Pöhlmann EL".

Nutzungsvorstellung vertretene Schwerpunkt auf die Lastkraftwagen, Omnibusse und sonstige für Personen und Sachen bereits mit Benzinmotor vermarktete Typen ist nach einiger Zeit selbst in Deutschland zugunsten der kleineren Personenkraftfahrzeuge verschoben worden. Inzwischen haben andere Länder, insbesondere in Fernost, einen Vorsprung gewonnen.

Die Entscheidung über das kleine oder große Elektrofahrzeug ist prinzipiell problematisch. Es geht letztlich um das Batteriegewicht. Je größer das Fahrzeug, desto größer und schwerer die Batterie. Die Batterie muß sich selbst fortschaffen. Insofern hätte man früher von vornherein mit dem kleinen Elektrofahrzeug beginnen sollen und nicht mit den großen Einheiten. Heute gibt es eine Menge kleiner Elektromobile, die zunächst den Nachteil haben, daß sie fast alle mit Bleiakkumulatoren fahren. Kaum ein Fahrzeug fährt, von den komfortableren Entwürfen bei GM, VW, Pöhlmann, Peugot oder Fiat abgesehen, schneller als 60 km/h. Es reicht für eine knappe Stunde. Die kleinen Fahrzeuge, meistens 2- bis 3-Sitzer, haben zudem keine Peripherie für ihren Energiespeicher. Und der Service, z.B. das Nachfüllen von Wasser, bringt dem Betreiber lästige Arbeit. Wie man sich die Wartung des Na/S-Systems insbesondere im Schadensfall vorstellt, scheint noch nicht diskutiert worden zu sein. Dennoch ist dieser Energiespeicher neben den im einzelnen noch nicht festgelegten alkalischen Zellen in jüngster Zeit ziemlich aktuell geworden. Sowohl die Volkswagen AG als auch BMW haben einen 100 000 DM teuren Natrium/Schwefel-Akkumulator in ihren Fahrzeugen getestet. In jüngster Zeit werden von anderen europäischen Firmen auch wartungsfrei verschlossene Bleiakkumulatoren für die Elektrotraktion getestet.

Abb. 11-3. BMW-Elektrofahrzeug *E 1*.

Die Fa. BMW, München, hat ihr Modell 325 iX elektrifiziert und dabei einen Natrium/Schwefel-Akku der Fa. ABB im Heck eingebaut. Die Batterie hat 170 bis 200 Volt Fahrspannung. Sie muß aber, wenn sie auf Außentemperatur abgekühlt ist, 4 bis 10 Stunden aufgeheizt werden, um betriebsbereit zu sein. Das Fahrergebnis ist befriedigend gewesen: 150 km Aktionsradius in normaler Stadtverkehrsbelastung bei einer Maximalgeschwindigkeit von 100 km/h. Der Antriebsmotor hat 17 kW Leistung. Die Innenraumheizung wird mit Dieselöl betrieben. Das BMW-Elektrofahrzeug 325 iX hat einen Crashtest erfolgreich überstanden.

Inzwischen hat BMW ein neues kleineres Elektrofahrzeug auf der IAA 1991 vorgestellt, den BMW *E 1* (Abb. 11-3), endlich auch hier ein Fahrzeug, das von Anfang an als Elektrofahrzeug konzipiert worden ist. Der *E 1* hat ein Leichtmetallchassis und eine recyclierbare Kunststoffkarosserie. Der Unterbau besteht aus Vierkantstahl wie Jahre vorher beim Enfield 2000 aus England. Es folgen einige technische Daten:

BMW-Elektrofahrzeug E1:

Leergewicht (mit Batterie):	880 kg
Batteriegewicht allein:	200 kg
Zahl der Plätze:	2 + 2 Sitze
Zahl der Türen (ohne Heckklappe):	2 Türen
Fahrspannung (Na/S-System der Fa. ABB):	120 Volt
Energieinhalt der Batterie:	20 kWh
Batterieaufladung, wenn leer:	6–8 Stunden
Elektromotor (Heckantrieb)	32 kW
Geschwindigkeit:	120 km/h
Aktionsradius (Stadtzyklus):	240 km
Heizung (neben Abwärme Motor/Batterie):	48 Volt
cW-Wert:	0,32

Ein ähnliches, noch ungewohnteres Äußeres bietet ein kleines Elektrofahrzeug der Volkswagen AG, der Chico. Der Chico ist ein Hybridfahrzeug. Er kann sowohl elektrisch als auch mit einem kleinen Otto-Motor angetrieben werden. Im Chico als der zur Zeit jüngsten Schöpfung der Volkswagen AG sind natürlich alle Erfahrungen seiner Vorgänger genutzt worden. Als erstes Hybridelektrofahrzeug hat die Volkswagen AG eine Batterie/Diesel-Version vorgestellt. Dieser Wagen impliziert auch eine Schwungscheibe als integralen Bestandteil des Fahrübergangs vom Verbrennungs- zum Elektromotor. Innerhalb der Schwungscheibe ist der Elektromotor angebracht, der auch zum Laden der Batterie als Generator arbeiten kann. In Abb. 11-4 wird diese Anordnung für das Golf-Hybridelektrofahrzeug im Schema dargestellt.

Der Chico ist im Gegensatz zum Hybrid-Golf (Batterie/Diesel mit Schwungscheibe) ein freundliches Ei mit einem sympathischen Rundgesicht. Das Design ist jedenfalls grundsätzlich neu. Ob es langfristig dem Käufergeschmack

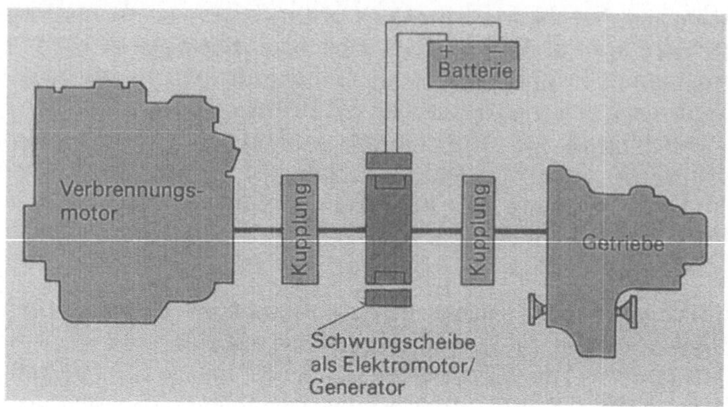

Abb. 11-4. Antriebsanordnung des Golf-Hybridelektrofahrzeugs der Volkswagen AG.

entspricht, bleibt offen. Umfangreiche Maßnahmen für Frontal- und Seiten-
aufprall sind getroffen worden. Der 2+2-Sitzer hat einen Airbag für Fahrer und
Beifahrer sowie eine Sonderausstattung für den drehbaren Beifahrersitz als
Kindersitz. Die Mutter kann das Kind im Auge behalten, neben der Straße
versteht sich! Der Chico fährt dank seiner hybriden Technik und des sparsam
ausgelegten 2-Zylinder-Verbrennungsmotors 400 km weit. Mit dem Elektromotor bleiben dann bei 50 km/h immer noch einmal gut 25 km frei. Die
Höchstgeschwindigkeit beträgt 130 km/h. Als Batterie dient eine alkalische
Batterie, vorerst mit Nickel und Cadmium. In Abb. 11-5 ist das VW-Hybrid-
elektrofahrzeug vorgestellt.

Abb. 11-5. Volkswagenelektrofahrzeug „Chico".

Unter den kleinen Elektrofahrzeugen findet man Pritschenwagen, Kleinbusse und teilweise kuriose Stadtminis. Alle haben wegen der verwendeten Bleibatterie stets ein Mindestgewicht von über 1000 kg. Kaum ein Wagen fährt schneller als 60 km/h. Das Design ist mehr oder weniger modern. Fast alle haben eine Blech-oder Aluminiumkarosserie. Das derzeit in Deutschland propagierte Mini-elcity-Fahrzeug aus Dänemark hat nur 3 Räder, fährt max. 40 km/h bei einer Reichweite von knapp 40 km und einem zulässigen Gesamtgewicht von 400 kg als 2-Sitzer. Dieses Fahrzeug ist zwar etwas langsam, aber für den innerstädtischen Verkehr und die Nahzubringerdienste auf den Landstraßen durchaus akzeptabel. Der Anschaffungspreis von 11 700 DM kann dem Betreiber zugemutet werden. Bis dato (1991) sind von diesem Mini-el-city ca. 3000 Stück gebaut und verkauft worden.

Die in Abb. 11-6 vorgestellten ESF der Fa. Colenta zeigen, daß auch eine kleine Firma außerordentliche Konzepte bringen kann. Die technischen Daten können sich sehen lassen.

Colenta-Minicab Elektrobus und Elektropritsche:

Leergewicht (mit Batterie):	1200 kg
Nutzlast:	440 kg
Fahrspannung (Blei-Gel, wartungsfrei):	90 Volt
Energieinhalt der Batterie:	12 kWh
Nennkapazität (2stündig):	160 Ah
Batterieaufladung, wenn leer:	10 Stunden
E-Motor:	Gleichstrom-Reihenschlußmotor
Motorleistung, kurzzeitig:	27 kW
Nennleistung E-Motor ($3350 \, \text{min}^{-1}$):	12 kW
Motorregelung:	elektronisch
Geschwindigkeit:	65 km/h
Aktionsradius (Stadtzyklus):	61 km
Stromverbrauch:	33 kWh/100 km
Heizung:	Dieselaggregat
Preis:	41 000 DM

Nach diesen Herstellerangaben ergeben sich Kosten von 3 kWh/km, das sind zwischen 0,30 und 0,60 DM/km. Der Anschaffungspreis ist zu hoch.

Große Chancen zur Verwirklichung eines Elektrofahrzeugs auf der Straße haben auch Kleinbusse. Geschäftsgruppenfahrten innerhalb großer Betriebsgelände, Besichtigungsfahrten und Transfers im Stadt- und Vontadtbereich (Taxi) geben dem 4 + 1-Sitzer-Elektrofahrzeug vielseitige Anwendungsbereiche. Hier hat auch die Fa. Lucas in England vorbildliche Entwicklungsarbeit geleistet. Dazu die Abb. 11-7 eines etwas älteren Elektrobusses mit sehr guten Fahrleistungen. Die Daten dieses Elektrokleinbusses werden kurz zusammengefaßt:

Abb. 11-6. Minicab Elektrobus und Elektropritsche (Fa. Colenta, BRD).

Abb. 11-7. Elektrokleinbus (Fa. Lucas, England).

Lucas-Elektrobus (Daten):

Chassis:	Vierkantstahl
Karosserie:	Polyesterkunststoff
Plätze (ohne Laderaum):	4 Sitze
E-Motor Gleichstrom, fremderregt:	20 kW
Batterie (Fa. Chloride, Röhrchen):	96 Volt
Energiedichte Batterie (K5):	35 Wh/kg

166

Batterielebensdauer: 1000 Zyklen
Batterieaufladung nach 80% Entladung: 8 Stunden
Fahrstrom: 200 A
Geschwindigkeit: 70 km/h
Aktionsradius: 75 km
Energieverbrauch 0,4 kWh/km

Interessant ist auch ein Elektrokleinfahrzeug der Fa. Zagatto (Abb.11-8). Ein solcher Typ ist seit 12 Jahren im Dauereinsatz und hat sich mit 40 bis 50 km/h und einer konventionellen Bleibatterie bewährt.

Im Vergleich mit Elektrofahrzeugen um 1900 hat die Entwicklung bis zu unseren Tagen keine großen Sprünge gemacht. Damals hatten die „Elektrowagen" noch große Räder und einen Kettenantrieb wie die Paketfahrzeuge der Post in den 20er Jahren. Das Gesamtgewicht der alten, wie in Abb. 11-9 gezeigten Elektrowagen lag zwischen 1300 und 2700 kg; bis zu 50% davon wog die Batterie. Die Energiedichte der frühen Traktionsbatterien lag bei 20–25 Wh/kg. Die Geschwindigkeit der Elektrowagen betrug 12–15 km/h. Wegen des hohen Batteriegewichts sind nahezu alle Wagen dieser Zeit mit Vollgummireifen ausgerüstet worden. Der Aktionsradius dagegen wird mit 150 bis 280 km angegeben, eine

Abb. 11-8. Elektrokleinfahrzeug 1980 (Fa. Zagatto, Italien).

Abb. 11-9. Elektrowagen um 1900.

Strecke, von der die Anbieter für Elektropersonenfahrzeuge mit Bleibatterien heute nur träumen können.

Im Jahre 1911 begann man, Elektrowagen in der damals nicht unattraktiven Hochkastenform zu bauen (Abb. 11-10). Aber auch diese rein batterieelektrisch angetriebenen Fahrzeuge haben keine besseren elektrischen Eigenschaften als ihre Vorgänger um 1900 gehabt. Mit dem Elektrowagen um 1911 ist ein amerikanischer Baseballstar lediglich vom Hotel zur Arena und zurück gefahren, ein Einsatz, der mit dem eines Beerdigungsinstituts zu vergleichen wäre. Erst nach dem 1. Weltkrieg hat sich die Lage durch leistungsfähigere Batterien gebessert. Damals ist jedoch der mit Benzin betriebene Wagen (ICE) sehr schnell entwickelt worden. Der Elektropersonenwagen verliert an Interesse, er verschwindet bis in die 70er Jahre. Dazu Abb. 11-11 aus den USA.

Zum Abschluß des Kapitels über die Elektrotraktion sind einige Daten über große Elektrobusse und Bemerkungen über die Batteriewechseltechnik angebracht.

Der MAN-Bus SL-E mit Batteriehänger ist im Rahmen eines kostspieligen Programms in den Städten Düsseldorf und Mönchengladbach (Deutschland) eingesetzt worden. Das Streckenergebnis (4,5 Millionen Kilometer) war zwar voll zufriedenstellend, aber der notwendige Service hat sich für die genannten Kommunen dennoch als zu umfangreich und lohnintensiv herausgestellt. Einmal waren es die 360-Volt-Batterien im Hänger, die ständig überwacht werden mußten ein anderes mal waren es die Stromsteller oder die Motoren. Jedenfalls

Abb. 11-10. Elektrowagen um 1911.

Abb. 11-11. Elektrofahrzeug um 1970 (USA).

ist das Gesamtprogramm zunächst trotz aller Akzeptanz durch die Bevölkerung
wieder eingestellt worden. Es war zu gigantisch.

MAN-Elektrobus SL-E mit Batteriehänger (Daten):

Gesamtgewicht (ohne Hänger und Batterie):	8,4 Tonnen
Batteriegewicht:	6,1 Tonnen
Hänger mit Batterie:	7,3 Tonnen
Batterie (Varta-Röhrchen):	360 Volt
Fahrstrom:	230 Ampère
Maximaler Dauerstrom:	600 Ampère
Nennkapazität (180 Zellen):	455 Ah
Betriebsenergieinhalt:	120 kWh
Nennenergiedichte:	27 Wh/kg
Elektromotor (Bosch) DC, fremderregt:	90 kW
Drehzahl, maximale:	4800 min^{-1}
Geschwindigkeit, maximale:	70 km/h

Interessant sind bei diesem Anwendungsfall der Elektrotraktion die im Hänger
eingebauten Peripherieelemente:

- Kühlschlangen in den Bleiakkumulatorzellen,
- Luftkühlung von außen einschließlich einer notwendigen Steuerung,
- Ah-Zählersystem zur Überwachung der Batterie,
- Temperaturüberwachung und
- Gasabführung aus der Batterie mit Säurenebelabscheidung.

Abb. 11-12. MAN-Bus SL-E mit Batterieanhänger vor Wechselstation.

Abb. 11-13. Batteriewechsel am VW-Pritschen-Elektrofahrzeug.

Insgesamt hat jeder Batteriedeckel (180 Zellen!) jeweils 7 Druchbrüche. Das Ganze macht den Eindruck einer „Intensivstation". In Abb. 11-12 wird dieser Hängerbus gezeigt, wie er vor einer Wechsel(lade)station steht. Der Batteriewechsel geschieht in 4 bis 5 Minuten.

Der Wechsel ganzer Batteriesätze hat sich nicht bewährt. Die dafür nötigen Geräte sind durch das Batteriegewicht notwendigerweise schwere und platzfressende Konstruktionen. Auch für den VW-Elektrotransporter (Abb. 11-13) ist schwerfälliges Wechselgerät notwendig. Inzwischen hat man eingesehen, daß es in der Fahrpraxis zweckmäßiger ist, die fest eingebaute Batterie während der Ladung im Fahrzeug zu belassen. Alle Wechseltechnik-Stahlkonstruktionen sind auf dem Schrottplatz gelandet.

Als letzte Gruppe gilt es, die elektrifizierten Omnibusse zu beschreiben. Es gibt dabei folgende Varianten:

- reine batteriebetriebene Busse,
- Oberleitungsbusse mit Batterie im Parallelbetrieb,
- Hybridbusse mit Batterie und beispielsweise Dieselmotor und
- reine Oberleitungsbusse, die hier nicht zu besprechen sind.

Als Beispiel für den reinen Batteriebus wird in Abb. 11-14 ein Bus der Fa. Vetter-Karosseriebau GmbH gezeigt. Der Bus heißt zwar „Batterie-Solarmobil", aber es ist klar, daß die auf dem Dach montierten Solarzellen nicht zum Antrieb, sondern nur für Nebenzwecke dienen.

Vetter-Batterie-Bus 8 SH-L/B + S (Daten):
Karosserie: selbsttragende
                                     Stahlleichtbauweise
Sitzplätze: 15 Personen
Stehplätze: 30 Personen

Abb. 11-14. Vetter-Batterie-Solarbus.

Gesamtgewicht, zulässiges:	10 Tonnen
Leergewicht:	6,5 Tonnen
E-Motor Reihenschlußmotor:	26 kW
Nenndrehzahl:	1760 min^{-1}
Elektr. Nutzbremsung:	ja
Batterie (Blei/Säure-Röhrchen)	80 Volt
Nennkapazität:	560 Ah
Heizungsbedarf (Gas-Warmluft):	1,5 kg/h
Bordladegerät:	nein
Geschwindigkeit:	40 km/h
Aktionsradius:	75 km
Energieverbrauch:	0,35 kWh/km
Preis:	400 000 DM
Zahl der bisher (1991) gebauten Busse:	20 Stück

Ein Bus der Fa. Daimler-Benz mit Oberleitungs- und Batteriebetrieb hat folgende Daten:

DUO-Bus Mercedes-Benz O 305:
Gesamtgewicht:	18, 8 Tonnen
Fahrgastkapazität:	83 Personen

172

Elektromotor (Bosch):   360 Volt, 90 kW
Kurzleistung: 180 kW
Batterienennspannung: 360 Volt
Nennkapazität: 230 Ah
Batteriegewicht: 3 Tonnen
Höchstgeschwindigkeit: 70 km/h

Der DUO-Bus wird aus dem Oberleitungsnetz mit 600 Volt gespeist. Die Ladung erfolgt ebenfalls aus diesem System (Dornier). Immerhin kann der DUO-Bus bei Ausfall der Netzspannung noch mit der Batterie fahren. Er ist auch bei Umleitungen oder Straßenarbeiten flexibel.

Diese Flexibilität in bezug auf die Straße gilt auch für den Hybridbus, der wahlweise mit einer Batterie oder mit einem Dieselmotor fahren kann. Ein hier gezeigter Typ ist ebenfalls von der Fa. Daimler-Benz.

MERCEDES-Benz Hybridbus OE 305 (Daten):
Gesamtgewicht: 19 Tonnen
Fahrgastkapazität: 100 Personen
Elektromotor (Bosch):   115 kW
Kurzleistung: 150 kW
Maximale Motordrehzahl: $4800 \, \text{min}^{-1}$
Batterienennspannung: 360 Volt
Batterienennenergie: 83 kWh
Batteriegewicht: 3 Tonnen
Dieselmotor: 74 kW
Höchstgeschwindigkeit: 70 km/h
Aktionsradius mit einer Batterieladung: 50 km
Aktionsradius bei Hybridbetrieb: 300 km

Wenn bedacht wird, welche Kosten einer Kommunalverwaltung mit der Einrichtung eines Oberleitungsnetzes entstehen, dann bietet auch bei den Bussen die Hybridlösung eine optimale Zukunftslösung: In der Stadt batterieelektrisch und in den Außenbezirken mit dem Dieselmotor.

11.4 Zusammenfassung und Zukunftsaussichten

Das batterie-elektrisch betriebene Straßenfahrzeug (ESF) bleibt ein sehr aktuelles Thema. Eine Unzahl von Prototypen sind entwickelt und auf der Straße erprobt worden. Wo zielt die Entwicklung hin? Es darf getrost gesagt werden:

- Der Bleiakkumulator bleibt vorerst auf mittlere Sicht der Favorit. In Kürze werden Bleitraktionsakkumulatoren mit einer Energiedichte von 40 Wh/kg und einer Lebensdauer von 1000 Zyklen auf den Markt kommen. Sie werden preiswert sein. Damit können sich die kleinen Elektrofahrzeuge ausrüsten.

Zu empfehlen ist dazu, die Batterie zu leasen und dem Hersteller den Service und das Recycling zu überlassen.

- Die alkalische Traktionsbatterie wird kommen, und zwar sehr bald. Dieser Batterietyp—ohne Cadmium—mit Großoberflächenelektroden und inkorporierten Hydriden zeigt bei einstündiger Entladung hervorragende Eigenschaften. Die Entwicklung wird vom Nickelpreis abhängen. Damit können sich die leistungs- und anspruchsvolleren Elektrofahrzeuge ausrüsten. Auch Nickel/Eisen- und Nickel/Zink-Akkumulatoren haben gute Chancen.
- Vielleicht dem Natrium/Schwefel-Akkumulator, kaum aber dem Zink/Brom-System werden große Möglichkeiten eingeräumt, sowohl vom Preis als auch von der Umweltsensibilität her.
- Die Brennstoffzelle mit einem Festkörperhydridspeicher hat wohl die größten und weitreichendsten Möglichkeiten für das elektrisch betriebene Straßenfahrzeug der Zukunft.

Abschließend zum Kapitel der Elektrotraktion beschreibt eine Übersicht, Tabelle 11-5, den derzeitigen state of the art.

Tabelle 11-5. Allgemeine Übersicht der Elektrofahrzeuge (1991)

Fahrzeugtyp (Batterie)	Höchstge-schwin-digkeit (km/h)	Strecke (km)	Motor (kW)	Gesamt-gewicht (kg)	Batt./Gesamt-gewicht Verhälthis
VW-E-Golf (Pb-Pb)	100	79	12	1650	24%
Pöhlmann (Pb-Pb)	80	85	14	1280	45%
BMW E 1 (Na-S)	120	240	32	880	22%
Chico-Hybrid (Ni-Cd/Otto)	130	25/400	6/34	785	6%
Colenta (Pb-Pb)	65	60	12	1200	28%
MAN-Bus (Pb-Pb)	70	80	90	15700	38%
Vetter-Bus (Pb-Pb)	40	75	26	7800	16%
DB DUO-Bus (Pb-Pb/OL)	70	-.-	90	18800	12%
DB-Hybrid (Pb-Pb/Diesel)	70	50/300	115	19000	12%
E-Wagen 1900 (Pb-Pb)	25	200	2	2000	50%
Billings (H_2/Luft)	130	500	17,5	1200	1,4% (ohne Hydrid-speicher)

Literatur:

[1] „Die Anforderungen an moderne Antriebsbatterien für Elektrostraßenfahrzeuge".*) C. Bader, W. Rusch, W. Warthmann, H. Haase

[2] „Ein neuer Elektrobus mittlerer Größe".*) E. Pöhlmann

[3] „Neue Ladeverfahren".*) P. Kolen, F. Klein

[4] „Gleich-und Drehstromantreibe in elektr. Straßenfahrzeugen".*) H. C. Skudelny. RWTH Aachen, Institut für Stromrichtertechnik

[5] „Elektro-Hybridantriebe für Straßenfahrzeuge".*) A. Kalberlah. Volkswagen AG, Wolfsburg

[6] „Verwendungschancen für elektr. Straßenfahrzeuge".*) C. Bader. Daimler-Benz AG, Stuttgart-Untertürkheim

[7] „Erwartungen an die Batterie von elektrischen Straßenfahrzeugen in verschiedenen Einsatzgebeiten".*) H. A. Kiehne. Fachverband Batterie im ZVEI, Hannover

[8] „Die Bleibatterie: Verbesserung der Wirtschaftlichkeit durch Periphere Maßnahmen".*) F. H. Klein. Rhein. Westf. Elektr. Werk AG, Essen

[9] Neue Batteriesysteme".*) W. Fischer. Brown. Boverie & Cie. AG, Heidelberg

[10] „Elektro-Straßenfahrzeuge und Elektro-Wasserfahrzeuge in Berlin".*) H. Bomke, W. Porsinger. BEWAG, Berlin

[11] „Anforderungen an Traktionsbatterien für betriebstaugliche elektrische Straßenfahrzeuge und Wege zu deren Erfüllung".*) R. V. Courbière. Rhein. Westf. Elektr. Werk AG, Essen

[12] „Lessons of Sunraycer". H. G. Wilson, P. B. MacCready, C. R. Kyle. Scientific American, März 1989

[13] „Freie Fahrt fürs Elektromobil". R. Kallmeier. ZPT, August 1990

[14] „GM introduces advanced electric vehicle". E. Janicki. The Battery Man, April 1990

[15] „Detroit speeds up research on multi-fuel cars & electrics". E. Janicki. The Battery Man, August 1989

[16] „BMW's electric cars: Application of sodium/sulphurbattery technology". W. Siuru. The Battery Man, August 1989

---

*) Vorträge auf der Jahrestagung der Deutschen Gesellschaft für elektrische Straßenfahrzeuge (DGES) e.V. in Berlin 1986

12 Der Energieerntefaktor

12.1 Einleitung

Die Wirksamkeit einer Kraftanlage wird durch den Energieerntefaktor definiert. Er gibt die Größe des Verhältnisses an von der insgesamt gelieferten Leistung einer Anlage während ihrer Lebensdauer (meist 25 bis 30 Jahre) zur Aufwandsenergie, d.h. zur Energie oder dem geldlichen Gegenwert für Errichtung, zum Unterhalt und zur Finanzierungshöhe. Im Nenner stehen nun heute noch die Umweltkosten.

Bei den erneuerbaren Energiequellen (Sonnenstrahlung, Wind, Geothermie, Meereswellen etc.) entstehen zwar keine Kosten für Prospektieren, Ausgraben, Reindarstellung und Transport, wie bei Kohle, Öl, Uran und Gas, aber es entstehen höhere Kosten durch den Aufwand technischer Art, Wartung und Reparaturen und bei Solarsatelliten die Energie für den Raumtransport.

Wir vergleichen hier einige Energieerntefaktoren und stellen diese Liste am Ende der Einzelbesprechungen zusammen.

Es handelt sich dabei um gröbere Schätzungen, die nur einen Überblick geben sollen. Die technische Entwicklung, insbesondere auf dem Gebiet der Solarenergie, wird sicher Korrekturen erfordern.

12.2 Kohlekraftwerke

Als Beispiel dient hier eine 200-MWe-Anlage, die etwa 6000 Stunden im Jahr betriebsbereit ist (68% Bereitschaft). Innerhalb der 25 Jahre angenommener Betriebsdauer wird Anthrazit zum Preis von DM 150,- je Tonne herbeigeschafft. Über 25 Jahre werden rund für 1650×10^6 DM Kohle benötigt (44×10^4 T/Jahr).

Der Aufbau einer solchen Anlage zu 1000 DM/kWe kostet also $1000 \times 200 \times 10^3 = 200$ Millionen DM. Hinzu kommen die praktischen Ausgaben für Konstruktion (170×10^6 DM), Betrieb (290×10^6 DM) und für Kohlenachschub (1680×10^6 DM) während der 25 Jahre.

E = Erhaltene Energie über 25 Jahre (in DM oder kWh)/Konstruktionskosten plus Betriebskosten plus Kohlenachschub + Transport (in DM oder kWh.)

In diesem Falle ergibt sich also:

$$E = \frac{200 \times 10^3 \times 6 \times 10^3 \times 25 \,(\text{kWh})}{(170 \times 10^6 + 290 \times 10^6 + 1680 \times 10^6)\,\text{DM} \times 3,5\,\text{kWh/DM}}$$

$$= \frac{30}{7,49} \approx 4.$$

Wir haben hier typische Werte für die einzelnen Größen eingesetzt. In DOE (Department of Energy, USA)-Analysen der Payback-Größe von Kohlekraftanlagen nach dem Schema Lifetime Output/Lifetime Operating Costs + Internal + Capital Input wurde E = 3,3 bis 4,4 errechnet [2].

Für moderne Wirbelstromfeuerungsanlagen mit Filterung und Schwefelbindung kann E leicht sinken infolge des höheren Aufwandes und der größeren benötigten Kohlemenge. Der operative Wirkungsgrad wurde mit 26,7 bis 33,4% für neuere Anlagen angegeben. Für den unvoreingenommenen Leser ist ein Erntefaktor von 400% sicher erstaunlich gering. Bei der Umwandlung in Wärme anstatt Elektrizität kann E jedoch um den Faktor 2 höher liegen.

In vielen Fällen der Energiegewinnung muß man sich schon damit zufrieden geben, daß E gerade noch > 1 ist!

12.3 Kernkraftanlagen

In einer normalen LRW (Leichtwasserreaktor)-Anlage von der Größenordnung GWe (1000 MWe), die zu 75% der Zeit arbeitet, wird in 25 Jahren eine Energie von $8760 \times 10^6 \times 0,75 \times 25\,(\text{kWh}) = 164 \times 10^9\,\text{kWh}$ erzeugt.

Setzt man für die Konstruktion 3×10^9 DM an und für den Betrieb $0,4 \times 10^9$ DM sowie für die Bereitstellung des Urans 4×10^7 DM pro Jahr, ergibt sich in 25 Jahren etwa 10^9 DM an Gesamtkosten für Uran. Damit erhält man für E:

$$E = \frac{10^6 \times 0,75 \times 8760 \times 25\,(\text{kWh})}{\underbrace{(3 \times 10^9\,\text{DM}}_{\text{Konstruktion}} + \underbrace{0,4 \times 10^9\,\text{DM}}_{\text{Betrieb}} + \underbrace{4 \times 10^7 \times 25\,\text{DM})}_{\text{Uran}} \times 3,5\,(\text{kWh/DM})}$$

$$= \frac{164 \times 10^9\,\text{kWh}}{15,4 \times 10^9\,\text{kWh}} = 10,6.$$

Der Energieerntefaktor kann hier leicht höher sein als im Fall der Kohleverbrennung; dies insbesondere wegen der geringen Menge Uran, die verbraucht wird (vom Rohmaterial her ein Faktor 1000).

Wenn man jedoch alle Entsorgungskosten, Sicherheitsmaßnahmen etc. einbezieht, so ergeben sich je nach Einbeziehung der Umweltschäden geringere E-Werte für beide Techniken, wobei das Verhältnis der E-Werte jedoch in etwa gleich bleibt.

Kohlekraftanlagen können günstiger arbeiten, wenn sie in der Nähe der Gruben liegen. Holdren et al. [3] kommen sogar zu einem doppelt so hohen E-Wert für Kohle und Fusion im Vergleich zu Fissionskraftanlagen. Hier sind allerdings zu geringe Kosten für den Betrieb der Anlagen, insbesondere auch der Fusionsanlagen angesetzt, deren Berechnung zur Zeit unmöglich ist, da noch keine Erfahrung mit der Stabilität der Reaktormaterialien vorliegt.

12.4 Hydroelektrische Anlagen

Nicht in allen Ländern besteht gleichermaßen die Möglichkeit, Unterschiede im Niveau von Strömen in Form von Staudämmen zur Energieerzeugung durch Wasserkraft auszunutzen. Auch hier ergeben sich Umweltschäden, die in Rechnung zu stellen sind, so z.B. im Fall des Assuan-Damms in Ägypten. Man müßte ebenfalls die Schäden in Rechnung stellen, die durch Wegfall der jährlichen Überschwemmungen in den Nildeltas und Nilniederungen entstehen. Als Ausgleich wird nun ein Großteil der erzeugten Energie zur Herstellung von Kunstdünger benutzt, durch dessen Anwendung wiederum saurer Boden entsteht, wodurch die Weichwasserversorgung von Ägypten gefährdet ist.

Dennoch ist diese Art der Energieerzeugung trotz vielfacher Opfer durch Dammbrüche u.a. politisch viel leichter durchzusetzen als Kernenergie.

Die Möglichkeiten für Talsperrenanlagen bestehen insbesondere in Ländern, wie Kanada, Teilen von Asien und in Südamerika. Listet man die möglichen GWe-Werte durch Hydroelektrizitätsanlagen und dazu die aufgebauten Kraftanlagen in % auf, so sieht man, daß gerade in den Ländern der Dritten Welt noch vieles auf diesem Gebiet möglich ist, Tabelle 12-1.

Tabelle 12-1. Mögliches Potential durch hydroelektrische Anlagen

Region	Mögliches Potential in GWe	Ausgebaute hydroelektrische Anlagen %
Europa	80	57
USA + Kanada	150	40
UdSSR	130	11
Lateinamerika	210	7
China und Japan	164	8
Afrika	230	2
Asien (ohne China, Japan und UdSSR)	137	7

Auf diesem Gebiet bleibt also noch eine gute Reserve, besonders in den Entwicklungsländern. Man schätzt, daß noch 1200 GWe installiert werden können, das sind 10^7 GWh/a oder 10% des gesamten heutigen Weltenergieverbrauchs oder 40% aller elektrischen Energie, die erzeugt wird.

Nimmt man als Beispiel eine 50-kWatt-Anlage, so ist

$$E = (\% \text{ der Nutzung} \times 50\,\text{kW} \times \text{hr/a})/\text{Energiebetrag für den Aufbau}$$

$$= \frac{0,3 \times 50 \times 8760\,\text{kWh}}{(7,5\,\text{bis}\,10) \times 10^3\,\text{kWh}} \approx 13 \text{ bis } 18.$$

Wir erhalten einen relativ hohen Wert, da in diesem Fall kein Brennstoff wie Kohle oder Öl heranzubringen ist. Soweit verträglich mit der Umwelt, sollte die hydroelektrische Option überall ausgenutzt werden. In Südamerika hat man in Itaipu (Brasilien) ein gigantisches Kraftwerk dieser Art aufgebaut. Die Soll-Leistung ist 10^{14} kWh/annum oder 300 Q/a oder 10^{11} MWh per annum, wenn einmal alle Generatoren eingebaut sind.

12.5 Solarenergieanlagen

Wird nur die thermische Energie der Sonne ausgenutzt, so kann man mit maximal 30% Wirkungsgrad rechnen, da erstens nur ein Teil des Sonnenspektrums ausgenutzt wird und zweitens die Wärmeisolation des Hochtemperaturteiles Grenzen hat (vgl. Kap. 2). Die kalifornische Solarstation LUZ, in welcher die Wärme von Konzentratorspiegeln auf öldurchflossene Rohre gerichtet wird, wobei das heiße Öl seine Wärme in Austauschern auf den dampfgetriebenen Generator überträgt, arbeitet mit etwa 20%.

Setzen wir an, daß diese Station 20% von der Solarenergie (mittlerer Wert in Kalifornien ist $4\,\text{kWh/m}^2$ Tag), also $800\,\text{Wh/m}^2$ Tag umsetzt, so würde eine $1\,\text{MW}_\text{p}$-Anlage bei 20% Wirkungsgrad $200\,\text{W}_\text{p}/\text{m}^2$ ergeben, also rund $5000\,\text{m}^2$ Oberfläche benötigen. Mit $200\,\$/\text{m}^2$-Kosten errechnet sich der Energieerntefaktor beim Stromwert $0,10\,\$/\text{kWh}$ zu:

$$E = \frac{0,8\,\text{kWh/m}^2\text{d} \times 365 \times 5000 \times 25 \times 0,1\,(\$/\text{kWh})}{5000 \times 200\,\$},$$

$$E = 4,38.$$

Für Solarkraftwerke könnte man mit Recht auch eine längere Betriebsdauer als 25 Jahre ansetzen, da solche Anlagen durch Reparatur (Auswechseln von defekten Modulen) durchaus auch über viel längere Zeitperioden zu betreiben sind. Dabei wird E natürlich immer günstiger, da die Aufbaukosten einmalig und solche Reparaturen relativ einfach im Vergleich zu Kohle-, Öl- oder erst recht Kernkraftanlagen sind.

Wenn man den Fall einer in nördlichen Ländern aufgebauten Flachzellenanlage z.B. mit Silizium-PV-Zellen von 15% Wirkungsgrad betrachtet, so ist als Beispiel das Neurather-See-Kraftwerk (bei Grevenbroich) interessant. Bei einem Insolationswert von 2,5 kWh/m² Tag und 3000 m² Solarmodulfläche soll diese Station 270 000 kWh/a erzeugen.

Der Kostenpunkt ist allerdings das Problem. Die Anlage ist mit 14×10^6 DM ausgeschrieben, das sind rd. 4600 DM/m².

$$E = \frac{270\,000 \text{ kWh/a} \times 25\,a}{14 \times 10^6 \text{ DM} \times 3,5 \text{ kWh/DM}} = 6,75 \times 10^6 / 49 \times 10^6$$

$$= 0,134.$$

Mit einem 400 DM/m²-Solarmodul erhielte man immerhin $E = 1,34$. Hier ist klar, daß die solargewonnenen kWh nicht zum Normalpreis geliefert werden können. Das Projekt ist überdies nur ein Testfall. Der heutige Preis der Solarmoduln liegt bereits näher an 400 DM (je m²).

Realistischer sind die nachfolgend aufgeführten Bedingungen für Süddeutschland: Insolation: 3 kWh/m² Tag, d.h. für ein Soll von 270 000 kWh/a und einen Zellenwirkungsgrad von 15% ist die Zellenoberfläche 1640 m². Der Energieerntefaktor ergibt sich zu

$$E = \frac{270 \text{ MWh/a} \times 25\,a}{1640 \times 400 \times 3,5 \text{ kWh/DM}} \approx 3.$$

Geht man jedoch zu III-V-Konzentratorzellen (30 bis 40%) mit Kogeneration ($+10$ bis 20%) in sonnenreichen Gebieten über, so sieht die Rechnung erheblich besser aus; angenommener Insolationswert: 6 kWh/m² Tag (Kalifornien). Setzt man $\eta = 40\%$ (für PV-Zelle + Wärmenutzung) und 400 DM je Quadrameter Anlage, so ist:

$$E = \frac{270 \text{ MWh/a} \times 25\,a}{307 \text{ m}^2 \times 400 \text{ DM/m}^2 \times 3,5 \text{ kWh/DM}} = 15,$$

da bei dieser Insolation nur 307 m² für die angegebene Leistung erforderlich sind (bei 40% Wirkungsgrad).

Würde man jedoch den Faktor 3,5 kWh/DM höher ansetzen, also ein kleineres Preisniveau als 0,28 DM/kWh für die Kilowattstunde annehmen, z.B. 0,12 DM/kWh, oder im Nenner mit etwa 8 kWh/DM rechnen, so würde E auf die Hälfte abfallen. Setzt man daher

$$E = \frac{270 \text{ MWh/a} \times 25 \times 0,12 \text{ DM/kWh}}{307 \text{ m}^2 \times 400 \text{ DM/m}^2},$$

so ist E nur ≈ 7.

Bei der Insolation von $6\,kWh/m^2$ Tag liefert eine 40%-Anlage mit $1000\,m^2$ Fläche 876 000 kWh/Jahr, in 25 Jahren also 22 GWh. Rechnet man mit einer $400\,DM/m^2$-Anlage, so ergibt sich der Erntefaktor bei 0,28 DM/kWh zu 15, bei einem Preis von 0,12 DM/kWh: $E \approx 7$. Der DM/m^2-Preis ist hier dem der LUZ-Anlage gleichgesetzt. Er wird jedoch erheblich niedriger liegen, wenn die Konzentratorzellen in Massenproduktion hergestellt werden und wenn dazu die Kühlwärme sinnvoll ausgenutzt wird (s. Kap. 4).

Criswell [2] gibt für terrestrische Anlagen mit nur thermischer Nutzung den DOE-Wert von 11,5 für E an, während für die photovoltaische Version (unter technisch überholten Annahmen) nur $E = 1,4$ errechnet wird.

12.6 Solarenergiesatelliten

Für einen 10-GW-SPS (Solar Power Satellite) errechnet man auf Grund der angewandten Materialien, wie Aluminium, Halbleiter (PV-Module), Stahl, Antriebswerke, $(H_2)_L$ und $(O_2)_L$ sowie Material für die Rectantenne bei einer Betriebszeit von 25 Jahren durch Vergleich der kWh-Werte, die geliefert werden, mit denen, die im Aufbau und dem Betrieb verarbeitet wurden, einen E-Wert von rund 2 (Standardabweichung 0,8). Die Kosten für Plazierung in der Umlaufbahn bzw. alle Arbeiten im Raum wiegen schwer in der Rechnung für den Energieerntefaktor.

In der in Kap. 6 genannten Arbeit [11], die in einer 5000-Schritte-Monte-Carlo-Simulation die Mittelwerte für die Kostenanteile eines 6-Modul-SPS ermittelte, ergab sich

Kostenfaktor	Beitrag in %
Bodentransport	3,8
Raumtransport	7,7
Solarzellenmodule	65,7
Mikrowellensender	0,1
Rectantenne	21,8
Raumkonstruktion	0,001
Unterhalt	0,8

Ungeklärt ist noch die notwendige Zahl der Flüge zur Ausführung der Konstruktion. DOE-Werte für E liegen bei 3,9 für Siliziumzellen und bei 18 für hochwirksame III-V-Zellen, die durch höhere Härte gegen Protoneneinfluß länger ihren hohen Wirkungsgrad beibehalten. In neueren Überlegungen geht der Anteil der Solarzellen gegenüber demjenigen für Raumtransport zurück.

12.7 Windgeneratoren (vgl. Abschn. 1.5)

Gibt man hier die Konstruktionskosten direkt in MWh an, so ist z.B. für eine
1- bis 3-kW-Anlage die Energie, die während der Lebensdauer (3 bis 10 Jahre in
diesem Fall) von 30 000 bis 10^5 Stunden geliefert wurde, etwa 100 MWh. Dabei
ist die in die Anlage hineingesteckte Energie beim Aufbau 50 MWh. So ergibt
sich $E = 100/50 = 2$.

Für ein größeres 10- bis 15-kWe-System ist die Energie, die während einer Lebensdauer von 15 Jahren geliefert wird, 10×10^5 kWh bis 8×10^2 MWh. Dabei liegen
die Konstruktionskosten bei 150 MWh; daher $E = 800$ MWh/150 MWh $= 5{,}33$.

Für eine 20- bis 50-kW-Anlage ist die in 15 Jahren gelieferte Energie zwischen
1200 und 2700 MWh, während die Energiekosten für ein solches System bei
175 bis 300 MWh liegen; daher $E = 10$.

E steigt mit der Größe der Anlage bis zum Punkt verminderten Wirkungsgrades
infolge der Überschreitung des Kanten- zu Wind-Geschwindigkeitsverhältnisses,
das optimal < 1 sein muß.

12.8 Ozeanwellengenerator und Gezeitenausnutzung

Solche Generatoren sind ständig dem korrodierenden Meerwasser ausgesetzt
und daher aufwendig in bezug auf Material und Konstruktion. Daher sind die
Baukosten hoch. Es fehlt noch an spezifischen Daten, den E-Wert zu erfassen.
Man kann mit relativ kleinen E-Werten rechnen, da auch die Wartung der
Anlagen hohe Anforderungen stellen wird. Dies trifft zuerst für die Wellen-
generatoren zu.

Bei Gezeitenmaschinen läßt sich ein besserer Wert erwarten, da diese Generatoren
auf dem Land verankert sind. Die Stellen an Ozeanbuchten, in denen die Niveau-
fluktuationen durch Resonanz erhöht werden, sind allerdings selten. In der
Bucht von St. Michel in Frankreich wird ein Generator mit 240 MWatt Leistung
betrieben. In der Barens-See oder der Bucht von Lumbovsk (Rußland) sind
ähnliche Generatoren in Betrieb.

In England sind Gezeitengeneratoren am Bristol-Kanal und in Irland an der
Morecambe-Bucht. Vorschläge für solche Anlagen in den USA liegen vor, und
zwar für die Passamaquoddy-Bucht und die Chignecto- und Minas Buchten.

Errechnete E-Werte gelten hier für 50 Jahre Betrieb. Für solche Betriebszeiten
ergeben sich günstigere Werte, da hier kein Verbrennungsmaterial heranzuschaffen
ist und die hohen Konstruktionskosten über längere Zeitdauer weniger ins
Gewicht fallen: $E \simeq 16$.

Tabelle 12-2. Zusammenfassung der Wirkungsgrade und der Energieerntefaktoren

Typ	η (gewonnene Energie/ Primärenergie)	Energieerntefaktor E
Kohle	0,4 (Kohle/Elektrizität)	3,5
	0,8 (Kohle/Wärme)	8
Öl	0,8–0,9 (Wärme) 0,2 (Verbrennungsmotor)	8
Gas	0,8–0,9 (Wärmeumsatz)	7–8
	0,5 (Gas/Elektrizität)	1–2
Sonne	0,5–1 (Biomasse)	1–2
	0,5–1 (Wärme/Elektrizität)	2–10
	0,1–0,3 (PV–Si)	2–7
	0,5–0,8 (III-V + Cogen.)	3–15
Wärmeumsatz	0,3–0,8 (z.B. Erdwärme)	$\geqslant 10$
	0,02 (Wärme aus Ozean)	1?
	0,2 (Elektr. Generator)	1
	1,5–2 (Wärmepumpe)	0,7–1,7
Windenergie	0,3 (elektr.)	3–11
Hydroelektrizität	0,9 (Elektrizität)	10–40
Gezeitenwellen	0,8 (Elektrizität)	13–18
Kernenergie (Fission)	0,34 (LWR)	6–9
	0,7 (Elektr. + Wärme)	7
	0,4 (FBR und HTR)	3–10

Dagegen sind für kürzere Betriebszeiten die E-Werte etwa denen der Kohlekraftwerke gleich.

Wie bei allen Kraftwerken der erneuerbaren Energien können hohe Installationskosten gut durch längere Nutzungszeiten kompensiert werden, Tabelle 12-2.

Literatur:

[1] Heinloth K.: „Energie". G. B. Teubner, Stuttgart 1983
[2] D. R. Criswell: „Terrestrial and Space power systems: Life cycle energy considerations". Proceed. SPS-91, Paris, 27–30 August 1991, pp. 71–78
[3] J. P. Holdren et al.: „Exploring the competitive potential of magnetic fusion energy: the interaction of economics with safety and environmental characteristics". Fusion Technology, Vol. 13, pp. 7–56

13 Ernährung und Energie

Es ist viel über die wachsende Entropie in der Industriegesellschaft geschrieben worden [1]. Besonders im Ernährungssektor zeigt sich eine wachsende Abhängigkeit von der Energie. Produzierte ein Bauer im alten Stile, mit Handarbeit und Tierkraft, 10 Kalorien Nahrungsmittel je Kalorie Energieverbrauch, so produziert er heute die 600- bis 1000fache Energie in Form von Nahrungsmitteln, aber mit 6000- bis 10 000 fachem äußerem Energieaufwand in Form von Benzin für Traktoren und Maschinen, Bewässerungsanlagen, Kunstdünger etc.

Daher hat sein Energieerntefaktor vom Wert $+10$ auf -10 abgenommen. Trägt man das Bruttofarmprodukt (als Dollarwert, 1972-$) über der pro Acker eingesetzten Energie (meist Öl in kcal oder MWh) auf, so erhält man die Abb. 13-1.

Es zeigt sich, daß in den Jahren nach dem 2. Weltkrieg bis etwa 1960 ein starker Anstieg der Produktivität zu verzeichnen ist, daß aber trotz höheren Energieeinsatzes danach keine wesentliche Zunahme mehr erfolgt. Zwar steigt noch nach 1970 der USDA (United States Department of Agriculture)-Index der Kornproduktion per Acker, aber der Energieeinsatz wird erheblich höher. Daher wird das Verhältnis Ertrag/Energieeinsatz immer geringer. Eine Aufstellung für die Zeit nach 1940 ist aufschlußreich, Tabelle 13-1.

Wie die Tabelle zeigt, steigt der Energieeinsatz schneller als die landwirtschaftliche Ausbeute. Von 1970 an ist der Punkt wirksamen Einsatzes von Ölenergie überschritten. Zwar wird der Ausstoß an Getreide noch gesteigert, aber mit einem unverhältnismäßig hohen, äußeren Energieeinsatz. Bis 1970 nahm der Ertrag für Korn, Reis, Weizen und Soja noch zu. Seither nimmt er ab.

Das Wunder der amerikanischen Landwirtschaft, die sich zum Welternährungszentrum entwickelte, ist leider nicht ohne Grenzen. Es basiert auf dem Einsatz von Energie in Form von Kunstdünger, mechanischer, ölangetriebener Bearbeitungsgeräte, Mähdreschern, Bewässerungsanlagen etc. Heute werden in der Landwirtschaft schon 15% der Energieaufkommen der Industrieländer in Amerika und Europa eingesetzt [4, 5].

Der Energieaufwand, welcher in den Hauptproduktionsländern zur Ertragssteigerung (Verdopplung von 1950 bis 1970) betrieben wurde, ist nicht wiederholbar, insbesondere in unterentwickelten Ländern. Die ständig steigende Anwendung von Kunstdünger—in den USA $+700\%$ im genannten Zeitraum—hat zur Bodenerschöpfung geführt [4].

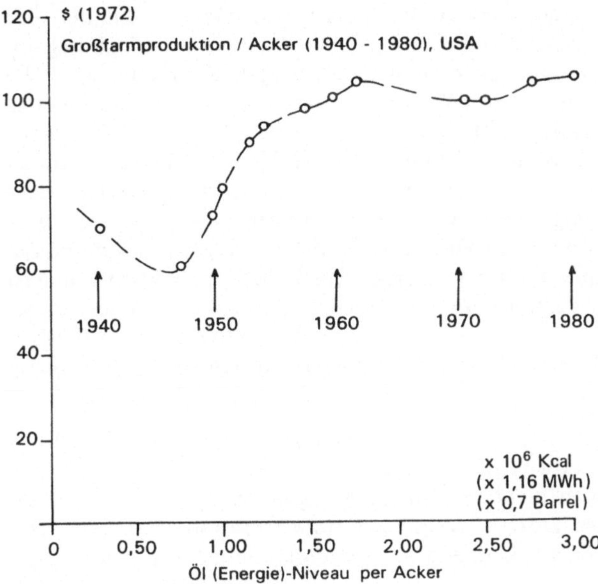

Abb. 13-1. Darstellung des Groß-Farm-Produktes je Acker (in 1972-$) von 1940 bis 1980 in den USA.

Tabelle 13-1. Ertrag/Energieeinsatz [3]: I_o/I_e

Jahr	I_o (Getreide-bzw. Energieausstoßindex)	I_e (Energie-einsatzindex)	I_o/I_e
1940	65	21	3,1
1947	71	48	1,48
1950	76	53	1,43
1954	77	56	1,38
1958	86	65	1,32
1960	90	69	1,30
1964	91	87	1,05
1968	100	100	1,00
1970	97	106	0,91
1974	107	153	0,70
1978	127	159	0,80
1979	140	172	0,81
1980	154	200	0,77

Das einmalige Hoch in den Kornexportländern war für die Länder der Dritten Welt mit ein Grund für deren exponentielles Wachstum. Jedoch begann 1973 mit dem OPEC-Embargo und dem Anwachsen des Kornimports in die ehemalige UdSSR ein Ansteigen des Weltmarktpreises auf das Doppelte. Die Folge waren Hungersnöte in Indien, Bangladesch und Mittelafrika. Unwahrscheinlich ist, daß Rußland die gewaltigen Importe von 40 bis 50 Millionen Tonnen Getreide pro Jahr verringert. Erstens ist der Getreideanbau in Rußland energieaufwendig (Bodenbearbeitung, Bewässerung, Kunstdünger, Transport), und zweitens steht Rußland an der Schwelle einer Energieverteuerung. Dies kommt zur Degradierung der Bodenqualität hinzu. Erosion spielt auch in anderen Ländern eine wachsende Rolle. Es muß angenommen werden, daß 1/4 bis 1/3 des Agrarlandes der Erde durch Erosion seit den 60er Jahren verlorenging. Zum Beispiel verliert Äthiopien jedes Jahr über 1 Milliarde Tonnen Humus in den zur Verfügung stehenden Landstrichen [6].

Erosionskontrolle würde, wie eine US-Studie über die Landwirtschaft in Iowa zeigt, für den normalen Landwirt zu teuer sein. Sie würde sich innerhalb der für ihn interessanten Zeiträume nicht auszahlen. Sie muß im großen vom Staat eingeplant werden. In der Dritten Welt wird Bodenrotation jetzt allerdings eingeplant, und zwar im Zusammenhang mit besserer Energieausnutzung [7].

Hier ist auch Solarenergienutzung in kleineren Einheiten die beste Lösung. Der Umstand, daß die Länder der Dritten Welt vorwiegend in sonnenreichen Gegenden liegen, macht solche Unternehmen einfacher. Da Nahrungsmittelproduktion ganz wesentlich von der zur Verfügung stehenden Energie abhängig ist, ist Umstellung auf Solarkraftanlagen eine Notwendigkeit.

Die Maßnahmen, welche zu ergreifen sind, um einen totalen Zerfall jeder Ordnung vor allem in Afrika, südlich der Sahara (Sahel-Zone), zu verhindern, sind allerdings außerordentlich [8].

Große Summen sind bisher in den Städten investiert worden, was zu starker Zuwanderung vom Lande her führte. Die stark angewachsene Bevölkerung konnte nun nicht, wie zur Nomadenzeit, weiter wandern, wenn es Trockenperioden gab. Durch Anlegen von solarangetriebenen Pumpen könnte eine Kleinlandwirtschaft unterstützt werden.

Allerdings erhebt sich immer die bekannte Frage nach der Amortisierungsmöglichkeit eines aufwendigen Vorhabens wie Solarenergie. Hier könnten vor allem solche Solaranlagen Anwendung finden, bei denen außer den photovoltaischen Zellen für Elektrizitätserzeugung auch die Wärme ausgenutzt wird. Ein Beispiel wären die von Pyron (USA) entwickelten Solarmarineanlagen, die einen hohen Wirkungsgrad haben. Sie könnten das Öl ersetzen, von dem die Landwirtschaft völlig abhängig ist.

Diese Abhängigkeit von Maschinen und Öl hatte und hat zur Folge, daß vorwiegend in den USA die großen Landwirtschaftsbetriebe von den Ölgesellschaften und anderen Großfirmen, wie ITT oder Boing, aufgekauft wurden. So sind heute 51% des Gemüsemarktes, 85% des Zitrusfruchtmarktes und 97% des Geflügelmarktes in Händen von Großfirmen, welche die Kosten für die Mechanisierung einer modernen Massenproduktion aufbringen können [2].

Der ständig wachsende Energieeinsatz der Landwirtschaft hat, wie klar wird, einen sinkenden Wirkungsgrad und kann daher nicht im Gleichlauf mit der Bevölkerungszunahme gesteigert werden.

Auch wird ein wachsender Betrag des BSP für die Landwirtschaft eingesetzt besonders in Gebieten, in denen die Insolationswerte gering sind. Die EG z.B. erkaufte das Mehr an Nahrungsmitteln so teuer, daß erhebliche Mittel des BSP für wichtigere Aufgaben fehlen. Der weiter wachsende internationale Handel wird eine graduelle Umstellung auf landes- und bevölkerungstypische Produkte erzwingen. In Ländern mit geschulter Bevölkerung, wie in Japan, wird man sich mehr auf die Hochtechnologie einstellen und beläßt Sektoren der Nahrungsmittelindustrie den durch gutes Klima bevorzugten Gebieten. Die hohen Belastungen durch Subventionen werden unnötig, während beträchtliche Mittel für Importe frei werden. Dies wieder ist Vorbedingung für erhöhten Export.

So führt der internationale Handel eine bessere Arbeitsteilung zum Vorteil aller Beteiligten herbei. Die Zerstörung des Bodens durch übermäßigen Gebrauch von Kunstdünger und Pestiziden könnte durch Rotation vermieden werden, Tabelle 13-2.

Während China eine ansteigende Getreideproduktionskurve hat, ist in Afrika und den sozialistischen Ländern die Getreideerzeugung rückläufig bei wach-

Tabelle 13-2. Weltkornhandel

Region	1950	1960	1970	1980	1990
Nordamerika	+23	+39	+56	+131	+103
Lateinamerika	+1	0	+4	−10	+1
Westeuropa	−22	−25	−30	−16	+11
Rußland und Osteuropa	0	0	0	−46	−35
Afrika	0	−2	−5	−15	−30
Asien (ohne China)	−6	−17	−37	−63	−75
Australien + Neuseeland	+3	+6	+12	+19	+22

Tabelle 13-3. Bruttosozialprodukt und Bevölkerungszahl

	BSP/cap [in $]	Geburtenrate per 1000	Lebenserwartung Jahre
Industriestaaten	9380	15	75
China	290	19	65
Dritte Welt	880	36	56

sender Bevölkerungszahl. Einige Zahlen belegen die schwierige Situation (1985) [4] Tabelle 13-3.

Die Sättigung, in welche die Agrarwirtschaft trotz Energiesteigerung eingetreten ist, wird noch klarer, wenn man die agrarwirtschaftlich gewonnene Energie gegen die verbrauchte, von außen eingeführte Energie aufträgt (Abb. 13-2).

Hier ist die Ordinate E_a die erbrachte Energie in MWh (Abszisse E_i ist die eingeführte Energie in MWh). E_a hat von 1940 an zunächst zugenommen und ist um 1980 in die Sättigungszone eingetreten, von der aus: $E_a/E_i \rightarrow 1$ und sogar unter 1 gehen kann.

Um die notwendige Agrarproduktion aufrecht zu erhalten, muß die Landwirtschaft stetig höhere Energiebeträge verbrauchen und dies bei sinkendem Wirkungsgrad. Es wird versucht, durch Landrotation den Energieverbrauch (Abb. 13-3) der Landwirtschaft in eine Sättigung zu bringen.

Der Gesamtenergieverbrauch (T in Abb. 13-3) wird stetig zunehmen infolge weiterer Industrialisierung und Bevölkerungszunahme. Dies wird jedoch von anderer Seite bestritten. Als Begründung wird die Funktion Energieverbrauch/ BSP über der Zeitachse angeführt (Abb. 13-4).

Hier sieht man, daß ein vergrößertes Produktionsvolumen (in \$) nicht zugleich höheren Energieverbrauch bedeutet. Die Überlegungen, die hierzu angestellt werden, erklären diesen Regressionskoeffizienten dadurch, daß einerseits der Wirkungsgrad von Maschinen verbessert wurde, anderseits eine Umstellung auf Produktionen mit weniger Energieaufwand erfolgte. Die Abnahme von Q von

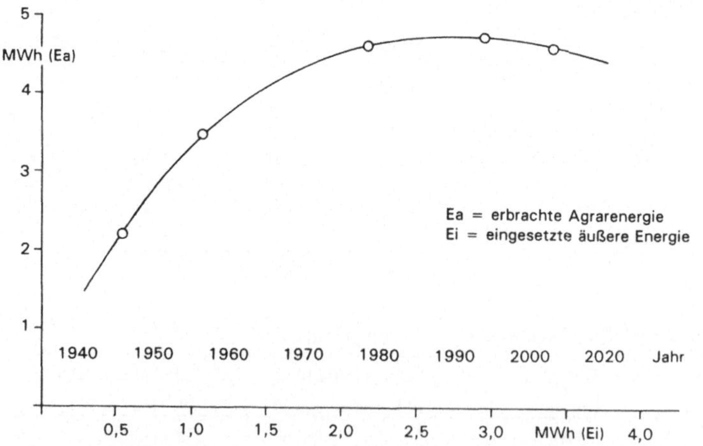

Abb. 13-2. Ordinate: Gewonnene Agrarenergie (in MWh), E_a. Abszisse: eingesetzte, d.h. verbrauchte Energie in der Landwirtschaft, E_i. Gewinn: E_a/E_i.

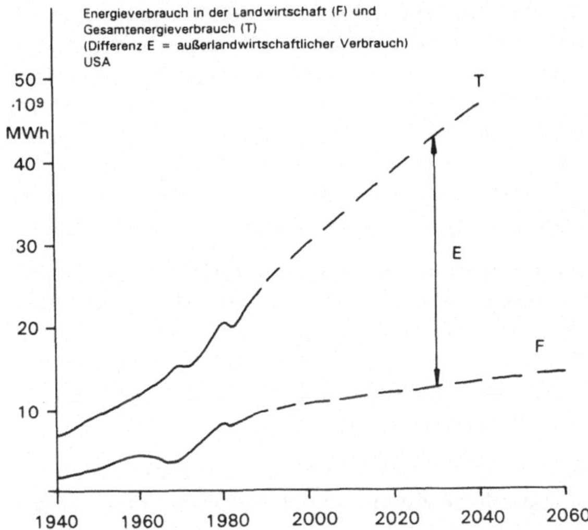

Abb. 13-3. Energieverbrauch in der Landwirtschaft (F) und Gesamtenergieverbrauch (T); USA. E = außerlandwirtschaftlicher Energieverbrauch (1940–2060, projektiert).

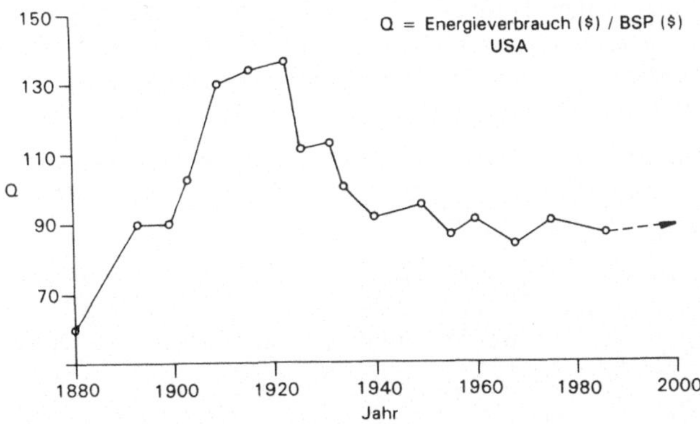

Abb. 13-4. Ordinate: Verhältnis von Energieverbrauch (USA) zum Brutto-Sozial-Produkt. Abszisse: Jahr 1880–2000.

1920 an deutet darauf hin, daß auch durch abnehmende Energiepreise um diese Zeit die Wirtschaft als Ganzes weniger energieaufwendig arbeitete. Auch ist die einsetzende Hochtechnologie komplexer und von der Energie weniger abhängig als die Maschinenindustrie vor dem Ersten Weltkrieg. Zudem ist das Anwachsen des Dienstleistungsgewerbes ein Grund für das abnehmende Verhältnis Q.

Es ist ziemlich sicher, daß die Kurve zum Jahre 2000 nicht weiter absinkt, wie oft angenommen wird [5]. Schon der erhöhte Verbrauch von Energie in der Landwirtschaft und die weitere Steigerung des Verkehrs werden zu erhöhten Energieverbrauchswerten führen; dies trotz verbesserten Wirkungsgrads des Benzinmotors, da die Anzahl der Fahrzeuge ansteigt. Außerdem ist durch den verringerten Wirkungsgrad des Kunstdüngers in der Agrarwirtschaft das Verhältnis von Ertragsenergie zu eingesetzter Energie im Fallen und ist vom Wert von 300% (1940) auf etwa 150% (1985) gesunken.

Die einzige Möglichkeit, den Absolutwert des landwirtschaftlichen Ausstoßes zu halten, ist weiter vergrößerter Energieeinsatz in Form von Maschinenkraft, künstlicher Bewässerung und Kunstdünger. Trägt man die Produktionsmittel in Form von Energie über die Zeit auf, so ergibt sich eine ständige Zunahme des Energiebudgets in der Landwirtschaft. In Indexeinheiten für die jeweiligen Sparten ergibt sich das Bild, Tabelle 13-4.

In entsprechenden Einheiten gemessen ist die Zunahme der Einsatzenergien einleuchtend. Hinzu kommt eine ähnliche Zunahme der Mittel in der verarbeitenden Industrie.

Wir sehen also, daß einerseits hoher Energieeinsatz die hauptsächlichen Exportländer USA, Canada, Australien und Neuseeland befähigt hat, eine Unterdeckung in anderen Ländern weitgehend auszugleichen und auch die Bevölkerung in Afrika und Indien vor allzu großen Hungersnöten zu bewahren. Anderseits ist weiter erhöhter Energieeinsatz nicht mehr effizient, und es zeichnet sich eine Grenze für den Export aus den Überschußländern ab und sei es nur aufgrund des steigenden Energiebedarfs.

Hinzu kommt die Bodenerosion, durch die große Teile der Agrarflächen stillgelegt werden. In einer United-Nations-Studie von 1977 wurde angegeben, daß 1/4 bis 1/3 des Weltagrarlandes unbebaubar geworden ist.

Was die Sahel-Zone in Afrika betrifft, so kann auch die Hilfe der Weltbank von 1,7 Milliarden Dollar/Jahr [8] die weitere Degradierung der Ernährungsbasis nicht aufhalten. Was hier geplant werden muß, ist, abgesehen von einer

Tabelle 13-4. Entwicklung der Produktionsmittel in der Landwirtschaft in Indexeinheiten

	1940	1950	1960	1970	1980
Benzinverbrauch	70	158	188	232	250
Elektrizität	0,7	32,9	46,1	63	70
Kunstdünger	12,4	24	41	94	100
Stahl	1,6	2,7	1,7	2,0	2,5
Farmmaschinen	9,0	30,0	52	80	90
Traktoren	12,8	30,8	11,8	19,3	20,5
Bewässerung	18	25	33,3	35	37

wirksamen Bevölkerungspolitik, eine Unterstützung des lokalen Farmers und die Einrichtung lokaler Energiezentren, basierend auf Solarenergie. Die Hilfe für die Dritte Welt müßte sich weniger in Geld für ölangetriebene Maschinen und Fahrzeuge als in der Lieferung von Windgeneratoren, Solaranlagen, Biogaserzeugern, Absorptionskühlern etc. ausdrücken. Das würde zugleich für die Industrieländer eine sinnvolle Arbeit bedeuten.

Wenn um das Jahr 2030 die Bevölkerungen von Südasien, Afrika und Lateinamerika sowie China über 80% der Erdbevölkerung ausmachen, werden sich die benötigten Energiemengen dort sicher gegenüber 1986 verdoppelt haben. Geht man vom jetzigen Pro-Kopf-Verbrauch aus, so ergibt sich für den Gesamtverbrauch in MWh/annum die Situation gem. Tabelle 13-5.

Wir haben hier angenommen, daß der Pro-Kopf-Verbrauch an Energie im Jahre 2030 in allen Fällen auf etwa 1/2 des heutigen Verbrauchs in den Industrieländern (Frankreich, England, Deutschland) ansteigt (also 1/4 des heutigen Verbrauchs der US-Bevölkerung).

Geht man aus vom optimalen technischen Stand für Kogenerationsanlagen (Kap. 5), so ergibt sich folgendes Bild: Die Landwirtschaft benötigt z.B. in Deutschland zwischen 2 und 3% des Energieaufkommens. In Entwicklungsländern ist diese Ziffer auf mindestens 10% des Gesamtverbrauchs heraufzusetzen, d.h. der errechnete Verbrauch der Landwirtschaft würde 10^9 MWh/a betragen. Rechnet man konservativ mit einer 30% wirksamen Kogenerationsanlage, die rund $1,5 \, kWh/m^2$ Tag in Bereichen liefert, in denen die Insolation $4 \, kWh/m^2$ Tag beträgt, so benötigt man eine Fläche von $1800 \, km^2$ oder $42 \, km \times 42 \, km$ für die Solaranlage. Die Kosten liegen je nach Systemtyp zwischen $2,6 \times 10^6 \, DM/MW_i$ (W_i = Watt installiert) und $4 \times 10^6 \, DM/MW_i$. Solch große Anlagen werden in Inkrementen konzipiert. Die Kosten für eine $1300 \, MW_i$-Anlage (einer normalen Kernkraftanlage entsprechend) belaufen sich auf $3,6 \times 10^9 \, DM$ oder 3,6 Milliarden DM. Die Fläche (optisch) beträgt dann rund $30 \, km^2$ ($5,5 \, km \times 5,5 \, km$) Solche Anlagen sind konzipiert und durchgerechnet, z.B. in den Solarmarineanlagen der Pyron Inc. La Jolla, Kalifornien.

Während die Aufbaukosten für Solaranlagen im Rahmen der Aufbaukosten für fossilbasierte Anlagen und Kernkraftanlagen liegen, besteht der Anreiz für den

Tabelle 13-5. Gesamtenergieverbrauch 1986 und 2030

		1986	2030
China:		10 MWh/ca.a	20 MWh/ca.a (je Person)
	total:	$1,06 \times 10^{10}$ MWh/a	$1,47 \times 10^{10}$ MWh/a
Indien:		8 MWh/ca.a	20 MWh/ca.a (je Person)
	total:	6×10^9 MWh/a	$2,5 \times 10^{10}$ MWh/a
Brasilien:		5 MWh/ca.a	20 MWh/ca.a (je Person)
	total:	$6,9 \times 10^8$ MWh/a	$5,8 \times 10^9$ MWh/a

Bau von Solaranlagen insbesondere in sonnenreichen Gebieten darin, daß weder Materialzulieferungen noch Kosten für Filterung, Kalkzuschlag bzw. Entsorgung und Umweltschutz entstehen. Wenn diese Unkosten bei den nichterneuerbaren, fossilen und atomaren Energieanlagen einbezogen werden, so erweisen sich die Solaranlagen über größere Zeiträume gemittelt, z.B. 20 Jahre, als kostengünstiger.

Die erzeugte Energie kann nun auf verschiedene Weise in der Landwirtschaft genutzt werden. Hier werden kleinere Anlagen im Bereich weniger MW schon für Motoren der Pumpanlagen für Bewässerung gute Dienste leisten. Eine $5\,MW_p$ ($W_p = $ Watt-peak)-Anlage z.B. erfordert rund $1{,}6\,km^2$ bei einer $1\,kW_p/m^2$-Einstrahlung (entsprechend einer Insolation von 4 bis $5\,kWh/m^2$ Tag).

Der Preis solcher Anlagen liegt bei 1 bis $3 \times 10^6\,DM/MW_p$, also für eine $5\,MW_p$-Anlage bei 5 bis 15 Millionen DM.

Dabei sind im wesentlichen nur die photovoltaischen Hochleistungszellen und die Optik in Industriestaaten zu fertigen, während alle anderen Bauteile, wie Module, Panel, Halterungen, thermische Ableitung etc. sowie eventuell auch die Wärmekraftmaschinen (Stirling-Motoren), am Ort gefertigt werden können.

Wenn auch mancherorts nicht genug Raum für eine große Solaranlage zur Verfügung steht—insbesondere in dichtbesiedelten Landstrichen, wo sonst nur eine Öl-oder Kernkraftanlage möglich ist—, so kann doch in den meisten Fällen eine auch weiter entfernte Solaranlage den notwendigen Strom liefern.

Ebenfalls ist durch diese Solartechnik die Möglichkeit zur Wasserstoffherstellung gegeben. Zum Gastransport können die bereits vorhandenen Gasrohrverteilernetze verwandt werden (siehe auch Kap. 7 und 8).

Literatur:

[1] H. F. Mataré: Energy, Facts and Future. -CRC-Press Inc. Boca Raton, Florida 1989
[2] J. Rifkin: „Entropy", Bantan Book, New York 1980
[3] J. Gever, R. Kaufman, D. Skole, C. Vörösmarty: „Beyond Oil", Ballinger Publishing Co. Cambridge, Mass. 1985
[4] L. R. Brown: „Population Politics for a New Economic Era" Paper 53 of Worldwatch Institute, Washington, D.C. 1983, und L. R. Brown et al.: „State of the World 1986" Worldwatch Institute Report on Progress toward a sustainable society. W. W. Norton & Co; New York 1986
[5] S. H. Schurr, J. Darmstadter, H. Perry, W. Ramsay, M. Russel: „Energy in America's Future". Resources for the Future. The John Hopkins University Press. Baltimore-London 1979
[6] „Fiscal Year 1980 Budget Proposal for Ethiopia." US-Agency for International Development (AID), Washington, D.C. 1978

[7] D. Avery: „US-Farm Dilemma: The global bad new is wrong." Science 230 (4724), p. 408, 1985

[8] J. Walch: „Sahel will suffer even if rains come." Science 224 p. 467, 1984

[9] Quellen für Statistik: US-Department of Commerce, Bureau of Census, statistical abstracts of the United States 1984 (Washington USGPO, 1983); J. S. Steinhart und C. E. Steinhart: „Energy Use in the US-Food System" Science V. 184, p. 307–316, 1974. US-Department of Commerce Census of Agriculture 1978, Vol. 5. Farm Energy Survey; spec. reports part 9, Washington D.C.-USDA-statistical Bulletin 632, 1980

14 Energie und industrielle Entwicklung

Wenn man den Anstieg des BSP, z.B. für die USA, über die Jahre 1890 bis 1980 verfolgt und damit den Anstieg des Verbrauchs an Öl vergleicht, so erhält man einen koordinierten Verlauf der Kurven (Abb. 14-1).

Es ist darauf hingewiesen worden, daß seit dem OPEC-Embargo der Ölverbrauch zeitweilig herunterging, und zwar einerseits durch Sparmaßnahmen, anderseits durch besseren Wirkungsgrad der angetriebenen Maschinen und Motoren.

Vertreter der „sanften Energie" bauen auf Sparmaßnahmen als Mittel für eine umweltfreundliche Energieentwicklung. Dies und verbesserte Wirkungsgrade sind aber nur Maßnahmen im Prozentebereich. Angesichts des Energiehungers der Dritten Welt kann das nur ein schwacher Trost sein. Den Prozenten durch Sparmaßnahmen stehen Faktoren beim Bevölkerungszuwachs in der Dritten Welt gegenüber.

Tatsächlich haben die nach 1984 relativ niedrigen Ölpreise dazu geführt, die Entwicklung alternativer Energiequellen zu hemmen [1, 2].

Angesichts der Tatsache, daß Öl eine der unsichersten Energiequellen ist, muß sein Preis als besonders niedrig bezeichnet werden. Abgesehen von einer Konzentration auf die Gebiete um den Golf kann diese Energiequelle höchstens noch für eine Generation in dem Maße zur Verfügung stehen, wie das heute der Fall ist. Schon im Jahre 2025 wird nur noch die Golfregion als Lieferant bestehen und auch diese Quellen werden so geschrumpft sein und der Markt wird sich so erweitert haben, daß der Preis sich dann ins Unermeßliche steigern wird, falls bis dahin keine alternativen Energiequellen entwickelt sein werden (siehe E.F.F.).

In kohlereichen Gegenden kann man sich noch durch verbesserte Wirkungsgrade bei der Verbrennung, durch kombinierte Gas-Kohle Verarbeitung und durch Wärmepumpen über längere Perioden halten. Dies aber auch unter Inkaufnahme der Umweltbelastung.

Der Ölpreis, welcher 1973/75 um 500% stieg, ist heute nach vielen Schwankungen wieder auf einen relativ geringen Wert abgesunken. Ölpreiserhöhungen haben einen stark negativen Einfluß auf die industrielle Aktivität. Niedrige Ölpreise sind allerdings auch gefährlich, da sie verhindern, daß einerseits weiter nach Ölquellen gebohrt wird, anderseits die Entwicklung alternativer Energiequellen unrentabel gemacht wird.

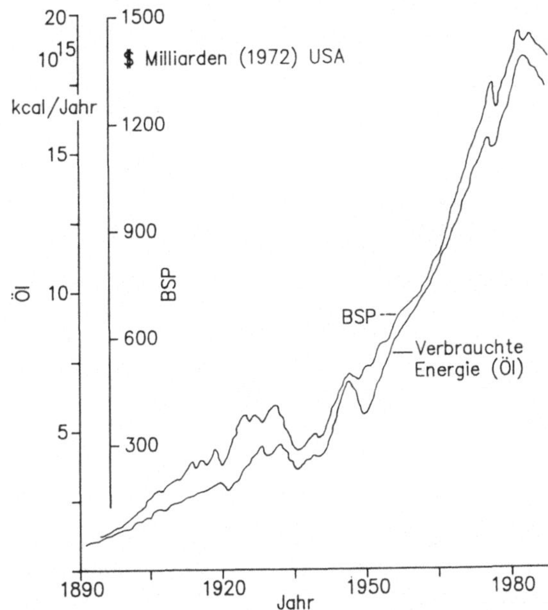

Abb. 14-1. Anstieg des Brutto-Sozialproduktes (BSP) in den USA seit 1890 und Benzin-verbrauch in der gleichen Periode (Science, Vol. 225, p. 890; August 1984).

Schon nach dem ersten Ölschock in den 70er Jahren wurden in den USA längerfristige Projekte stark betroffen, wie z.B. große Kraftwerke, Anlagen für synthetische Treibstoffe, Tiefenbohrungen für Gas, Petroleumveredelungsanlagen, Anlagen zur Urananreicherung sowie die gesamte Kernkraftindustrie.

Die ursprünglichen Schätzungen, insbesondere des Elektrizitätsverbrauchs in den USA, mußten nach unten korrigiert werden (Abb. 14-2). Hier handelt es sich jedoch um eine vorübergehende Erscheinung. Wie Abb. 14-3 zeigt, ist jedoch der Gesamtenergieverbrauch proportional dem Industrieproduktionsniveau, obschon in vielen Sektoren höhere Preise für Energie eine Anpassung erzwangen (Abb. 14-4), so z.B. in der Aluminiumindustrie, die in den USA fast 10% der elektrischen Energie verbraucht, aber nur 1% zum BSP beiträgt. Ähnlich ist es mit der Stahlproduktion, dem Schiffsbau, Maschinenbau etc. Daher zeigte sich ein geringerer Verbrauch sowohl von Benzin als auch Elektrizität. Dabei spielten folgende Faktoren eine Rolle:

- der verlangsamte industriell-ökonomische Aufbau (1,4%/Jahr),
- erhöhte Prozeßwirkungsgrade (1,2% weniger Verbrauch/Jahr) und die
- Änderung der Zusammensetzung der Produktionsmethoden in Richtung solcher, die weniger energieaufwendig sind.

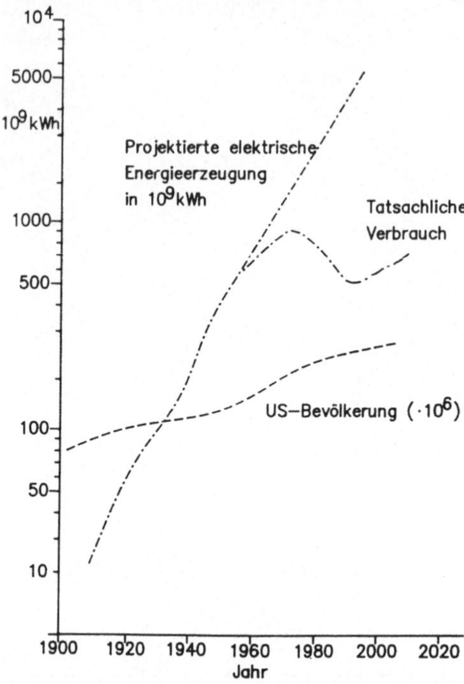

Abb. 14-2. Vor 1973 projektierter Zuwachs der Elektrizitätserzeugung in den USA und tatsächlicher Zuwachs. In 10^9 kWh/a (Energy Inform. Administration, Washington, D.C. 1983).

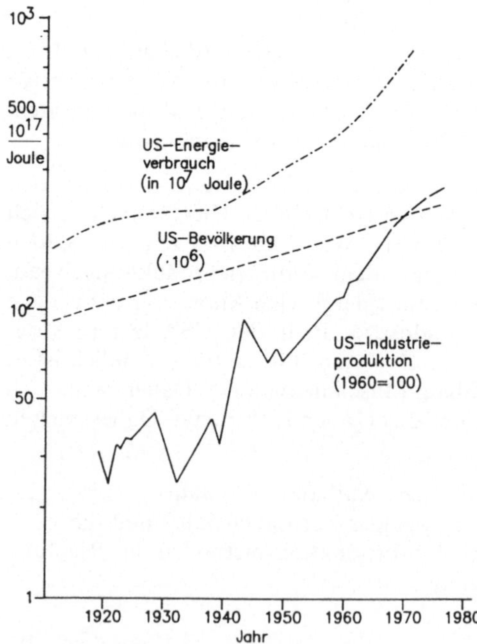

Abb. 14-3. Gesamt-Energieverbrauch in den USA (in 10^{17} Joule oder $2{,}78 \times 10^{10}$ kWh) und Anstieg der Industrieproduktion; 1960 = 100.

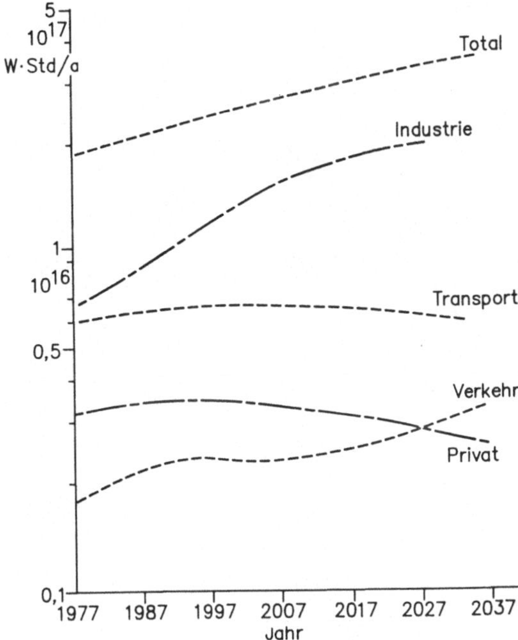

Abb. 14-4. Projektierter US-Energieverbrauch (in 10^{16} Wh/a) aufgeteilt nach Verbrauch in Industrie, Transport, Handel und Hausverbrauch.

So nahm zwischen 1973 und 1983 die Produktivität per Energieverbrauch um 18% zu (30% für fossile Energiequellen).

In den USA wurden z.B. in dieser Periode $1,8 \times 10^{16}$ BTU/a oder $6,7 \times 10^{11}$ kgSKE/a, d.h. $5,27 \times 10^{12}$ kWh/a, eingespart.

Ähnlich verliefen die Kurven in den anderen Industriestaaten. Auch trat eine Verlagerung der Energieträger zum Gas und zur nuklearen Elektrizität auf. Während die Kurve für das gesamte Energieaufkommen steigt, ändert sich die Zusammensetzung der Energieträger (Abb. 14-5).

Die zukünftige Weiterentwicklung ist durch die Rücksicht auf die Umwelt bestimmt. Dies bedingt eine Verlagerung von den fossilen Brennstoffen auf die erneuerbaren Quellen, wie Solarenergie, Hydroelektrizität, Geothermie, Windkraft, Biomasse u.a. Dabei bleibt in den Industriestaaten jedoch eine starke Komponente auf dem Gas- und Nukleargebiet bestehen; dies schon, weil die Umstellung auf erneuerbare Quellen Energie kostet und weil der Ausstoß an CO_2, CO, NO_x, H_2S usw. eingeschränkt werden muß.

Seit 1980 hat die Anwendung von Naturgas zugenommen, wobei ein geringer Teil des Ölverbrauchs für Heizanlagen ersetzt wird. Wenn auch die verbesserte

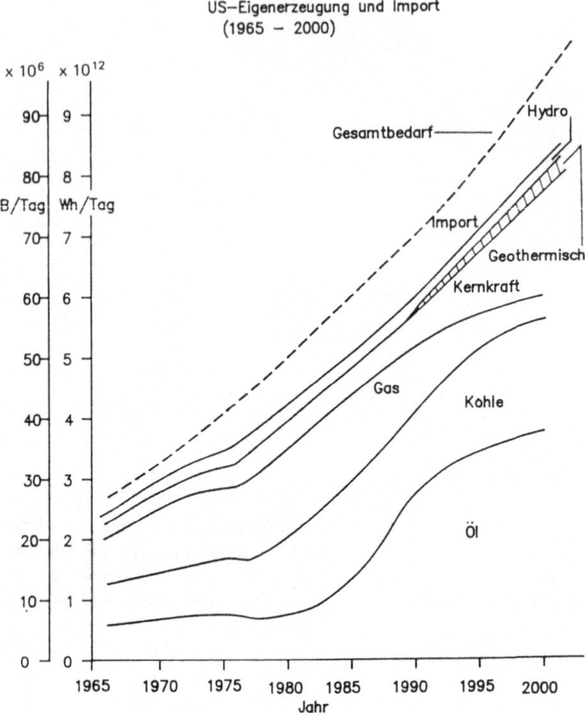

Abb. 14-5. Beispiel einer projektierten Aufteilung der Energienachfrage in 10^6 Barrels/Tag oder 10^{12} Wh/Tag gemäß den angenommenen Energieträgern.

Kohleverfeuerungstechnik bzw. -vergasung mit Filterung und Schwefelabsorption durch Kalkstein umweltschonender ist, so ist es kaum möglich, hiermit den weiteren Verbrauch an Öl einzuschränken, denn die Maßnahmen zur Kohlevergasung, Filterung und Schwefelabsorption verteuern den Verbrennungsprozeß, insbesondere durch die Notwendigkeit eines erhöhten Quantums an Rohmaterial.

Bei der Analyse des globalen Trends des Energieverbrauchs zeigt sich, daß im ganzen eine weitere Zunahme das natürliche Resultat des Anwachsens der Erdbevölkerung ist. Da graduell der Energieverbrauch je Einwohner wächst und der Nachholbedarf der Dritten Welt enorm ist (Abb. 14-6), wird es notwendig werden, neben den konventionellen Energiequellen so schnell als möglich die erneuerbaren Quellen aufzubauen; dies insbesondere für die Versorgung der Dritten Welt, für die lokale einfache Lösungen, wie Sonnenspiegel für Erwärmung, durch Solarwärme angetriebene Stirling-Motoren zum Wasserpumpen,

198

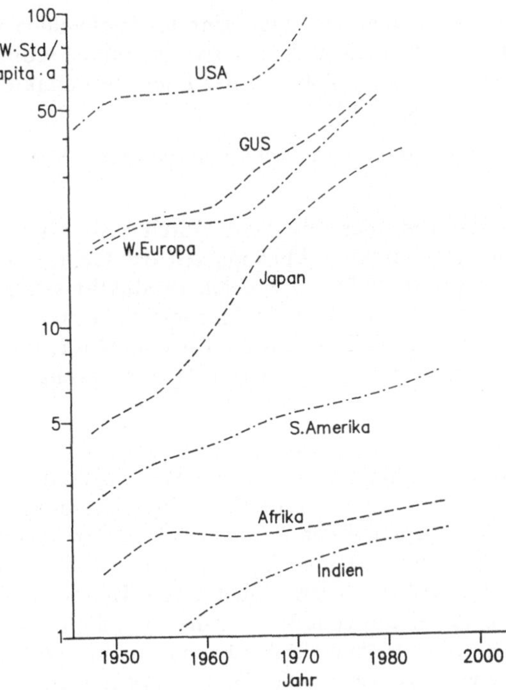

Abb. 14-6. Angenommener Verlauf des Energieverbrauchs in MWh/Kopf × a für die USA, GUS, Westeuropa, Japan, Südamerika, Afrika und Indien.

photovoltaische Module zur Elektrizitätserzeugung, solarangetriebene Absorptionskühlanlagen u.a. mehr, von großer Bedeutung sind.

Der enorme Einfluß der Verfügbarkeit von Energie auf den Menschen und die naturgegebene Begrenzung der Energiequellen zeigen, daß die Keynessche Geldtheorie hier ihre Grenzen hat. Die von Lord Maynard Keynes entwickelte Geldtheorie (s. insbesondere „The general theory of employment, interest and money", 1936), die der modernen Marktwirtschaft zugrunde liegt, stößt hier auf das Hindernis der Entropie. Die Marktwirtschaft, welche Angebot und Nachfrage regelt, kann von sich aus kein Mehr an einmal erschöpften Energiequellen liefern. Wenn das Öl zur Neige geht, wenn Umweltberücksichtigung den Verbrauch fossiler Brennstoffe einschränkt und verteuert, so tritt ein neuer Zustand ein, durch den das Wachstum gehemmt wird. Diese Situation erfordert einen gänzlich anderen globalen Umbau der Wirtschaft. Dabei ist es wie in der Hochtechnologie, die nicht etwa durch Investoren in der Marktwirtschaft entstand und entsteht, wo kurzfristige Gewinnchancen die Triebfeder sind, sondern welche weitsichtiger, gewagter Langzeitentwicklung bedarf. Diese Bedingungen wurden bisher vorwiegend im Rüstungssektor realisiert, wo fast alle Hochtechnologie ihren Ursprung nahm.

Die verschiedenen Energieträger haben überdies einen sehr unterschiedlichen Nützlichkeitsfaktor. Zum Beispiel ist Benzin 1,3 bis 2,5 mal so wertvoll wie Kohle infolge des Energiegehaltes je Gewichtseinheit. Auch ist der Energieerntefaktor jeder Anlage eine spezifische Größe (s. Kap. 12).

Es wurde bereits darauf hingewiesen, daß man nicht einfach nach Keynes Kapital = Ersatz für Energie setzen kann [3].

Wie sich zeigt, ist z.B. nach Erschöpfung des Öls dieses durch kein Kapital mehr zu erhalten. Man kann von einer direkten Abhängigkeit des Geldwertes von der Energie sprechen, da alles organisierte Dasein und alle Produktionsstrukturen Energie benötigen, um sich gegenüber wachsender Entropie zu behaupten. Dies gilt sowohl für die Fabrikarbeit als auch im Einsatz für den Markt oder für Hausbau, Erziehung, Sozialdienst oder den allgemeinen Warenverkehr. Sie alle sind energieabhängig.

Solange die Kosten für Benzin sanken, nahm die Produktivität zu (1900–1973). Heute stellt sich der Manipulation des Marktes durch die Geldinstitute das Hindernis der wachsenden Kosten für eine umweltfreundliche Energieerzeugung und später das Schwinden des Öls entgegen. Auch auf dem Sektor der Minen für Metallgewinnung und Mineralien zeigt sich eine Erschöpfung. Bis 1973 lag z.B. der reale Gegenwert, z.B. in Dollar, des Bergwerksektors als Teil des BSP bei 3 bis 4%. Nach 1982 stieg dieser Anteil auf volle 10%. Daher sind die Kosten für Mineralien durchaus nicht mehr ohne Belang für den Lebenstandard, wie es Simon vorschlug [4]. Insbesondere wird bei wachsender ökonomischer Aktivität das Öl mehr und mehr preisbestimmend sein, wodurch die Golfregion eine solche Schlüsselstellung erhält, daß dort internationales Recht ohne viel Rücksicht auf regionale Umstände und Zwiste erzwungen wird.

Die westliche Industriewelt hat à la longue keine andere Wahl als den umweltfreundlicheren Ausbau der konventionellen Energiequellen, durch welche dann die für den Aufbau der erneuerbaren Energieerzeugeranlagen notwendigen Energiemengen geliefert werden [5, 6].

Die Produkte dieser Anlagenindustrie werden dann zuerst in die Entwicklungsländer abgegeben, wo sie zum Aufbau ohne Öl oder Kernkraft einsetzbar sind und wo sie schließlich bei gutem Wirkungsgrad und Umwandlung der in diesen Ländern reichlich verfügbaren Sonnenenergie in Wasserstoff sogar ein dem Öl gleichwertiges Exportprodukt darstellen.

Literatur:

[1] J. H. Gibbons and P. D. Blair: US Energy Transition: On getting from here to there". Physics Today, July 1991, pp. 22–30
[2] R. C. Marlay: „Trends in Industrial Use of Energy". Science Vol. 226; 14. December 1984, p. 1277

[3] C. J. Cleveland, R. Constanza, C. A. S. Hall and R. Kaufmannn: „Energy and the US-Economy; Biophysical Perspective". Science; Vol. 225; 31 August 1984; p. 890

[4] J. L. Simon: „The Ultimate Resource". Princeton University Press; New Jersey 1981

[5] M. Crawford: „The Electricity's Dilemma". Science, Vol. 229, 19. July 1985, p. 248

[6] Martin Neil Baily: „What has happened to Productivity Growth?". Science, Vol. 234; 24 October 1986; p. 443

15 Umweltfragen

15.1 Einleitung

Die verstärkte Berücksichtigung des Umwelteinflusses aller menschlichen Tätigkeit, sei es die Rodung von Wäldern, die Verbrennung fossiler Treibstoffe oder das Vergraben von chemischem Müll und Atommüll, hat in den letzten Jahren, insbesondere nach Anwachsen der Kerntechnik und weiterem Ausbau der Industriegesellschaft, zu vielen Forschungsarbeiten geführt. Die Motivation ergab sich aus den vielen Degradationserscheinungen, welche in der Umwelt auftreten und deutlich die Grenzen eines unkontrollierten Aufbaues einer globalen Industriegesellschaft nach alten Methoden vor Augen führen.

Als erste Folgen des wachsenden Automobilverkehrs auf dicht angefüllten Autobahnen trat die Luftverschmutzung auf, die als Los-Angeles-Smog überall in Erscheinung trat. Mit ihrem schädlichen Einfluß auf Augen und Atmungsorgane stellte sich diese Luftverschmutzung als besonders schädlich in allen Verkehrsballungsstellen heraus. Die Chemie dieses vor allem in Städten und auf Autobahnen sich bildenden ozonreichen Gases wurde mehrfach untersucht. Es stellte sich heraus, daß insbesondere die NO_x-enthaltenden Abgase der Benzinmotoren hierfür verantwortlich sind, besonders wenn noch Sonneneinstrahlung Ozonbildung begünstigt.

Neben diesen die Atmungsorgane beeinträchtigenden Einflüssen der Verbrennungsmotoren, wozu auch die schädliche Wirkung der Bleizumischung zum Benzin gehört, hat die Ölindustrie weitere schwere Umweltschäden zur Folge. Erstens: Alle Ölbohrungen, Ölveredelungs- und Destillationseinrichtungen sowie Öllagerungs- und Verteilungszentren hinterlassen Ölreste und chemische Abfallprodukte im Erdboden. An vielen Stellen ist das Grundwasser stark mit diesen Ölderivaten vergiftet.

Bereits die Kohleförderung brachte mit dem Aufbau riesiger Halden von Abfall und Minenextrakt eine Landschaftszerstörung mit sich, die ins Groteske wuchs, wo oberflächliche Braunkohlenvorkommen abgebaut wurden. Dazu ist der Abbrand der schwefelhaltigen Braunkohle besonders luftvergiftend.

Bei den Atomkraftwerken hat sich, insbesondere nach dem Tschernobyl-Unfall, die Furcht vor Strahlungsschäden verstärkt. Hinzu kommt die weiterhin diskutierte Frage nach der Entsorgung, d.h. der Ablagerung des Atommülls.

Die Sorge um die durch fossile Brennstoffe erzeugte Anhäufung von Kohlendioxid in den oberen Schichten der Atmosphäre, welche insbesondere den

Treibhauseffekt verstärken sollen, hat zu intensiven Untersuchungen und sogar Bundestagssitzungen geführt [1].

Dasselbe gilt für die FCKW (Fluorchlorkohlenwasserstoffe), die ebenfalls zum Treibhauseffekt beitragen und dazu an den Polen, besonders der Antarktis, eine Verminderung der Ozondichte hervorrufen. Es wird gefolgert, daß eine Ausbreitung in Zonen niederer Breiten das Entstehen von Hautkrebs fördern könnte.

Durch alle diese Umweltschäden, die mit der Industrietätigkeit und besonders der Energieerzeugung entstehen, sind die erneuerbaren Energiequellen mehr in den Vordergrund geschoben worden. Zu Recht werden die umweltfreundlicheren, alternativen Quellen, wie Hydroelektrizität, Solarkraftwerke, Windkraftwerke, geothermische Quellen, Biomasse und Meeresenergieausnutzung, in den Vordergrund gebracht. Dies hat sich bisher mehr in den Laboratorien und auf dem Papier abgespielt als in der Wirklichkeit. Die Gründe für die so langsame und unentschiedene Wandlung in der Energietechnik und Energiewirtschaft sind vielfältig.

Zunächst ist es in einem nördlichen engbesiedelten Industriegebiet wie Deutschland keinesfalls einfach, die Versorgung von den üblichen Hauptenergiequellen auf die erneuerbaren Quellen umzuschalten (s. Kap. 14). Die Kosten sind erheblich, und auch hier ergeben sich gewisse Einflüsse auf die Umwelt, so z.B. bei der Verbrennung der Biomasse.

Wir untersuchen nun hier in Abschn. 15.2 bis 15.6 die Fragen auf ihre Bedeutung hin und unter Abschn. 15.7 die äquivalenten Kosten der Umweltschäden und die Realisierbarkeit der Szenarien der soft energy lobby, welche leider ziemlich unkritisch ihre Lösungsmethoden als Allheilmittel vorstellten und dadurch zur Ernüchterung der Finanzwelt beitrugen.

15.2 Klimaveränderung

Im allgemeinen werden CO_2 und CH_4 für rund 70% des Treibhauseffektes verantwortlich gemacht. Die FCKW-Gase sowie NO_2 und Wasserdampf sollen den Rest der Absorption und Reflexion der infraroten Wärmestrahlung beitragen [1].

Hierbei wird der Effekt vorwiegend auf die innere Reflexion innerhalb der Erdatmosphäre zurückgeführt. Die CO_2-Schicht wird als transparent für das sichtbare Licht angenommen. Beim Auftreffen auf die Erde tritt gemäß dem Wienschen Verschiebungsgesetz eine Frequenzwandlung von kurzen (sichtbaren) Wellen nach langen (unsichtbaren) infraroten bzw. Wärmewellen oder -strahlen ein.

So wird ein hoher Anteil des Spektrums, das bei $0,5\,\mu m$ ein Maximum hat, als Wärmestrahlen an der CO_2-Schicht wieder zur Erde zurückgeworfen. Dies ist die einfachste Erklärung des Einflusses von CO_2, CH_4, FCKW etc.

Die integrale Energie im Sonnenspektrum liegt jedoch nur zur Hälfte in einem Frequenzgebiet, das ungehindert durch die CO_2-Schicht hindurchgeht (vgl. Abb. 3-1). Der längerwellige Teil wird wie auf der Seite zur Erde hin wieder in das Weltall zurückgeworfen.

Es fehlen z.B. quantitative Messungen der Reflexionswerte von CO_2, CH_4 und FCKW-Gasen im infraroten Teil, die durchaus im Laboratorium zu gewinnen sind. Ohne diese Werte ist keine genaue Bilanz des Treibhauseffektes aufzustellen.

Sodann ist nicht bekannt, wieviel CO_2 z.B. das Meerwasser absorbiert in Abhängigkeit von der CO_2-Dichte in der Luft. Auch ist noch unbekannt, wieviel CO_2-Erhöhung bzw. die globale Erwärmung zur Verdunstung des Meerwassers beiträgt. Hierdurch würde eine höhere Regendichte und eventuell auch eine Abkühlung erfolgen, indem die Albedo der Erde für eine stärkere Reflexion sorgt.

Es besteht kein Zweifel, daß der CO_2-Gehalt der Atmosphäre seit fast 300 Jahren zugenommen hat: von 1750 bis heute von 280 ppm auf fast 350 ppm, das sind 25%. Insbesondere zeigt sich eine erhöhte Zunahme seit 1960 bei den auf Hawai (Mauna Loa Observatorium) gemessenen Werten. Die vorher liegenden Daten wurden aus Messungen an alten Eisschichten festgestellt.

Das steht im Einklang sowohl mit der Zunahme der Menschheit als auch mit der seit 1960 erfolgten erhöhten Zunahme der Kohle- und Ölverbrennung sowie der Zerstörung der Wälder im Amazonas-Gebiet.

Allerdings sind Temperaturrekonstruktionen über lange Zeiträume gesehen sehr variabel und zeigen Maxima, die den heutigen ähnlich, ja höher sind. Nach neueren Arbeiten und mathematischen Modellen lagen die CO_2-Werte vor 100 Millionen Jahren durch die natürliche CO_2-Bildung der Pflanzen viel höher als heute (2000 ppm gegen 350 ppm). Ein Absinken fällt in etwa mit dem Aussterben der Saurier vor 65 Millionen Jahren zusammen, so daß eine neuerliche Erhöhung nicht etwa eine völlig neue Situation von globalem Ausmaß wäre, wenn auch von Konsequenzen für das Leben auf der Erde [2].

Geringfügige Änderungen der Grenzbedingungen sind schon von starkem Einfluß auf die örtlichen Verhältnisse bez. Temperatur und Regen. In den meisten Modellen nimmt die Temperatur an den Polen mehr zu als nahe dem Äquator. Als Basis für die Temperaturerhöhung wird die bekannte CO_2-Zunahme a) durch Verbrennung: 5×10^{12} kg/Jahr genommen und b) der Waldbrand mit $2,5 \times 10^{12}$ kg/a angesetzt. Die errechnete Temperaturerhöhung liegt bei $2°$ bis $5°$ Celsius während der nächsten 100 Jahre.

Nun sind inzwischen genauere Analysen der verschiedenen Gase bezüglich ihres Treibhauspotentials angestellt worden, wobei sich herausstellte, daß einerseits die Verweilzeit in der Stratosphäre, anderseits das Abschirmpotential sehr verschieden sind [3], Tabelle 15-1.

Demnach könnten gerade die Treibgase $CHClF_2$, CCl_3F und CCl_2F_2 eine große

Tabelle 15-1. Verweilzeit und Erwärmungspotential von Gasen

Gas	Verweilzeit (Jahre)	Globales Erwärmungspotential relativ zu CO_2 (Gewichtsbasis)
CO_2	230	1,0
CO	2,1	2,2
CH_4	14,4	10,0
N_2O	160,0	180,0
HCFC-22	15,0	410
CFC-11	60,0	1300
CFC-12	120,0	3700

Rolle spielen. Jedoch ist ihre Dichte, verglichen mit der von CO_2, zu gering: $ppt = 10^{-12}$ gegen $ppm = 10^{-6}$, um einen größeren Einfluß zu bekommen, selbst wenn ihr Erwärmungspotential 1000 mal so hoch ist. Wir sehen, daß auch CH_4 durch Verbrennen von Biomasse und durch die Viehzucht in der Landwirtschaft einen erheblichen Beitrag zum Treibhauseffekt leistet [4].

Außerdem ergibt sich infolge des Entstehens anderer Hydrocarbone, wie HCN, CH_3CN, CH_3Cl und auch NO_x, ein Anwachsen des Smogniveaus bzw. der Ozonkonzentration bis über 10 km Höhe, also bis in das Gebiet der maximalen Ozondichte (s. Abschn. 15.3).

Genauere Messungen der Temperaturzunahme sind auch innerhalb arktischer Permafrostschichten möglich. Aus solchen Temperaturmessungen über Tiefen bis zu 200 m im Gebiet von Alaska, die während der Ölbohrungen gemacht werden konnten, ist zu schließen, daß sich die Temperatur um 2 °C während der letzten 100 Jahre erhöht hat. Während solche Messungen in der Permafrostschicht einen von kurzfristigen Schwankungen unabhängigen Wert liefern, sind die Methoden für die daraus abgeleiteten Oberflächentemperaturwerte nicht eindeutig und noch wenig erforscht [5].

Eine Ableitung der CO_2-Konzentration in der Atmosphäre über lange Zeiträume (570 Millionen Jahre) ist aufgrund eines Kohlenstoffgleichgewichtsmodells so gemacht worden, daß Ozeane und Atmosphäre als Senke für CO_2 betrachtet werden, wobei ein Gleichgewicht zwischen CO_2-Bindung und Entstehung angenommen wird [6].

Der Zyklus der Bindung ist durch die Entstehung von Silikaten und von Kohlenstoff enthaltenden Felsen gegeben:

$$CO_2 + CaSiO_3 \rightleftharpoons CaCO_3 + SiO_3 \qquad \text{sowie}$$

$$CO_2 + MgSiO_3 \rightleftharpoons MgCO_3 + SiO_2 \qquad \text{und}$$

$$CO_2 + H_2O \rightleftharpoons CH_2O + O_2$$

Ebenso wird bei Lösung im Meerwasser Sauerstoff frei.

Es zeigt sich, daß das Modell bei Einführung der Umwandlungsfunktion (C aus der Atmosphäre in die Ozeane und von dort in die Karbonatumwandlung usw.) und Anwendung eines Iterationsverfahrens eine Kurvendarstellung über die letzten 570×10^6 Jahre ergibt, die 2 typische Maxima für das Verhältnis der CO_2-Dichte zur Zeit t zur heutigen CO_2-Dichte zeigt. Ein Maximum liegt beim Zeitpunkt von 500×10^6 Jahren vor heute mit einem Minimum, das dem heutigen Wert entspricht und das bei -300×10^6 Jahren liegt. Ein weiteres Maximum liegt bei -200×10^6 Jahren sowie eines mehr bei -100×10^6 Jahren.

Das Verhältnis des ersten Maximums zur heutigen CO_2-Konzentration liegt beim Faktor 10, das Verhältnis des zweiten über dem vierfachen Wert der heutigen CO_2-Konzentration. Es sind also starke CO_2-Konzentrationsschwankungen über lange Zeiträume zu erwarten. So gesehen wäre die jetzige CO_2-Veränderung nur ein Bruchteil eines normal erfolgenden Zyklus.

Es wurde bereits ausgerechnet, welchen Einfluß die CO_2-Dichteerhöhung auf die US-Landwirtschaft haben kann. Basierend auf den hydrologischen Variationen ergaben sich für einzelne Gebiete, z.B. für Texas, bis zu 50% Verluste. In nördlichen Gegenden dagegen auch bis zu 50% Gewinn [7].

Die globalen Temperaturen wurden letzthin sehr präzise durch Mikrowellenradiometrie vermessen (0,01 °C Genauigkeit), wobei über einen 10-Jahre-Zyklus keine wesentliche Änderung ersichtlich ist ($+0,02$ °C von 1978–1988) [8].

Längerfristig sind dagegen $+0,6$ °C festzustellen (1880–1980) [1].

Falls die globale Erwärmung ein Problem ist, wird dies nach einer weiteren Periode von Messungen über die nächsten 10 Jahre deutlicher zu erkennen sein [9].

Es ist richtig, daß dann oder noch später die Umstellung schwieriger und teurer sein wird, als sie heute schon ist. Sparmaßnahmen bzw. eine Verbesserung der Energieumsatzwirkungsgrade, die häufig als entscheidend dargestellt werden, leisten global jedoch nur einen geringfügigen Beitrag. Z.B. erfordert die umweltfreundlichere Kohleverbrennung infolge der Herabsetzung des Wirkungsgrades eine größere Kohlenmenge für die gleiche kWh-Anzahl (Kalksteinbeimischung und Filterung) [10].

Anreize für den Bau von Solar- und Windanlagen gibt es nur wenige, da solche Anlagen kostenreich sind. Für die Dritte Welt müßten die Initialkosten von den Industrienationen getragen werden. Daher erhebt sich bei allen Konferenzen und Tagungen über das Problem des Treibhauseffektes die Frage, wie hoch die Kosten sind! Nach einer Schätzung des Electric Power Research Instituts soll die Senkung der CO_2-Emission um 20% um das Jahr 2100 allein in den USA mit 3600 Milliarden Dollar zu Buche schlagen. Andere Modelle rechnen mit mindestens 1000 Milliarden Dollar [11].

Die Meinungen über die notwendigen Investitionen auf diesem Gebiet gehen weit auseinander. Es gibt auch Stimmen, die gerade die erhöhte FCKW-Emission mit einem Kältetrend in Zusammenhang bringen, da die O_3-Formierung ein endothermischer Prozeß ist. Hinzu kommt, daß die höhere Dichte von CO_2 und anderer Abgase, wie CH_4, zu stärkerer Lichtabsorption in der Stratosphäre führt. Bei allen Überlegungen in dieser Hinsicht wird selten eine mehr quantitative Analyse gemacht. Man geht von allgemeinen chemischen Reaktionsüberlegungen aus.

Es ist deshalb aufschlußreich, einmal eine quantitative Überlegung zur CO_2-Akkumulation anzustellen: Die Menschheit erzeugt allein durch die Kohleverbrennung einen erheblichen Beitrag an CO_2. Nimmt man nur die drei größten Kohleerzeugungsländer USA, China und Rußland, die zusammen etwa die Hälfte der $4{,}2 \times 10^9$ Tonnen per annum weltweit verbrauchen, so ergibt sich bei der Verbrennung ein Betrag vom 3,6 fachen des Kohlegewichts in Form von CO_2 ($CO_2/C = 3{,}6$ als Verhältnis der Atomgewichte), also 7,56 Milliarden Tonnen CO_2 per annum.

Rechnet man die anderen CO_2-Erzeuger sowie den Ausstoß der Gas-, Öl- und Waldbrandverfeuerung hinzu, so werden über 20 Milliarden Tonnen CO_2 pro Jahr in die Atmosphäre entlassen. Daß solche Mengen die relativ dünne Erdatmosphäre (zunächst die Troposphäre in 10 km Höhe) belasten, steht außer Zweifel. Hier ist auch die wachsende Belastung durch die Dritte Welt eingerechnet, denn Brasilien, China und Indien haben schon einen höheren Kohleverbrauch als die USA. Allein in Brasilien werden etwa 30 Millionen Acker/Jahr verbrannt. Mit Indien kommt man auf 40 bis 50×10^6 Acker (ein Acker $= 4000 \, \text{m}^2$).

Die Frage ist nun, ob der jährliche Ausstoß von 20 Milliarden Tonnen CO_2 die obere Atmosphäre belastet oder ob eine solche Menge im normalen Austausch mit dem Meerwasser und der Flora absorbierbar ist.

Dazu muß man sich quantitativ ein Bild von der dadurch verursachten Störung machen bzw. diese Menge zu der vorhandenen CO_2-Konzentration in Beziehung setzen.

Wir berechnen daher kurz die Luftschichtgröße z.B. am Hochpunkt der Troposphäre, etwa in 10 km Höhe, also: $4/3\pi(6380^3 - 6370^3)\,\text{km}^3 = 4{,}188 \times 1{,}22 \times 10^9 \, \text{km}^3 \approx 5{,}1 \times 10^9 \, \text{km}^3$.

Es spielt im Ergebnis praktisch keine Rolle, ob man etwa eine höhere oder etwas breitere Luftschicht ins Auge faßt. Dabei ergeben sich nur geringe Abweichungen im Resultat, aber keine Änderung der Größenordnung, auf die es hier ankommt.

Die CO_2-Dichte wird heute mit 340 ppm angegeben und zwar in einer Luftdichte von 10^{17} Teilchen per cm^3 oder $10^{23} \, \text{m}^{-3}$ oder $10^{32} \, \text{km}^{-3}$. Multipliziert mit dem oben errechneten Volumen der Kugelschale, erhält man $5{,}1 \times 10^{41}$ Teilchen. Die CO_2-Dichte entspricht darin also: $340 \times 10^{-6} \times 5{,}1 \times 10^{41} = 17{,}34 \times 10^{37}$ Teilchen.

Der errechnete CO_2-Ausstoß von 15×10^{12} kg oder 15×10^{15} g ergibt mit dem Molgewicht von 44 g also $0,34 \times 10^{15}$ Moleküle/Jahr in 100 Jahren daher 34×10^{15} Teilchen oder Moleküle.

Dies ist, wie man sieht, nur 2×10^{-22} der vorhandenen CO_2-Schicht, also ein sehr kleiner Teil.

Es erscheint auf den ersten Blick unmöglich, daß bei solch geringfügiger Änderung der CO_2-Dichte die optischen Eigenschaften der Atmosphäre verändert würden. Nun kommen aber die oben genannten Gase, wie CH_4, hinzu, die 20- bis 30mal soviel per Molekül absorbieren wie CO_2; dann auch N_2O und die Treibgase CFC-11 und CFC-12 u.a. Sie fallen allerdings nicht in der Menge an wie CO_2: etwa 10^7 Tonnen/a also rund 1/1000 von CO_2 [1].

Wenn sich jedoch die im infraroten Spektralgebiet reflektierenden Gase in einer oberen Schicht der Troposphäre sammeln, könnte dennoch ein bemerkenswerter optischer Effekt entstehen, wenn die Absorption bzw. Reflexion dort um viele Zehnerpotenzen stiege. Zur CO_2 etc. -Absorption kommt diejenige der Wolkenwasserschicht bzw. deren Rückstrahlung hauptsächlich im langwelligen Infrarotgebiet (um 15 µm) hinzu, wodurch die Erdtemperatur im Mittel auf $+15\,°C$ gehalten wird, während das Erde-Atmosphären-System vom Weltenraum aus gemessen eine mittlere Temperatur von nur $-19\,°C$ aufweist.

Es ist denkbar, daß eine relativ geringe Änderung der CO_2-Dichte, besonders in Gebieten mit starker Sonneneinstrahlung, einen Einfluß auf die mittlere Temperatur hat. In diesem Zusammenhang wird oft auf das Anwachsen der mittleren Jahrestemperatur während der letzten 100 Jahre hingewiesen und darauf, daß dies konform mit der CO_2-Zunahme von 290 auf 350 ppm ging (ΔT seit 1880 etwa $+0,6$ K).

Computermodelle für die weitere Temperatursteigerung gehen von einer exponentiellen Zunahme der CO_2-Emission aus und errechnen bei einer CO_2-Verdopplung bis zum Jahre 2100 einen Temperaturanstieg von $3,5\,°C$. Dabei sind aber viele Variable unberücksichtigt, wie z.B. Wolkendichtevariationen, Meeresabsorption, Anteil der Sonnenstrahlenreflexion usw. Neuere Computermodelle versuchen, diese Variablen einzubeziehen, und errechnen dann nur noch $+1,9\,°C$ für das Jahr 2100 [12].

Die durch solche Temperaturverschiebung bedingte Änderung der Ernteerträge schwankt 10 bis 20%. Im Modell hängt vieles davon ab, wie groß die jährliche Zunahme von CO_2 ist. Dies wiederum hängt von der jährlichen Zunahme der Energieerzeugung mittels fossiler Brennstoffe ab. Diese Zunahme belief sich seit 1945 bis etwa 1970 auf 5,3%, hat aber seither nicht so stark zugenommen [9].

Die errechnete Temperaturzunahme von $2\,°C$ bis $6\,°C$ für einen kommenden Abschnitt von 100 Jahren liegt um einen Faktor 10 bis 60 über der mittleren Temperaturzunahme seit dem Eiszeitalter. Katastrophale Ergebnisse wurden für die Abnahme der Bodenfeuchtigkeit errechnet [9]. Es bedarf wohl noch mehrerer Dekaden von Jahren an genauer Beobachtung, ehe ein klareres Bild des Treibhauseffektes auf die Zukunft projiziert werden kann.

Effekte, wie z.B. die erhöhte Absorption des infraroten Spektralgebietes durch erhöhte CO_2-Dichte und der Abkühlungseffekt durch erhöhte CO_2-Dichte in der Stratosphäre sowie die Absorption in der FCKW-angehäuften Schicht, sind noch nicht berücksichtigt worden. Es gibt da auch komplexe Interaktionen mit dem Ozonzyklus, den wir unter Abschn. 15.4 besprechen.

Das Hydroxylion:
Ein weiterer Faktor bei der Berechnung des atmosphärischen Systems ist das Hydroxylion OH^-, das in der oberen Atmosphäre durch Reaktion von Wasser mit Ozon entsteht:

$$O_3 \rightarrow O + O_2 \quad \text{und} \quad O + H_2O \rightarrow 2OH^-.$$

Durch dieses Ion wird die Atmosphäre von vielen Spurenelementen befreit. Z.B. wird SO_2 dadurch in H_2SO_3 verwandelt und auch H_2S in SO_2; CH_4 in $CO + H_2O$ bzw. NO_x in die Säure HNO_3 sowie NH_3 in $NO_2 + H_2O$.

Viele andere Schadstoffe werden in der Atmosphäre durch Hydroxyle unschädlicher oder unschädlich gemacht. Genügend Ozon ist dabei die Voraussetzung. So ist die Hydroxyldichte in der Troposphäre auch von der Anwesenheit von NO_x abhängig, da dieses ebenfalls Sauerstoff in statu nascendi erzeugt, wenn genügend UV-Licht hinzukommt. Insofern ist die Erzeugung der Hydroxyle in der Troposphäre von der Ultravioletteinstrahlung abhängig. Da Hydroxyle die meisten Luftverunreinigungen zersetzen bzw. weniger schädlich machen (insbesondere die Ersatzstoffe für die Fluorchlorkohlenwasserstoffe), so wirkt eine verminderte UV-Einstrahlung der Hydroxylreinigungsarbeit in der Atmosphäre entgegen [13].

Eine andere Komplikation für das atmosphärische Modell ist ein starker Gradient der CO_2-Dichte von Norden nach Süden (von 351 bis 345 ppm) mit Schwankungen, je nachdem welche Umweltfaktoren, wie Meereswasserabsorption, Einfluß von Waldbränden oder Industrieausstoß, in ihrer Größe überwiegen.

Es ist wahrscheinlich, daß außer Meerwasser und Atmosphäre auch das Land zur CO_2-Absorption beiträgt [14].

Mikrowellenradiometrie von Satelliten aus ergab präzisere Temperaturangaben als die mit auf der Erde verteilten Thermometern gemachten Thermomessungen. Messungen aus der Höhe ergeben ein Bild der Erdtemperatur über große Bereiche ohne die starke Abhängigkeit von lokalen Störungen. Solche Messungen zeigen im Zeitraum von 1979 bis 1989 zwar Schwankungen, aber keinen definitiven Trend (Abb. 15-1).

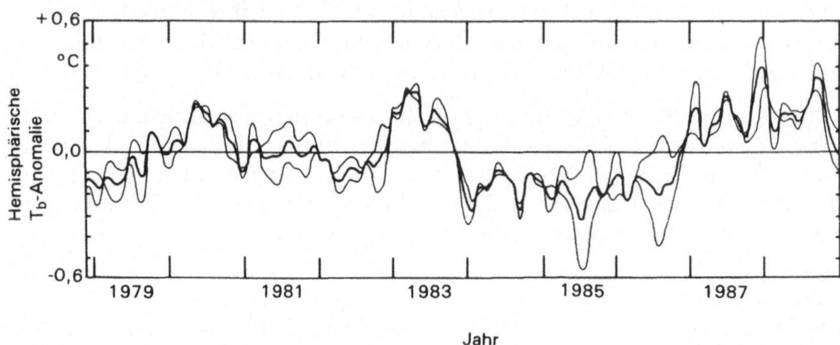

Abb. 15-1. Temperatur-Anomalien der Hemisphären, gemessen mittels Mikrowellen-Radiometrie vom Satelliten TIROS-N aus (nach R. W. Spencer et al. [8]). Gestrichelt: südliche und nördliche Hemisphären; ausgezogen: Mittelwert.

Nimmt man aus einer solchen Temperaturkurve nur einen Ausschnitt, z.B. 1984–1989, so ist ein starkes Anwachsen ersichtlich, während über längere Zeiträume tatsächlich keine Zunahme zu verzeichnen ist [8].

Man hat sogar bereits Berechnungen der Veränderung der Verdunstung, des Regens und der örtlichen Temperaturveränderungen in Abhängigkeit von der CO_2-Dichte durchgeführt. Nach diesen soll sich der Einfluß z.B. auf die US-Agrikultur und in Rußland positiv auswirken [7].

Es gibt auch Stimmen, welche die Temperaturänderung auf die Exzentrizität der Erdumlaufbahn um die Sonne zurückführen. Die Paleoklimatologie zeigt, daß alle 100 000 Jahre ein Zyklus starker Veränderungen entsteht, so daß z.B. eine Änderung der Sonneneinstrahlung von nur 0,2% eine Eiszeit herbeiführt. Auch können innerhalb einiger 100 Jahre kleine Strahlungsvariationen große Änderungen auf der Erde herbeiführen [15].

In diesem Sinne wies eine Gruppe von Wissenschaftlern darauf hin, daß die in den letzten 100 Jahren erfolgte Erwärmung von 0,5 °C durchaus auf eine geringfügige Änderung der Sonneneinstrahlung zurückgeführt werden kann [16]. Ja, es läßt sich zeigen, daß die seit 1860 erfolgten Variationen der Sonnenflecken-dichte ziemlich genau mit den Temperaturänderungen auf der Erde korreliert sind [17].

Detaillierte Messungen der CO_2-Konzentration und derjenigen von CH_4 in den Eisschichten in Grönland und der Antarktis zeigen, daß eine Verdopplung des CO_2-Gehalts in der Atmosphäre mit einer Temperaturveränderung von 3 bis 4 °C einhergeht (Abb. 15-2) [18].

Es muß allerdings angemerkt werden, daß die Schwankungen der CO_2-Dichte in der Atmosphäre in großen Zeiträumen (hunderte Millionen Jahre) erheblich

210

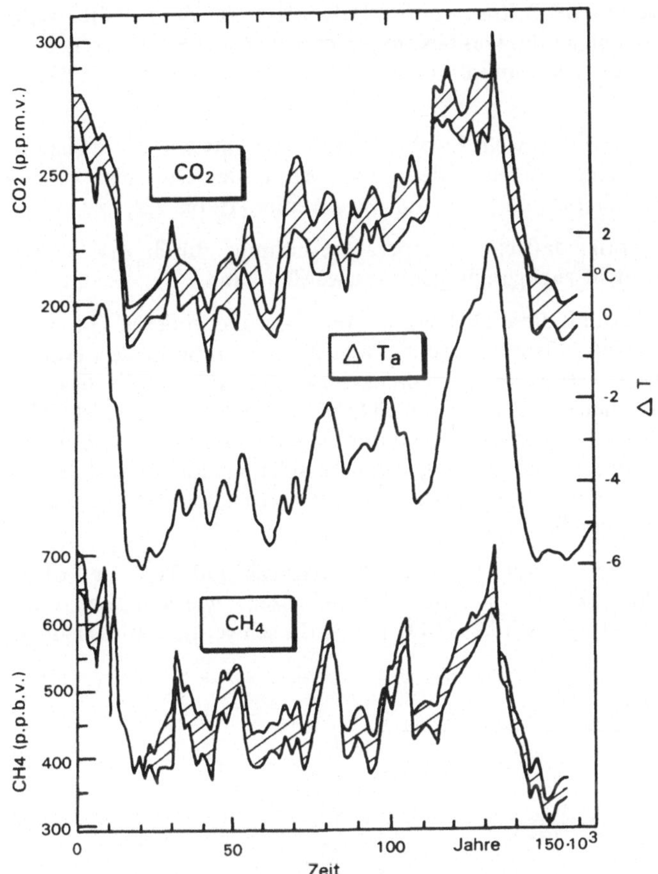

Abb. 15-2. Änderung der CO_2-Dichte, der CH_4-Dichte in Parts per Million (ppm) und der Temperatur-Änderung (ΔT in °C), aufgetragen über die Zeit, von heute bis vor 150 000 Jahren. Messungen im 2 km tiefen Eis in Vostok, Antarktis, CO_2- und CH_4-Kurven mit Toleranzbreite (nach C. Lorius et al. [18]).

größer waren, als dies heute zur Diskussion steht. So wurde aus Messungen an alten Silikatmineralien die CO_2-Dichteschwankung in den letzten 570 Millionen Jahren ermittelt, wobei sich zeigte, daß diese Dichte enormen Schwankungen unterworfen ist. So war z.B. die CO_2-Dichte vor 100 Millionen Jahren bis zu 6 mal so hoch wie heute. Sie lag vor 300 Millionen Jahren wieder auf dem heutigen Niveau, und vor 400 bis 500 Millionen Jahren war sie mehr als 18mal so hoch [6].

Wir kommen hier schon in Zeiträume des Paleozoikums, in das die weite Aufspaltung der Organismen fällt. Das bekannte, schnelle Aussterben der Saurier hat vielleicht mit dem CO_2-Minimum vor 300 Millionen Jahren zu tun (Abb. 15-3).

So ist es nicht erstaunlich, daß viele Forscher von einer unbewiesenen Gefahr reden. Da die CO_2-Verringerung die Menschheit Milliarden Summen kosten würde, hören die Administratoren gerne auf die Zweifler [19 bis 21].

Allerdings ist auch richtig, daß eine Temperaturerhöhung, durch zuviel CO_2 einmal herbeigeführt, nicht rückgängig gemacht werden kann.

Was Wunder nimmt, ist, daß diese Diskussion vom CO_2 und anderen Gasen in der oberen Atmosphäre die Gemüter mehr erregt als der Smog in der Troposphäre; denn die durch Fabrikabgase, Kohlekraftwerke, Automobile usw. in die Atmosphäre entlassenen Gase, vor allem CO, NO_x, H_2S sowie SO_2 und CH_4, die mit der Sonneneinstrahlung auch zu erhöhter Ozondichte führen, sind heute schon von direktem, quantifizierbarem gesundheitsschädigendem Einfluß. So wird z.B. 60% aller Schwefelemission auf menschliche Aktivitäten zurückgeführt, in einzelnen Gebieten sogar bis 99%.

SO_x und NO_x-Abgase haben direkte Schäden bei Mensch und Tier zur Folge. Auch Pflanzen leiden bekanntlich unter den Abgasen, wie das bekannte Waldsterben bezeugt. Im Regen wird aus $SO_2 + H_2O$ die schweflige Säure H_2SO_3.

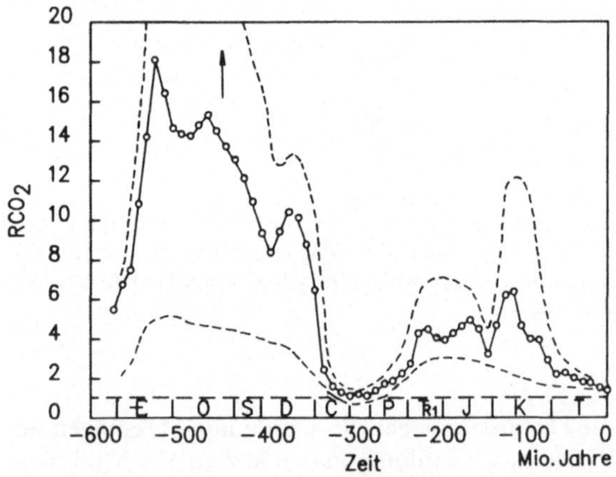

Abb. 15-3. Auftragung von R-CO_2 (Verhältnis der CO_2-Dichte zur Zeit t zur CO_2-Dichte heute) gegen die Zeit (in Millionen Jahren), Zeitachse in 10^6 Jahren rückwärts von heute (0). Die gestrichelte Kurve gibt die Unsicherheitsgrenze der Daten wieder. Der Pfeil gibt an, daß der CO_2-Gehalt der Atmosphäre im frühen Paleozikum höher gewesen sein könnte (nach R. A. Berner [6]).

Kommt dies zusammen mit NO_x, z.B. in der Nähe von Autobahnen, so bildet sich Schwefelsäure:

$$H_2SO_3 + NO_x \rightarrow H_2SO_4 + NO_{x-1},$$

die auch das Trinkwasser versäuert und als saurer Regen die Baumwurzeln angreift. Saures Wasser löst außerdem stark Abfallelemente, wie Aluminium und Blei, aus dem Boden und befördert sie in das Trinkwasser. Auch CO, ein Blutgift, wird mit anderen Kohlenwasserstoffen bei der Verbrennung freigesetzt (etwa 300 Millionen Tonnen pro Jahr).

Es ist erstaunlich, daß die Diskussion sich mehr der recht unbewiesenen CO_2-Infrarotabsorptionszunahme zugewandt hat [1] als dem allgegenwärtigen Smog. Erst langsam wird z.B. in Los Angeles daher das elektrische Auto zur Pflicht.

15.3 Troposphärischer Ozon

Wie erwähnt sind Abgase der Automobile sowie auch solche der Verbrennungszentren für Biomasse und Müll mit Stickoxiden belastet. Bei höheren Brandtemperaturen sind viele Varianten von Hydrokarbonaten und Stickoxiden in den Abgasen. Diese werden bei Sonneneinstrahlung schon in der Troposphäre, d.h. in niederen Luftschichten, in ungerade Sauerstoffverbindungen verwandelt, denn auch die Reststrahlen des ultravioletten Spektralbereiches (über 242 nm Wellenlänge) liefern hierfür genügend Energie.

Die Umwandlung: Sauerstoff + Energie = Ozon oder

$$3 O_2 + hv = 2 O_3$$

ist erstens von der O_2-Dichte (also der Höhe) und zweitens von der Lichtfrequenz abhängig. Die höher energetische UV-Strahlung ist bevorzugt wirksam. In 35 km Höhe ergibt sich ein Maximum der Ozondichte wegen der dort herrschenden Sauerstoffdichte und einem genügend starken Anteil an Strahlungsenergie im höherfrequenten Spektralgebiet.

Nun ist der Absorptionsquerschnitt des Sauerstoffs zwar maximal bei 242 nm (Hartley), aber hv ist immer noch ausreichend für O_3-Bildung im Bereich 450–700 nm (Chappuis) [1].

Wie auch die Praxis zeigt, bildet sich photochemischer Smog noch auf Meeresniveau, wenn genügend Stickoxide zur Verfügung stehen (vgl. Los-Angeles-Smog).

Die ungeraden Stickoxide geben atomaren Sauerstoff in statu nascendi ab, wodurch sie zur Belastung für die Atemwege werden und sowohl Augen als auch Nase angreifen, da diese Reizung gerade die Schleimhäute betrifft.

Die Ozondichte ist gerade zur Mittagszeit am höchsten, da dann die Insolation maximal ist. Sie vermindert sich im Laufe des Tages, da die Sonnenenergie zur Bildung der ungeraden Stickoxide notwendig ist. Smog beeinträchtigt jede körperliche Tätigkeit und kann zu schweren Gesundheitsschäden führen, insbesondere wenn Partikel aus der Öl- und Kohleverbrennung noch hinzukommen. Das aus den Explosionsmotoren ausströmende Gas bestcht zum großen Teil aus CO_2 und CO sowie Methanen und NO_x. Unter Sonneneinfluß zersetzt sich insbesondere NO_x:

$$NO_x + h\nu \rightarrow NO_{x-1} + O,$$

$$O + O_2 \rightarrow O_3.$$

Aber auch weitere, aus der Kohle- und Gasverbrennung stammende Schwefelgase, wie SO_2, können mit Wasserdampf schweflige Säure bilden (H_2SO_3), die im Verein mit Ozon schwere Schäden verursacht. Außerdem bildet schweflige Säure in Gegenwart von NO_x Schwefelsäure:

$$H_2SO_3 + NO_x \rightarrow H_2SO_4 + NO_{x-1}$$

Dies ist auch die Schwefelsäure, welche bei Regen in den Boden sinkt und als „saurer Regen" die Baumwurzeln angreift.

In der Nähe der Städte und Autobahnen ist die Dichte der Kohlenwasserstoffe hoch. Durch Verbesserung der Verbrennung ist die Luftverschmutzung durch Kohlenwasserstoffe zwar stark reduziert worden; jedoch hat sich nicht gleichzeitig die Ozondichte verringert. Es wurde angenommen, daß die bei unvollständiger Verbrennung ausgestoßenen C_nH_{2n} bzw. C_nH_{2n+2}, $C_nH_{2n-2}\ldots$ etc.-Verbindungen der Hauptanlaß für die Luftverschmutzung seien. Es stellte sich aber bald heraus, daß gerade bei unvollständiger Verbrennung der Kohlenwasserstoffe (höhere Drücke, höhere Temperatur) die entstehenden Stickoxide das Hauptproblem darstellen, eben infolge der Bildung von Ozon und Sauerstoff in statu nascendi.

Allerdings sind Kohlenwasserstoffe, wie CH_4, bei Sonneneinstrahlung in der Lage, Sauerstoff atomar anzulagern; z.B. ergibt sich so die Bildung von Methanol:

$$CH_4 + O \rightarrow CH_3OH$$

oder, wenn CO bereits aus Abgasen vorhanden ist und Wasserstoff durch Abwerten von höheren auf niedrigere Verbindungen (bei unvollständiger Verbrennung) entsteht, z.B.

$$C_2H_6 \rightarrow C_2H_4 + H_2$$

(Ethan) $\rightarrow$ (Ethylen) $+ H_2$ mit der Folgereaktion:

$$2H_2 + CO \rightarrow CH_3\cdot OH,$$

wobei wiederum der Einfluß der Sonneneinstrahlung die notwendige Aktivierungsenergie erbringt. In einer besonderen Studie der Vorgänge bei der Bildung von photochemischem Smog und der Rolle der Kohlenwasserstoffe hierbei wurde festgestellt, daß die Photooxidation der Kohlenwasserstoffe in Gegenwart von NO_x wiederum Ozon freisetzt [22]:

$$CH_4 + NO_x \rightarrow CH_3OH + NO_{x-1}$$

$$NO_{x-1} + O_2 \rightarrow NO_x + O$$

$$O + O_2 \rightarrow O_3.$$

Die in den meisten Großstädten erreichte Reduktion der anthropogenen Kohlenwasserstoffe hat die Ozondichte nicht verringert, insbesondere um die Mittagszeit (hoher Sonnenstand), denn auch bei vollständigerer Verbrennung der Kohlenwasserstoffe verbleibt immer noch NO_x. Es wurde sogar vermutet, daß die vom natürlichen Pflanzenwuchs stammenden Nicht-Methankohlenwasserstoffe in Gegenwart von NO_x und Sonneneinstrahlung zur Smogbildung beitragen. Das scheint unnötig, da nach den oben angegebenen Gleichungen NO_x zur Ozonbildung genügt. Hinzu kommen Reaktionen, wie:

$$NO_2 + OH \rightarrow HNO_3$$

$$HNO_3 + h\nu \rightarrow OH + NO_2$$

$$OH + HNO_3 \rightarrow H_2O + NO_3 \quad \text{etc.}$$

15.4 Stratosphärisches Ozondefizit

Wir kommen bei diesen Überlegungen zum photochemischen Smog direkt zu den Problemen, die eigentümlicherweise heute mehr im Vordergrund stehen als das Smogproblem, das die Industriestaaten und alle Großstädte der Welt so belastet: Es sind die Ozondefizite an den Polen und die daraus abgeleitete stärkere Ultraviolettstrahlung.

Hierbei handelt es sich um das umgekehrte Problem wie unter 15.3, nämlich die Reduktion der O_3-Dichte in größeren Höhen (30 bis 50 km) der Luftschicht, die 1975 von Rowland und Molina erstmals postuliert wurde [23].

Die Messungen, die mittels Chemolumineszenzdetektoren durchgeführt wurden, zeigten, daß die O_3-Dichteverringerung mit einer meßbaren Erhöhung der Fluorchlorkohlenwasserstoffe verbunden ist. Für diese Veränderung des Ozonniveaus wird die katalytische Wirkung der Halogenradikale in der Stratosphäre verantwortlich gemacht.

Nach den ersten Messungen in der Antarktis folgten mehrere Messungen in der Arktis, die von der NASA in zwei Forschungsflugzeugen und 28 Flügen über der Polargegend durchgeführt wurden. Dabei wurde festgestellt, daß bei Temperaturen unter $-77°C$ sich Salpetersäureteilchen bilden, die bei $-85°C$ in Eispartikel koagulieren. Diese sollen insbesondere die katalytische Wirkung des gebundenen HNO_3 und $ClNO_3$ fördern [24].

Die Reaktionszyklen wurden genau untersucht [25], wobei die Reaktionen mit dem Sauerstoff entscheidend sind:

$$h\nu + O_2 \rightarrow O + O$$

$$O + O_2 + M \rightarrow O_3 + M \quad \text{(Quellreaktion, strahlungsaktiviert)}$$

$M = $ Katalyst, und

$$O + O_3 = O_2 + O_2$$

als Senke oder Zerfallsreaktion.

Dabei können ungerade Sauerstoffmoleküle auch durch Spurengase, wie H, OH, H_2O usw., zerstört werden. Andere mögliche Reaktionen können durch Anwesenheit von Stickoxiden zur Ozonzerlegung beitragen:

$$NO + O_3 \rightarrow NO_2 + O_2$$

$$NO_2 + O \rightarrow NO + O_2$$

oder

$$Cl + O_3 \rightarrow ClO + O_2$$

$$ClO + O \rightarrow Cl + O_2$$

Bei all diesen Betrachtungen der Chemie des Ozonzerfalls und den Messungen durch das Global Ozone Research and Monitoring Projekt seitens der World Meteorological Organization in Genf (1986) zeigte sich, daß die Erhöhung der Dichte der Radikale der Fluorchlorkohlenwasserstoffe und anderer Halogene, wie Brom, mit einer Verringerung der O_3-Dichte einhergehen. Dabei sind aber niedrige Temperaturen notwendig, um diese Reaktionen möglich zu machen. Übrigens spielt dabei die höhere CO_2-Dichte in der Stratosphäre eine Rolle als Agent einer lokalen Temperatursenkung!

Weitere Untersuchungen in der Arktik zeigen auch hier das Entstehen von ClO und Cl_2O_2 sowie HNO_3 mit 10 bis 15% Verlust von O_3 [26].

Bei all diesen Untersuchungen und Berechnungen der Menge reaktiver Chloride und deren Einfluß auf den Ozonverfall wird von einem photochemischen Kastenmodell ausgegangen, wobei die Zerfallsreaktion in Richtung: $h\nu + O_3 \rightarrow O + O_2$ und $O + O_3 \rightarrow O_2 + O_2$ katalytisch bevorzugt werden soll.

Zieht man jedoch die von der Sonne gelieferten $34,4\,\text{kcal/Mol}$ für die Bildung $O + O_2 \rightarrow O_3$ in Betracht, so läßt sich zeigen, daß bei Berücksichtigung der UV-Einstrahlungsenergie die Menge der in die Atmosphäre entlassenen FCKW-

Verbindungen zu gering ist, um außerhalb der arktischen Zonen einen Einfluß auszuüben [27].

Genauere Messungen durch LIDAR-Sensortests [28] zeigen überdies deutlich die Zunahme von O_3 mit der Abnahme von Aerosolpartikeln in Gebieten der südwestlichen USA sowie die Zunahme in der Tropopause und Abnahme von 65° Breite an zur Antarktis hin.

Alle solche Messungen zeigen starke Schwankungen der Ozondichten. In der Troposphäre (bis etwa 10 km Höhe) treten die bekannten täglichen Änderungen der O_3-Dichten auf mit einem Maximum um die Mittagsstunden, wenn die Insolation stark ist.

In großer Höhe, in der Stratosphäre, ist der Ozongehalt in 20–30 km Höhe maximal, etwa das 5fache des Bodenwertes und abnehmend mit abnehmender Temperatur.

Die in höheren Breiten, nahe den Polen gemessene Ozondichte hat jahreszeitlich stärkere Schwankungen als in niederen Breiten, z.B. zwischen Winter und Sommer in der Arktik von $-6{,}2\%$ bis $+0{,}4\%$, in der Antarktik im Winter Abnahme bis zu $-10{,}6\%$. Dies könnte nun immer so gewesen sein, denn es liegen keine Messungen vor 1975 vor. Auch die LIDAR-Messungen zeigen deutlich eine Ozondichtezunahme zu niedrigeren Breitegraden hin.

Nun haben die festgestellten Ozondichteschwankungen zu detaillierten, chemisch begründeten Überlegungen geführt, seitdem festgestellt wurde, daß bestimmte Verbindungen und Elemente aus anthropogenen Aktivitäten in bisher unerwarteten Dichten in der Stratosphäre auftreten (1980) [1]:

CO_2:	338	ppm	(10^{-6})
CH_4:	1650	ppb	(10^{-9})
N_2O:	300	ppb	(10^{-9})
CFC-11:	179	ppt	(10^{-12})
CFC-12:	307	ppt	(10^{-12})

und mit steigender Tendenz.

Die Höhenverteilung der wesentlichen Stickstoff- und Chlorverbindungen ist in Abb. 15-4 aufgetragen. Die Maxima liegen zwischen 20 und 50 km Höhe und sind im allgemeinen unterhalb des ppb-Bereichs. Diese Messungen stammen aus verschiedenen Quellen spektroskopischer Tests von Raketen, Ballons und Flugzeugen [25].

Alle diese Spurenelemente sollen zum Abbau von O_3 beitragen und sogar katalytische Wirkung haben, zum Beispiel:

$$NO + O_3 \rightarrow NO_2 \qquad NO_2 + O \rightarrow NO + O_2$$

oder

$$Cl + O_3 \rightarrow ClO + O_2 \qquad ClO + O \rightarrow Cl + O_2$$

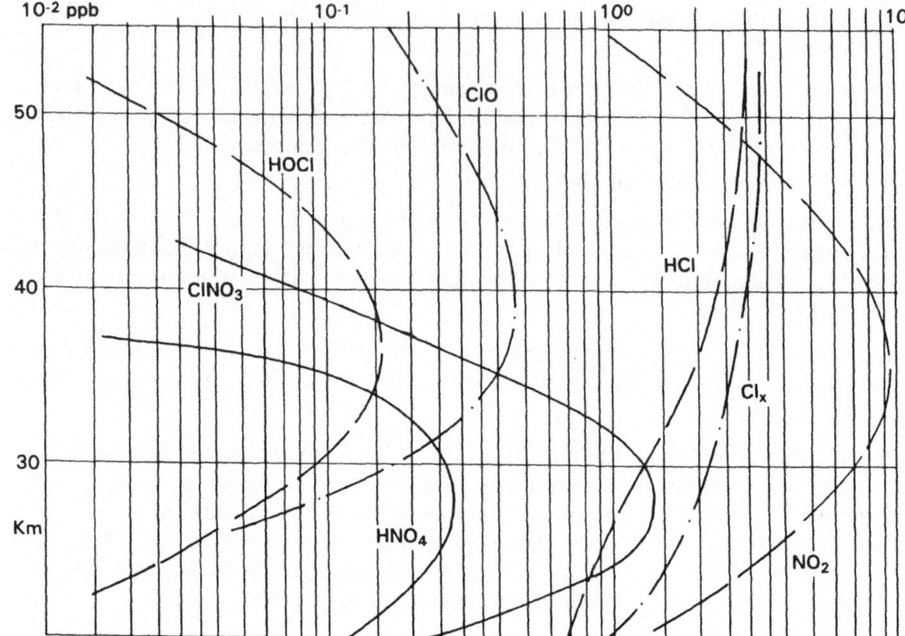

Abb. 15-4. Dichteverteilung der angegebenen Halogengase in ppb (parts per billion–10^{-9}) in der Stratosphäre zwischen 30 und 50 km Höhe (nach McElroy et al. [25]).

Andere Reaktionen, bei denen Solarenergie hv die Energie zur Spaltung liefert, werden auch angenommen, wie z.B.

$$ClO + H_2O \rightarrow HOCl + O_2$$

$$HOCl + hv \rightarrow OH + Cl$$

$$Cl + O_3 \rightarrow ClO + O_2$$

In dem Bemühen, die meist gebrauchten FCKW, wie CFC-11 (CCl_3F) und CFC-12 (CCl_2F_2), durch Stoffe mit geringerem GWP (Global Warming Potential) bzw. ODP (O_3-Depletion Potential) zu ersetzen, ist man auf Verbindungen, wie $CHClF_2$ und CF_3CFH_2, gestoßen, die ebenfalls als Kälteflüssigkeiten (in Kühlanlagen, als Transformatorflüssigkeiten, in Air-conditioners, in Druckflaschen und als Reinigungsflüssigkeiten) benutzt werden können. Andere mögliche Ersatzstoffe sind CH_3CFCl_2 und CHF_2Cl, welche das $CFCl_3$ als Treibgas ersetzen könnten. Man bemerkt, daß diese Ersatzstoffe Wasserstoff enthalten. Dies verringert ihre Stabilität, macht sie aber auch brennbar und damit unbrauchbar für eine Reihe von Anwendungen [29].

218

In Deutschland hat man bereits Bedenken gegen die von der Firma Du Pont de Nemours gelieferten Alternativgase angemeldet. Es wird kaum möglich sein, die bekannten FCKW durch Stoffe zu ersetzen, die im ganzen ebenso günstig liegen in bezug auf Herstellungspreis und Nutzungsmöglichkeit in der Industrie, wo sie vor allem als Reinigungsmittel (Halbleiterindustrie), im Transformatorbau und als Kältemittel Verwendung finden. Die neuen Treibgase haben aber auch ähnliche Absorptionswerte im infraroten Spektralbereich und ähnliche katalytische Wirkung. Modellrechnungen des Beitrags dieser Stoffe zum Treibhauseffekt sind durchgeführt worden [30]. Sie zeigen, daß in dieser Hinsicht die neuen FCKW (CFC) auch nicht viel besser liegen.

Was den chemischen Abbau von Ozon durch diese Spurengase oder Halogenkohlenwasserstoffe betrifft, so muß festgestellt werden, daß bisher nur die rein chemischen Argumente für eine katalytische Ozonzersetzung, insbesondere durch die Chlor und Brom enthaltenden Verbindungen, erforscht wurden. Quantitativ ist im wesentlichen der gegenläufige Konzentrationsverlauf von O_3-Dichte und N_2O bzw. ClO-Dichten (in ppb) belegt [31].

Z.B. sinkt die O_3-Konzentration um 1500 ppb für eine ClO-Dichtezunahme von 800 ppt (Volumen 10^{-12}), woraus auf eine katalytische Wirkung der Halogenkohlenwasserstoffe, insbesondere der chlorenthaltenden Gase, geschlossen wird. In den arktischen Gebieten kommt die Wirkung fein verteilter Eiskristalle hinzu, welche die Reaktion beschleunigen [26].

Weitere mehr quantitative Analysen der Ozonsituation sind notwendig, ehe die weltweite und kostspielige Umstellung begonnen wird (vgl. [27]).

Wie erwähnt gibt es zwei getrennte Schichten hohen Ozongehalts: einmal die Troposphäre (unterhalb 5 km Höhe), welche mit der Smogbildung im Zusammenhang steht, wo Wassergehalt und Solarstrahlung eine große Rolle spielen. Zum andern gibt es das in 30 km Höhe liegende Maximum des stratosphärischen Ozons, das die starke Verdünnung über den Polgegenden zeigt. Ein Austausch zwischen diesen Ozonschichten, wobei die untere ozonreiche Schicht nach oben driftet, mag an einzelnen Stellen möglich sein, wo starke Aufwinde herrschen. An Abschnitten über Afrika und Australien konnte dies durch Satellitenmessungen festgestellt werden [32].

Man muß mit Prognosen auf diesem Gebiet vorsichtig sein, denn die Frage nach dem quantitativen Umsatz $O_2 + hv \rightarrow O_3$ im Vergleich zum katalytischen Abbau von O_3 ist durchaus noch nicht klar beantwortet.

Inzwischen sind auch Stimmen laut geworden, welche die Ozondichtevariation in Zusammenhang mit der zyklischen Solaraktivität bringen. Dabei nimmt die UV-Strahlung um einige Prozent zu, wobei die Ozonschicht wächst. Protuberanzen strahlen aber gleichzeitig Protonen aus, welche wiederum in 40 bis 50 km Höhe eine Verringerung der O_3-Konzentration bewirken, während in 20 bis 22 km Höhe die Ozonerzeugung gefördert wird.

Es handelt sich hier also um sehr komplexe Vorgänge, die nicht nur aufgrund chemischer Umsätze erklärbar sind und die einer quantitativen, physikalisch-chemischen Analyse harren.

Für gute Computermodelle fehlen noch viele Randwerte.

Daher wäre es falsch, hier bereits ein Milliardenprojekt zu beginnen, dessen Rückwirkung auf die Industrie enorm wäre, zumal die Technik der Ersatzstoffe keineswegs beherrscht wird.

15.5 Grundwasserprobleme

Wasser ist die Basis aller menschlichen Existenz. Wo immer der Wasserkreislauf beeinträchtigt wird und die Wasserreinheit leidet, da ist auch der Mensch bedroht. Dies gilt heute nicht nur für Seen, Flüsse und Grundwasser, sondern auch für die Ozeane.

Die Gefahren, welche mit den Öltransporten verbunden sind, werden deutlich, jedesmal wenn ein Öltanker kentert oder in Brand gerät.

Jede Tankstelle stellt eine potentielle Gefahr für die Umwelt dar, durch die schon an vielen Stellen das Grundwasser vergiftet wurde. Da Öl wie Kohle und Gas eine hohe Abgasrate hat, ist klar, daß der entstehende „Smog" keinesfalls weniger Gefahren birgt als die Kernkraft. Allein die Grundwasservergiftung betrifft z.B. in den USA 50% aller Menschen [33].

Es ist ein besonderes Problem, daß die Bakterien, welche normalerweise zum Abbau der Verunreinigungen beitragen, indem sie im Luftsauerstoff zur Oxidation führen, in größerer Tiefe die Kohlenwasserstoffe nicht mehr metabolisieren. Dagegen werden chlorierte organische Stoffe eher unter anaeroben Bedingungen zersetzt. (Das Chloratom wird abgetrennt.)

Wenn auch Untergrundsedimente durch Ionenaustauschprozesse giftige Elemente binden, so hängt dieser Prozeß erheblich von der Permeabilität des Bodens ab, welche in größeren Tiefen abnimmt.

Das meiste Trinkwasser kommt aus Tiefen, die geringer sind als 100 m. Werden chemische Stoffe unterhalb dieser Tiefe abgelagert, ist die Gefahr des Eintritts in das Grundwasser geringer. All dies ist jedoch mit zusätzlichen Kosten verbunden. Insbesondere bedarf es verbesserter Meßmethoden, die Untergrundbewegung der Schadstoffe zu verfolgen, um das Grundwasser zu schützen. Besonders erzeugen Kohleverflüssingungs- und Gaskonversionsanlagen chemische Verunreinigungen durch Sulfide, Nitrate und Chloride. Dazu werden Phenole, Teerstoffe, Öle und aromatische Kohlenwasserstoffe freigesetzt. Wie erwähnt erzeugen NO_x, SH_2 und SO_2 nicht nur den für die Atmungsorgane schädlichen Smog, sondern auch sauren Regen, wodurch giftige Metalle, wie Blei,

Cadmium, Quecksilber und Aluminium, stärker löslich werden, je mehr der pH-Wert abnimt. Z.B. wird Blei, das in Benzin gelöst ist bzw. das aus den Abgasen der Autos stammt, viel stärker durch die Atmungsorgane aufgenommen, wenn es in sauren Aerosolen gelöst ist, also etwa bei Nebel. Auch in saurem Trinkwasser sind diese Metalle stärker löslich. Für Aluminium wurde bereits festgestellt, daß es eine Rolle spielt bei Nierenversagen, Dementia und Alzheimers Krankheit [34].

Eine andere Art von Wasserverschmutzung tritt ein, wenn Kohle- oder Kernkraftwerke das Kühlwasser für die Generatoren als Warmwasser ableiten. Diese thermische Pollution betrifft große Mengen an Wasser. Für ein typisches Kraftwerk werden oft mehr als tausende Kubikmeter Wasser pro Minute in anliegende Seen oder Flüsse geleitet. Die resultierende Erwärmung ist nicht ohne Folgen für Flora und Fauna.

Die Abfallwärme der Kraftstationen sollte daher in Zukunft im Verbundverfahren (Elektrizität plus Wärme) an die umgebenden Wohnungen geliefert werden, wo durch Wärmepumpen die Abfallwärme weiter verwendbar gemacht werden kann. All dies verursacht natürlich hohe Zusatzkosten bei der Installierung.

In Zukunft muß daher eine detaillierte geologische Untergrundanalyse gemacht werden, ehe man ein Kraftwerk baut. Die lebenswichtigen Oberflächengewässer machen nur einen verschwindend kleinen Teil des Meerwassers aus. In km^3 ausgedrückt hat alles Wasser aus Binnenseen und Flüssen nur $230\,000\,km^3$ Rauminhalt, während das Grundwasser kaum 8000 bis $9000\,km^3$ ausmacht. Gletscher enthalten bis zu 30 Millionen km^3 und die Meere 1,32 Milliarden km^3, das heißt alle Wasserquellen außerhalb der Meere tragen nur 3% zur Gesamtwassermenge bei.

Bei weiter steigendem Wasserverbrauch der wachsenden Menschheit wird es unumgänglich sein, in stark bewohnten Trockengebieten die Versorgung durch an den Küsten liegende Meerwasserdesalinierungsanlagen durchzuführen.

Solche Anlagen können heute ohne Ölantrieb entweder mittels Kernkraftanlagen oder besser mit großen Solaranlagen betrieben werden (s. Kap. 17).

15.6 Entsorgung von Kernkraftwerken

Die Einflüsse der Atomenergie auf den Lebenskreis sind völlig anders als die der Kohle- und Ölkraftwerke. Verglichen mit letzteren tritt praktisch keine Luftverschmutzung auf, da es sich nicht um einen Verbrennungsvorgang handelt. Bei der Kohle z.B. entweicht das dreifache Gewicht der verbrannten Menge als CO_2 in die Atmosphäre, dazu einige % SO_x- und NO_x-Gase plus 10% Asche. Dagegen ergeben sich beim Kernkraftwerk die Probleme der Urananreicherung, der Wärmesenke und der Entsorgung.

Bei dem relativ geringen Materialeinsatz je MWh (man produziert mit 1 kg Uran dieselbe Energie wie mit 30 Tonnen Kohle) ist der Antransport des angereicherten Urans (U 235/U 238 = 3/100) kein Problem. Die Abwärme wird heute bereits vielfach in Niedrigwärmeheizsystemen oder Fischbassins nutzbringend verwandt. Dagegen ist Entsorgung (abgesehen von Unfällen) ein echtes Problem, denn es scheint hierbei mehr um eine politische Entscheidung als um eine echte Gefahr zu gehen. Verglichen mit dem Energiebeitrag, den die Kernkraft leistet, ist das Abfallproblem ein sehr geringes. Z.B. werden in den USA durch alle über 100 Kernkraftwerke im Jahr kaum 2000 Tonnen abgebrannten Urans erzeugt. Da 19 Tonnen Uranerz $1\,m^3$ Raum einnehmen, sind das grob $105\,m^3$. Hierfür genügt also ein Rechteckkörper der Dimensionen $4,7\,m \times 4,7\,m \times 4,7\,m$.

In Deutschland entspricht das 320 Tonnen abgebrannter Uranstäbe pro Jahr von allen Kraftwerken, also nicht mehr als $20\,m^3$ Abbrandmaterial. Bei Ablehnung der Wiederaufbereitung bzw. der Plutoniumherstellung bleibt nur das Vergraben der abgebrannten Stäbe. Aber allein die Suche nach geeigneten Salzminen ohne Erdbeben- oder Grundwassergefahren hat sich als kostspieliges Problem erwiesen, da es politisch bisher nicht möglich war, die Bevölkerung in der Umgebung solcher Minen (Gorleben) zur Einwilligung zu bewegen. Es wird also an der Kompaktierung und Verglasung des nuklearen Abfalls gearbeitet, aber irgendwann muß man zur unterirdischen Abstellung übergehen.

Durch die Politisierung dieser Projekte (Einsprüche der Staaten, in denen die Minen liegen) sind die Kosten für die Entsorgung als Ganzes enorm gestiegen. Es kommt hinzu, daß dieses Material im LWR (Leichtwasserreaktor) nur zu 1% ausgenutzt wurde und daß man solche Abbrandstäbe zu einem späteren Zeitpunkt wohl im schnellen Brutreaktor wieder verwenden kann. In den USA wurde bereits vorgeschlagen, dem Staat, der eine Mine auf seinem Gebiet zur Verfügung stellt, hierfür Hunderte Millionen Dollar pro Jahr Miete zu zahlen (Weinberg: Science Vol. 233, 15. August 1986, S. 707). Tatsächlich würde eine Miete von 100 Mio. Dollar pro Jahr nur 0,2/1000 pro kWh Aufpreis bedeuten. Dies sind 20% des Preises, der für die Ablagerung z.Zt. gefordert wird oder 0,2% Zusatz zum mittleren Preis der Kernkraftelektrizität!

Tiefseelagerung ist möglich, wenn genügend tief unter die Sedimentierung gebohrt wird [35, 36].

So ist die Entscheidung eine politische, deren Kosten aber der gelieferten Energie zuzuschlagen sind [37].

In geologischen Tests in Nevada (Yucca Mountains) wurde festgestellt, daß hier durchaus Raum für ein Nukleardepot wäre. Es entbrannte jedoch ein Streit darüber, ob die Kalksteinhöhlen für 10 000 Jahre über dem Grundwasserspiegel bleiben würden. Allein diese Untersuchung kostet nun 1 Million $/Tag. Das DOE (Department of Energy) wird hier 4 Milliarden $ ausgeben, um die örtlich geäußerten Bedenken auszuräumen [38]!

Der größte Teil des Abbrandmaterials kommt aus der Waffenherstellung. Schon bis 1981 belief sich dieser Teil auf 270 000 m^3 in den USA, während der aus Kraftwerken stammende Teil nur 2160 m^3 Umfang hatte (13 m × 13 m × 13 m) [39].

Was den Landverbrauch anbelangt, der bei Kohle, insbesondere Braunkohle im Oberflächenabbau, sehr hoch liegt, so hat man bei der Uranerzgewinnung einen wesentlich kleineren Landbedarf, da selbst die Extraktion von wenig ergiebigen Uranerzen immer nur noch 1/100 bis 1/10 des Landbedarfs der Kohlegewinnung verursacht. Die Risikofaktoren bei der Kernkraft sind kurz gesagt:

1. die Verschiffung bzw. der Transport von Abbrandmaterial,
2. die Stapelung von Abbrandmaterial bzw. der Abbau von Kernkraftwerken,
3. die Möglichkeit eines Unfalls im Kraftwerk.

1. Der Transport von Uranerz und Abbrandmaterial unterliegt so scharfen Kontrollen und Vorschriften, daß auf diesem Gebiet durch weltweit einheitliche und von der IAEA (Internationale Atomenergie-Organisation) überwachte Maßnahmen seit Jahren keine Unfälle entstanden sind [40].

Auch in den USA, wo seit über 40 Jahren in allen Richtungen Uran und andere radioaktive Substanzen transportiert werden, hat sich durch die DOE- Vorschriften für Containertypen und Transportmittel seither kein Unfall ereignet, der von Bedeutung wäre, d.h. bei dem Radioaktivität im Spiele wäre [41, 42].

Dabei werden die Transportzylinder unter harten Bedingungen geprüft und die Schutzhüllen laufend verbessert [43].

In keinem Fall sind die Werte der natürlichen Umweltstrahlung (kosmisch + terrestrisch + medizinisch) von 100 bis 200 mrem/a erreicht bzw. gemessen worden. Dies gilt übringens auch für die unmittelbare Umgebung der Reaktoren.

2. Die Stapelung von Abbrandmaterial ist gerade bei dem meist gebauten LWR (Leichtwasserreaktor) ein Problem. Solange die Wiederaufarbeitung des gebrauchten Urans nicht gelöst ist, fällt ein Großteil des verarbeiteten U 238 als Abfall an.

Daher sammeln sich aus vielen Atomkraftwerken erhebliche Mengen an stark- und schwach-radioaktivem Müll an, die es so zu stapeln gilt, daß keine Umweltbelastung entsteht. Es wurde im Detail darüber argumentiert, warum eine Wiederaufarbeitung unnötig, ja gefährlich sei (siehe z.B. [42]). In Deutschland haben solche Argumente zu einer tatsächlichen Stillegung aller Wiederaufarbeitung (bzw. dem Betrieb schneller Brüter) geführt, obschon die Wirkungsgrade der Reaktoren dadurch um einen Faktor 60 gesteigert werden könnten. Eine 1000-MWe-LWR-Anlage mit einem Durchschnittsarbeitszyklus von 70% verbraucht im Jahr rund 150 Tonnen Uran. Da von einer Uranreserve von über 6 × 10^6 Tonnen ausgegangen werden kann (es werden auch Zahlen, wie 24 × 10^6 T genannt), so würde der Vorrat reichen, die gesamte zur Zeit in der Welt erzeugte nukleare Elektrizität für 100 Jahre zu liefern, ohne den Brüter einzuschalten. Diese Überlegungen haben trotz der Preissenkung für das installierte kWe, die durch den Brüter gegeben wäre, und trotz des geringeren Anfallens von Abbrandmaterial keinen Einfluß auf die Ablehnung dieses Verfahrens durch die Bevölkerung; dies vor allem wegen der grundsätzlichen Ablehnung einer Plutoniumwirtschaft mit ihren Gefahren [42].

So verbleibt die Unterbringung des weiterhin anfallenden Atommülls als hauptsächliches Problem.

Die sinnvolle logische Lagerung von Atommüll, dessen Halbwertszeit in Tausenden von Jahren gemessen wird, ist eine Deponierung tief unter der Erde und unterhalb des Grundwasserspiegels oder unter dem Meeresboden. Geeignete unterirdische Kavitäten sind z.B. stillgelegte Salzminen. Diese sind einer Unterwasserlagerung vorzuziehen, da einmal Grundwasserprobleme fast ausgeschlossen werden können und zum andern ein Zugang zu einem späteren Datum möglich bleibt, z.B. wenn das zu 90% ungenutzte Uran doch wieder verwendet werden soll.

Da viele Salzminen ein Alter von über 200 Millionen Jahren haben, kann mit großer Sicherheit angenommen werden, daß diese Unterbringung während der Dauer des Abklingens der Radioaktivität auf ein ungefährliches Maß keine Veränderung erfährt. Denn der hochradioaktive Teil verliert seine Gefährlichkeit nach 300 bis 500 Jahren. Von Salzminen, die ihre Form in Millionen von Jahren nicht verändert haben, sollte man annehmen, daß sie auch in 1000 Jahren den Müll noch gut beherbergen werden. Nach dieser Zeit hat ein Abklingen auf die Werte des natürlich vorkommenden Uranerzes stattgefunden. Trotz intensiver Prospektion nach geeigneten Lagern und Milliardenbeträgen für Studienberichte und Gutachten, besonders in den Vereinigten Staaten bzgl. der ausgesuchten Lagerstätten, wurde noch kaum irgendwo ein solches Repository (Verwahrungsort) realisiert.

In Deutschland ist die nicht enden wollende Diskussion um Gorleben nur allzu bekannt. Wie in den USA will kein Staat den Atommüll in seinem Gebiet unterbringen lassen, während man die Energie gerne zu niedrigem Preis verbraucht.

Es wurde lange erforscht, ob es in den Yucca-Bergen, im Staate Nevada, einen sicheren Abstellort geben könne. Dort sind in völliger Einsamkeit tiefe Gräben in gebirgiger Gegend für Atomlager geeignet. Nach vielen geologischen Gutachten sollte hier kein Grundwasserproblem entstehen können, und man wollte schon beginnen, ein 15 Milliarden $ teures Deposit zu bauen, als durch eine neue Gruppe von Geologen das Projekt in Frage gestellt wurde. Plötzlich hieß es, daß dort durch Erdbeben der Grundwasserspiegel gehoben werden könnte [44]!

Nun ist grundsätzlich zwischen gering strahlendem (low level) Abbrandmaterial, meist aus den LWR, und hoch radioaktivem Abfall aus der Plutoniumherstellung für Waffen zu unterscheiden. Letzterer kann bis zu 100 000en von Jahren noch erhöhte Strahlung aufweisen. Die Auflösung von Abbrandmaterial zur Plutoniumentnahme erzeugt flüssige Substanzen, meist Säurereste, die kompaktiert werden müssen und vielfach in Glas vergossen werden. Erst nach 3500 Jahren würde das Glas zersetzt sein. Es befindet sich aber in einer Blei-Titan-Hülle, die für Tausende Jahre Beständigkeit hat. Aber die besten technischen Vorschläge für eine Ablagerung führen noch nicht zu einer Lösung ohne die dazugehörige politische Unterstützung, dieses Problem zu lösen. Jeder Staat wehrt sich gegen eine nukleare Lagerstätte. Es muß also, wie heute schon argumentiert wird, eine zentrale (federal) Behörde von oben hierüber entscheiden können [37].

Von kompetenter Seite wurde vorgeschlagen, für ein nukleares Lager dem betreffenden Staat eine hohe Miete zu Zahlen.

Selbst Hunderte Millionen Dollar pro Jahr würden nur 0,2% Erhöhung für den durchschnittlichen kWh-Preis ergeben (Vorschlag von A. M. Weinberg, Institute for Energy Analysis). Die Lagerung unter dem Meeresboden ist aus mehreren Gründen nicht ad acta gelegt.

In Glas eingegossenes Abbrandmaterial kann in den ersten 10 bis 100 Jahren die erzeugte Wärme auffangen. Die etwa 25 Meter darüber liegenden Sedimente schirmen das Material gegen den Meeresboden ab. Daß Sedimentschichten Radioaktivität abschirmen, wurde aus Messungen der Verteilung des natürlichen U 238 gefunden. Danach ist die Abwanderungsrate verschwindend gering.

Solche Schichten sind i.allg. über 500 000 Jahre alt und zeigen nur geringe Abwanderung von U, TH, Ra und Po (Pb) [45].

Es ist jedenfalls so, daß nach etwa 10 000 jähriger Lagerung die meisten Isotope, auch Plutoniumisotope, auf das Maß der natürlichen Umweltstrahlung abgeklungen sind.

Die Radioaktivität der verschiedenen, entstehenden Isotope hat sehr unterschiedliche Halbwertszeiten (Abklingen auf 1/2). Zum Beispiel aufgetragen für die verschiedenen Schutzwände im Reaktor ergeben sich die Meßwerte der Tabelle 15-2.

Es ist zu sehen, daß alle langlebigen Isotope außerhalb der äußeren Schutzschicht auf viel niedrigeren Strahlungswerten liegen als die kurzlebigen Isotope. Daher ist ein Reaktorstillstand für 100 Jahre ausreichend, um eine substantielle Neutralisierung herbeizuführen [46].

Die Kosten für die Operation der Entsorgung sind hoch. Die Technik, eine solche Anlage so abzubauen, daß die Umwelt in den alten, sauberen Zustand zurückversetzt wird, ist vorhanden.

Allerdings hat man vor 40 Jahren die Entsorgung nicht voll finanziell eingeplant. Es wird nun debattiert, welche Methoden angewandt werden sollen, wieviel

Tabelle 15-2. Halbwertszeit und Radioaktivität verschiedener Isotope

Isotop	Halbwertszeit	Radioaktivität in Ci/m^3			
		Kern- wand	Umhül- lung	Außen- wand	Biologisches Schutzschild
^{35}Nb	35 Tage	2×10^3	$7,6 \times 10^0$	$1,7 \times 10^{-3}$	$5,4 \times 10^{-6}$
^{59}Fe	45 Tage	$4,6 \times 10^4$	$4,4 \times 10^3$	$2,7 \times 10^1$	1×10^0
^{95}Zr	65 Tage	$1,1 \times 10^{-1}$	$6,2 \times 10^{-3}$	$7,2 \times 10^{-4}$	—
^{58}Co	72 Tage	$1,5 \times 10^5$	$3,3 \times 10^2$	$6,6 \times 10^0$	$8,2 \times 10^{-2}$
^{65}Zn	245 Tage	$1,2 \times 10^2$	$1,1 \times 10^0$	$3,5 \times 10^{-5}$	$4,5 \times 10^{-7}$
^{54}Mn	300 Tage	$6,8 \times 10^4$	$3,7 \times 10^3$	$4,7 \times 10^1$	$1,7 \times 10^{-1}$
^{55}Fe	2,7 Jahre	$1,3 \times 10^5$	$1,5 \times 10^5$	$7,2 \times 10^2$	3×10^1
^{60}Co	5,27 Jahre	$9,6 \times 10^5$	$9,3 \times 10^4$	$7,5 \times 10^1$	$6,7 \times 10^{-1}$
^{63}Ni	100 Jahre	$1,2 \times 10^5$	$1,5 \times 10^4$	$3,8 \times 10^0$	$1,4 \times 10^{-1}$
^{93}Mo	3500 Jahre	$3,6 \times 10^{-1}$	$5,2 \times 10^{-2}$	$1,3 \times 10^{-3}$	$6,7 \times 10^{-5}$
^{14}C	5750 Jahre	$1,5 \times 10^2$	$1,8 \times 10^1$	$1,9 \times 10^{-2}$	$6,9 \times 10^{-4}$
^{94}Nb	20000 Jahre	$5,4 \times 10^0$	$2,6 \times 10^{-1}$	—	—
^{54}Ni	80000 Jahre	$7,4 \times 10^2$	$1,3 \times 10^2$	$3,2 \times 10^{-2}$	$1,2 \times 10^{-3}$

Reststrahlung erlaubt und wo der Atommüll gelagert werden kann. Da man die Stromabnehmer nicht von vornherein mit diesen Kosten belastet hat, besteht auch die Frage, wie die Bezahlung geregelt werden soll.

Weltweit sind bereits über 60 Forschungs- und Demonstrationsreaktoren stillgelegt worden, plus 21 Uranerz- und Veredelungsanlagen. Man kann entweder einmotten, bis die stärkere Aktivität abgeklungen ist, um später abzubauen, oder die Anlage total abschirmen für 100 und mehr Jahre oder alles sogleich abbauen. Letzteres ist aufwendiger. Die meisten Fälle von Stillegung der Kernreaktoren sind jedenfalls mit Kosten in Höhe von Hunderten Millionen Dollar verbunden.

3. Die Möglichkeit eines Unfalls
Nach den Unfällen in den USA, im wesentlichen der sog. Three-Mile-Island (Pennsylvania)-Unfall und einige kleine Unfälle durch Austreten von schwachradioaktivem Wasser und insbesondere nach Tschernobyl in Rußland ist die Öffentlichkeit stark gegen die nukleare Option eingestellt.

Radioaktive Wolken, die über Hunderte Kilometer die Spaltprodukte über Land tragen, sind in der öffentlichen Meinung ein viel größeres Gefahrenmoment als etwa Autobahnunfälle.

Schon nach dem Three-Mile-Island-Unfall gab es detaillierte Analysen der Gründe für den Unfall und Prognosen für eine weitere Begrenzung aller Nuklearwerke [47]. Es konnte gezeigt werden, daß der Unfall durch menschliches Versagen verursacht worden war. Da aber kein Durchbrennen des Kerns erfolgte und kaum radioaktive Substanzen nach außen gelangten, wurde dieser Unfall geradezu als Testfall für die Sicherheit betrachtet, denn als der erste Kühlkreis durch einen Ventilfehler blockiert wurde, schaltete irrtümlicherweise eine ungelernte Kraft den Hilfkreis auch noch ab, was dann zur Überhitzung und zum Kühlwasseraustritt führte. Da der Container aber standhielt, gab es kein Durchschmelzen wie in Rußland. Die Sicherheit nuklearer Anlagen wird im Westen seit dem Three-Mile-Island-Unfall weiter gesteigert. Wenn man angeben kann, daß ein Unfall nur eine Wahrscheinlichkeit hat, in 10^6 Jahren einmal aufzutreten, so ist das kein Trost im Falle eines Super-GAUs.

Der russische Reaktorbau ist grundsätzlich verschieden von westlichen Konstruktionen. Hier spielte die betriebliche Plutoniumentnahme eine Rolle bzw. das Fehlen eines Reaktordomes. Auch haben Graphitreaktoren einen negativen Reaktivitätskoeffizienten, d.h. erhöhte Temperatur des Kerns macht den Graphit stärker reaktiv, wobei höhere Leistung die Wassertemperatur erhöht, was wiederum die Neutronendichte erhöht. Werden dabei wie in Tschernobyl die Kontrollstäbe zurückgezogen, so hat man es mit Selbstzündung bzw. Durchgehen zu tun. Wie beim Three-Mile-Island-Unfall war Operator- Error, d.h. menschliche Unkenntnis der Grund und nicht Versagen der Automatik [48].

Vom Standpunkt des Aufbaues einer Kraftanlage und den damit verbundenen Unfällen liegt eine Kernkraftanlage keineswegs schlechter als kohle- oder ölangetriebene Kraftanlagen [49].

Es gibt nun auch neuere Reaktorkonstruktionen, die einen absolut sicheren Betrieb ermöglichen. Bei diesen ist der Reaktor z.B. in einen Pool von Borwasser eingebaut, so daß es in keinem Fall von Kühlwasser- bzw. Pumpproblemen abhängt, ob Flüssigkeit zur Deaktivierung mangelt [50].

Durch weitere Sicherheitsmaßnahmen und Standardisierung der Konstruktionen sind alle im Westen gebauten Kraftwerke sehr zuverlässig. Trotz alledem bleibt eine tiefe Abneigung der Bevölkerung gegen die Kernkraft.

15.7 Berücksichtigung der Umweltprobleme als Zusatzkosten zur Energieerzeugung – Vergleich mit erneuerbaren Quellen

Bei einer Abschätzung der Kosten, die durch die in Abschn. 15.2 bis 15.6 genannten Schäden verursacht werden, kann man nur grobe Werte angeben. In einer neueren Studie zum Problem der öffentlichen Meinung in den Fragen der Energieverteilung wird besonders auf die Diskrepanz zwischen staatlicher Förderung der einzelnen Techniken und deren Beitragsmöglichkeiten hingewiesen. Besonders erwähnt werden die verdeckten Kosten der Förderung von Kohle- und Kernkraftwerken, der Fusion, aber im Gegensatz hierzu die geringe Förderung der erneuerbaren Quellen, besonders der Solartechnik [51].

Allein in den USA muß Folgendes als verdeckte Kosten angesetzt werden (in Mrd. Dollar) [52]:

Korrosion:	2
Verlust an Pflanzenwuchs:	2–7
Verlust an Arbeitszeit:	20–30
radioktiver Müll:	20–30
Verlust durch Gesundheitsschäden:	20–80
militärische Ausgaben:	15–50
Subsidien:	40–55

Allein auf dem bekannten Gebiet der Subsidien, welche die öffentliche Hand den Energieproduzenten in Form von Steuerkrediten und Forschungshilfen erteilt, sind 50 Milliarden Doller pro Jahr anzusetzen. Auch sind die bekannten Einwände gegen die Solaroption nicht zu halten, nämlich daß sie mehr Landfläche benötige als andere Kraftanlagen. Rechnet man die zerstörten Landflächen der Kohlegruben und Minen, z.B. für Uran, hinzu, so kommt man auf ähnliche Flächen [53].

Für die Kosten, die sich je kWh bei den verschiedenen Techniken als verborgene, doch zahlbare Lasten ergeben, wurde folgende Liste aufgestellt (in Dollar/kWh) [52]:

Kühlschränke	0,013
Tiefgefriertruhe	0,015
Industrieversorgung	0,016
Bewässerungsenergie	0,016
nicht kommerzielle Energie	0,018
Wassererhitzer	0,019
kommerzielle Energie	0,022
Hausbau	0,023
allgemeine kommerzielle Energie	0,028
neue Mehrfamilienhäuser	0,030
Einzelhäuser	0,031

Auf dem Gebiet der Hydroelektrizität müssen folgende Zusätze zu den Kosten gemacht werden, um die Umweltschäden zu kompensieren (in Dollar/kWh):

Kosten für Wirkungsgradverbesserungen	0,013
Kosten für kleinere hydroelektrische Kraftwerke	0,02
Kosten für importierte Hydroelektrizität	0,03
Verbesserung des Verteilernetzes	0,035
Fertigstellung der angefangenen Kernkraftwerke	0,032
Gasturbinen	0,033
Kohlekraftwerke	0,04

Solche Umweltkosten können in Form von Steuern bezahlt werden. Es wurde bereits eine Steuer von 28 $/Tonne Kohle oder anderer fossiler Brennstoffe

(Öl, Gas) vorgeschlagen. Es wird jedoch vorgezogen, diese äußeren Kosten zu den Kraftwerkskosten bzw. dem $/kWh-Preis zuzuschlagen oder sie bei umweltfreundlichen Techniken in Rechnung zu stellen.

Nur so könnten schließlich die neuen Energietechniken konkurrenzfähig werden. So wurde z.B. in Wisconsin (USA) ausgerechnet, daß nicht-fossile Kraftwerke 15% Mehrkosten verursachen dürfen. Gemäß einer anderen Lösung schlägt man in New York für Kohlekraftwerke ohne besondere Filterung eine Preiserhöhung je kWh von 1,4 Cents vor, was fast 25% der Kosten bedeutet.

Es wird in anderen Staaten (Oregon, California, Colorado, New Jersey) von einem Prämiensystem gesprochen, nach welchem die Kraftwerke je nach Umweltbelastung Gutscheine kaufen. Diese können im Falle besonderer Vorkehrungen und weniger Umweltbelastung an andere Kraftwerke weiterverkauft werden.

Auch Konservation bzw. Sparmaßnahmen können so abgegolten werden. Der beste Weg wäre schon heute eine höhere steuerliche Belastung der umweltschädigenden Betriebe mit fossilen Brennstoffen. Dies würde den alternativen Energiequellen einen leichteren Start ermöglichen. Die Bezahlung der Umweltschäden sollte nicht aus falscher Rücksichtnahme auf die Wirtschaft weiter hinausgezögert werden, denn auch die Bereinigung der Umweltprobleme erzeugt neue Arbeitsplätze.

Wenn die Energiepreise die wirklichen Kosten widerspiegeln, wird die Marktwirtschaft automatisch die Förderung der regenerativen Energiequellen zur vollen Entwicklung bringen.

Um z.B. die vollen Kosten für ein Kohlekraftwerk plus den Kosten für allgemeine kommerzielle Energie zu decken, müßten je kWh 0,068 Cents oder rund 11 Pf zu den 0,12 DM/kWh im Industriegebiet zugerechnet werden. Damit sind dann die Kosten für ein Solarkraftwerk konkurrenzfähig, und zwar auch die, die mit einfachen Dachziegeln als photovoltaischen Modulen in Nordeuropa geplant sind.

Die in sonnenreichen Ländern möglichen Kogenerationsanlagen mit Konzentratorzellen können sich auf Grund ihres hohen Energieerntefaktors schon heute neben den Kernkraft- und Kohle-Elekrizitätserzeugern behaupten.

Die Umweltbelastung bei allen alternativen (nicht fossilen) Quellen ist verschwindend gering im Vergleich mit der Belastung der Atmosphäre durch Kohle, Gas, Öl oder Benzin. Zwar haben hydroelektrische Anlagen durch Landschaftsveränderung auch Umweltschäden zur Folge, und Solaranlagen verändern, wenn sie über den MWatt-Bereich hinausgehen, die Solarrückstrahlung in die Atmosphäre. Aber diese und die durch Wellenbewegung gewonnene Energie müssen im Vergleich zu den üblichen Energieerzeugen als sauber bezeichnet werden. Man kann also durchaus die Zurechnung zum kWh-Preis als einen direkten Gewinn bei den „Reversiblen" betrachten, wodurch heute

bereits die erneuerbaren Energiequellen konkurrenzfähig würden. In welchem
Maße sich große Investitionen lohnen, hängt natürlich sehr vom Wirkungsgrad
ab.

Wie wir gesehen haben, können PV-Module auf Dächern angebracht in nördlichen Zonen nur in sehr begrenztem Umfang zur Energieversorgung beitragen.
Die auf diffusem Lichteinfall basierenden Siliziumdünnschichtzellen haben
nur begrenzte Wirkungsgrade, und dazu ist die zur Verfügung stehende Fläche
unzureichend. Solche Anlagen können allenfalls einen Bruchteil der benötigten
Energie decken. Alle wirklich entscheidenden Energieträger, wie Konzentrator-
III-V-Solaranlagen mit Kogeneration, Meereswellenumsetzer, große Wind-
generatoranlagen erfordern bestimmte Ortsverhältnisse, die nicht mit der Lage
der Hauptverbraucher zusammenfallen.

Wenn der zukünftige Verkehr sich immer mehr auf die Elektrizität stützen sollte,
so kann dies nicht etwa im kleinen Stil durch lokale Solaranlagen abgedeckt
werden. Wenn der zukünftige Autoverkehr sich zu 50% mit Elektromobilen
abspielt, kann die notwendige elektrische Leistung nur atomar oder mittels
Solaranlagen im großen Stil in Nordafrika erzeugt werden.

Umweltbelastend sind dann vor allem Hochstrom- bzw. Hochspannungsleitungen oder auch der Schiffsverkehr mit lokal erzeugtem flüssigem Wasserstoff.
Beides sind akzeptable Lasten im Vergleich mit Atommüll oder den durch Kohle
entstandenen Schäden.

Es ist jedenfalls vorauszusehen, daß weder Sparmaßnahmen noch Verbesserungen
der Wirkungsgrade der Maschinen einen Anstieg des Energiebedarfs abdecken
können, noch mit einem geringeren Energieaufkommen weltweit gerechnet
werden kann.

Vergleich mit den erneuerbaren Energiequellen
Bei genauerer Betrachtung der alternativen Lösungen ergibt sich auch für diese,
daß die Umwelt in der einen oder anderen Form in Mitleidenschaft gezogen wird.

Es gibt eben keine völlig neutrale Energiequelle ohne jeden Umwelteinfluß. Dies
gilt selbst für Solaranlagen, welche beim Aufbau in großem Stile Sonnenwärme
verstärkt absorbieren und dadurch auch einen Einfluß auf das lokale Wetter
haben. Dieser Einfluß ist allerdings nicht zu vergleichen mit den Umweltschäden,
die durch fossile Brennstoffe entstehen, oder die möglichen Gefahren und
Entsorgungsprobleme bei der Kernkraft.

Es ist z.B. vielfach die Rede davon, daß man umweltfreundlich Methanol und
Ethanol in Verbrennungsmotoren einsetzen kann. Die Abgase erzeugen weniger
CO_2 und NO_x als Benzin, wobei die Ausgangssubstanzen dieser Alkohole
Zellulose, Stärke und Zucker sind. Sie werden durch Destillation von Pflan-
zensäften und Korn erhalten. Außerdem wird darauf hingewiesen, daß CO_2,
welches bei der Verbrennung entsteht, vorher in den zu destillierenden Pflanzen

unter Sonneneinfluß absorbiert wurde, also aus dem natürlichen CO_2-Vorrat stammt, was einen konstanten Kreislauf bedeutet. Tatsächlich kann auch Biomasse im allgemeinen unter günstigen Umständen in C_2H_5OH (Ethylalkohol) bzw. CH_3CH_2OH, d.h. auch CH_3OH (Methanol), verwandelt werden.

Die Kosten hierfür sind z.Zt. noch hoch, so daß dieser Treibstoff subventioniert werden muß, wenn er mit Benzin konkurrieren soll. In Ländern, wie Brasilien, hat man bereits große Landstriche für die Methanolherstellung aus Pflanzen reserviert. Als Beimischung zum Benzin ist Methanol schon vielfach im Gebrauch. Es sind Automobile entwickelt worden, die völlig mit Methanol fahren. Die Abgase bestehen wie bei Benzin, z.B. Isooctan, aus CO_2, H_2O, NO_x, und CO etc. Allerdings ist der Ausstoß an CO_2 und NO_x geringer [54].

Es darf jedoch nicht übersehen werden, daß die Produktion dieser Alkohole aus Biomasse große Bodenflächen benötigt, die der Nahrungskette entzogen werden. Auch dies ist eine Umweltbelastung [55].

Nimmt man den Fall der Hydroelektrizität, so ist klar, daß auch hier eine Umweltbelastung vorliegt. Landschaftsveränderungen und Änderung des Grundwasserspiegels können schwerwiegende Folgen haben, wie das z.B. im Fall des Assuan-Damms in Ägypten auftrat. Auch gibt es immer eine große Anzahl von Unfällen beim Bau solch umfangreicher Anlagen.

Im Fall der Windgeneratoren liegen Erfahrungen vor, welche es notwendig machen, große Anlagen, wie z.B. in Kalifornien, weit ab von bewohnten Gegenden anzulegen, da das Propellergeräusch (eine Windmodulation) weithin hörbar wird.

Was die Ausnutzung der Ozeane (thermisch und dynamisch) betrifft, so ist auch hier mit Unfällen beim Aufbau und der Wartung zu rechnen. Dasselbe gilt für größere Solaranlagen, photovoltaisch oder thermisch. Man rechnet mit einer Arbeiterschaft von 1200 für eine 1000-MWe-Anlage (Reinhaltung der Optik, Kontrolle der Module, Reparaturen, Wartung der Umformer etc.) Mit einer effektiven Leistung einer solchen Anlage von 435 MW ist der Faktor: $1200/435 = 2,8$-Mannjahre/MW Jahr.

Setzt man nur 1,3 Mannjahre/kWe an, wie andere Schätzungen angeben, so ergibt sich bei 2000 Arbeitsstunden/Jahr ein Faktor 0,7 Mannjahre/MWe. Bei solchem Einsatz gibt es natürlich Unfälle und Arbeitsausfall. Nimmt man bekannte Zahlen aus dem Dachdeckergewerbe oder aus der Metallindustrie, so kann man berechnen, daß im Durchschnitt 1,45 Manntage verloren gehen je Energieeinheit (dazu 0,02-Mannjahre durch Krankheit und $4,7 \times 10^{-4}$-Mannjahre durch Tod). In einer Gegenüberstellung der Zahlen für den Verlust an Arbeitszeit in den verschiedenen Energiewerken gibt H. Inhaber [49] an, daß diese Verlustzahl bei den meisten Techniken der nichterneuerbaren und erneuerbaren Energiequellen etwa zwischen 10 und 100 Arbeitstagen/MW Jahr liegt.

Es sind hier spekulative Zahlen angewandt worden, soweit es sich um die erneuerbaren Energien handelt; aber im Grunde dürften diese Überlegungen zutreffen.

Es liegen noch keine genauen Zahlen für große Solarkraftanlagen vor, die einen Vergleich mit den Arbeitsverlusten beim Aufbau von Kernkraftanlagen erlauben. Immerhin treten bei den Solaranlagen auch sehr großer Ausdehnung keine Probleme der Sicherheit und des Atommülls auf.

Alle Analysen der Energiesituation zeigen, wie notwendig es ist, möglichst sofort die Technik der alternativen Energiequellen zu entwickeln, da zu ihrem Einsatz die konventionellen Energien notwending sind und da zu ihrer Entwicklung noch eine längere Zeitspanne erforderlich ist.

Literatur:

[1] Zwischenbericht der Enquête-Kommission des 11. Deutschen Bundestages: „Vorsorge zum Schutz der Erdatmosphäre". 9.März 1989. Deutscher Bundestag, Referat Öffentlichkeitsarbeit. Bonn 1989. 2. Erweiterte Auflage.

[2] Editorial: „Greenhouse Warming still Coming". SCIENCE, Vol. 232, 2. May 1986, pp. 573–574

[3] D. A. Lashof and D. R. Ahuja: „Relative Contribution of greenhouse gas emissions to global warming". Nature, Vol. 344, 5. April 1990, pp. 529–531

[4] P. J. Crutzen and O. Andreae: „Biomass Burning in the Tropics: Impact on Atmospheric Chemistry and Biochemical Cycle". SCIENCE, Vol. 250; 21. December 1990, pp. 1669–1678

[5] A. H. Lachenbruch and B. V. Marshall: „Changing Climate: Geothermal Evidence from Permafrost in the Alaskan Arctic". SCIENCE, Vol. 234; 7. Nov. 1986, pp. 689–696

[6] R. A. Berner: „Atmospheric Carbon Dioxide Levels over Phanerozoic Time". SCIENCE Vol. 249;21 Sept. 1990, pp. 1382–1386

[7] R. M. Adams et al.: „Global Climate Change and US-Agriculture". NATURE, Vol. 345, 17. May 1990, pp. 219–224

[8] R. W. Spencer and J. R. Christy. „Precise Monitoring of Global Temperature Trends from Satellites." SCIENCE Vol. 247; 30. March 1990, pp. 1558–1562

[9] S. H. Schneider: „The Greenhouse Effect: Science and Policy". SCIENCE, Vol. 243, 10. Febr. 1989, pp. 771–781

[10] s. z. B. „Burning Coal more cleanly and efficiently". IEEE-Spectrum, Vol. 23(8) August 1986, pp. 64–69

[11] s. z. B. „Scientific American"; May 1990, Issue pp. 80–88

[12] News and Views: NATURE, Vol. 345, 24. May 1990, p. 287, and Science and Technology: The Economist, May 26., 1990, p. 89–90

[13] „Hydroxyl, the Cleanser that thrives on Dirt". Research News, SCIENCE, Vol. 253, 13. Sept. 1991; pp. 1210–1211

[14] P. P. Tales, I. Y. Fung, T. Takahashi: „Observational Constraints on the global atmospheric CO_2-budget". SCIENCE, Vol. 247, 23. March 1990, pp. 1431–1438

[15] T. J. Crowley and G. R. North: „Paleoclimatology". Oxford University Press, New York 1991

[16] Editorial: „Global Warming: Blaming the Sun". SCIENCE, Vol. 246, 24. Nov. 1989, pp. 992–993

[17] R. A. Kerr: „Could the Sun be warming the Climate?" SCIENCE Vol. 254; 1. Nov. 1991, pp. 652–653

[18] C. Lorius et al.: „The ice core record: Climate sensitivity and future greenhouse warming". NATURE, Vol. 347 13. Sept. 1990, pp. 139–145

[19] Editorial: „The Greenhouse Bandwagon rolls on ". SCIENCE, Vol. 253, 23. August 1991, p. 845

[20] P. H. Abelson: „Uncertainties about global warming". SCIENCE, Vol. 247, No. 4950, 30. March 1990, p. 1529

[21] R. M.White: „The great climate debate". Scientific American, Vol. 263(1), July 1990, pp. 36–43

[22] W. L. Chameides et al. „The Role of Biogenic Hydrocarbons in Urban Photochemical Smog: Atlanta as a case study". SCIENCE Vol. 241, 16. Sept. 1988, pp. 1473/75

[23] F. S. Roland and M. J. Molina: Review of Geophysics and Space Physics; 14. Jan. 1975

[24] Editorial: „Arctic Ozone is poised for a fall". SCIENCE, Vol. 243; 24. Feb. 1989, pp. 1007–1008

[25] M. B. McElroy and R. J. Salawitch: „Changing Composition of the Global Stratosphere". SCIENCE, Vol. 243, 10 Feb. 1989, pp. 763–770

[26] W. H. Brune et al.: „The Potential for Ozone Depletion in the Arctic Polar Stratosphere". SCIENCE, Vol. 252, 31. May 1991, pp. 1260–1266

[27] H. F. Mataré: „Das arktische Ozon-Defizit". Zschr. f. Meteorologie, Vol. 41, 1991, pp. 40–41

[28] E. V. Browell: „Differential Absorption LIDAR Sensing of Ozone". Proceedings IEEE, Vol. 77(3), March 1989, pp. 419/32

[29] L. E. Manzer: „The CFC-Ozone Issue: Progress on the Development of Alternatives to CFC's". SCIENCE, Vol. 249, 6. July 1990, pp. 31–35

[30] D. A. Fisher et al.: „Model Calculations of the relative effects of CFC's and their replacements on global warming". NATURE, Vol. 344, 5. April 1990, pp. 513–516

[31] M. H. Proffitt et al.: „Ozone loss in the Arctic polar vortex inferred from high-altitude aircraft measurements". NATURE, Vol. 347; 6. Sept. 1990, pp. 31–36

[32] J. Fishman et al.: „Identification of widespread pollution in the Southern

Hemisphere, deduced from satellite analyses". SCIENCE, Vol. 252; 21 June 1991, pp. 1693–1696

[33] P. R. Patrick and J. Quarles: „Groundwater Contamination in the United States". University of Pennsylvania Press, Philadelphia 1983

[34] Editorials: „Acid Rain's Effects on people assessed". Science Vol. 226(4681), p. 1408, 1984; „Groundwater Contamination", SCIENCE, Vol. 224(1408), p. 671; 1984 „Effects of SO_2 and NO_x-emissions". SCIENCE, Vol. 226(4680), p. 1263, 1984, „Automobiles and acid rain". SCIENCE, Vol. 222(4619), p. 8, 1983

[35] J. K. Cochran: „Nuclear Waste Disposal: Lessons from the deep sea". NATURE, Vol. 346, 19. July 1990, p. 219

[36] S. Colley and J. Thomson: „Limited diffusion of U-series radionuclides at depths in deep-sea sediments". SCIENCE, Vol. 346, 19. July 1990, pp. 260–263

[37] K. B. Krauskopf: „Disposal of High-Level Nuclear Waste: Is it possible?". SCIENCE, Vol. 249, 14. Sept. 1990, pp. 1231–1232

[38] Editorial: „The Geopolitics of Nuclear Waste". SCIENCE, Vol. 251. 22 February 1991, pp. 864–867

[39] J. F. Shea III: „Formulating nuclear waste management policy: The scientific community and government must plan for the long term". In: Papers in science and public policy I. Annals of the New York-Academy of Science, Vol. 368, Ed. B. L. Rosenberg, 1981

[40] E. Münch: „Tatsachen über Kernenergie". Verlag Girardet, Essen 1980, pp. 68 ff

[41] Annual progress Report: Environmental Sciences Division. Annual Progress Publication, No. 2641, Oak-Ridge, National Laboratories and Martin Marietta Energy Systems Inc. Oak-Ridge, Tenn. 1985

[42] H. F. Mataré: „Energy, Facts and Future" CRC-Press Inc. Boca-Raton, FLORIDA, 1989, pp. 172–175

[43] Transport of Radioactive Material in the United States: Results and Survey to determine the magnitude and Characteristics of domestic, unclassified shipments of radioactive materials. SANDIA Nat. Laboratories, Albuquerque, N. M. for US-Dpt. of Energy. Contract OE-A-10A-76DP-00789 Washington D.C. 1985

[44] News & Comment: „Hanford's Radioactive Tumbleweed". SCIENCE Vol. 236; 26. June 1987, pp. 1616–1620, (siehe auch [38])

[45] J. K. Cochran: „Nuclear Waste Disposal, Lessons from the Deep-Sea". NATURE Vol. 346; 19. July 1990, pp. 219–220

[46] M. A. Fischetti: „When reactors reach old age". IEEE-Spectrum Vol. 23(2) Febr. 1986, pp. 28–35

[47] Special Issue: „Three Mile Island and the Future of Nuclear Power". IEEE Spectrum, Vol. 16(11), Nov. 1979

[48] „Chernobyl: Errors and Design Flaws". SCIENCE, Vol. 233, 5. September 1986, pp. 1029–1031

[49] H. Inhaber: „Energy Risk Assessment". Gordon & Breach Science Publishers, New York 1982

[50] M. A. Fischetti: „Inherently Safe Reactors". IEEE-Spectrum, Vol. 24; 1987, p. 28

[51] W. R. Moomaw: „Photovoltaics: Meeting the Environmental Imperatives of clean air and climate change". 21. IEEE-PV-Specialists Conf. Proceedings 1990; pp. 9–15

[52] H. M. Hubbard: „The real cost of Energy". Scientific American, Vol. 264(4) April 1991

[53] H. M. Hubbard: „Photovoltaics Today and Tomorrow". SCIENCE Vol. 244, pp. 297–304, 1990

[54] C. L. Gray and J. A. Alson: „The Case of Methanol". Scientific American, Vol. 261(5), Nov. 1989, pp. 108–114

[55] L. R. Lynd et el.: „Fuel Ethanol from Cellulosic Biomass". SCIENCE, Vol. 251, 15. March 1991, pp. 1318–1323

16 Planung einer zukünftigen Energiequellenverteilung

Es gibt optimistische Darstellungen einer zukünftigen Energietechnik, die ausschließlich auf erneuerbaren Energiequellen basieren (vgl. Abb. 16-1).

Man kann z.B. die Fusionsenergie mittels des im Meerwasser enthaltenen Deuteriums (schwerer Wasserstoff) berechnen und zeigen, daß man mit 0,1% des im Meerwasser enthaltenen Deuteriums in einem Fusionsreaktor im Prozeß

$$D + D \rightarrow {}^3He + n + 3,25\,MeV$$

bei einem Wirkungsgrad von nur 0,001% noch immer 5 Zehnerpotenzen über dem Weltenergieverbrauch von 2050 liegt [1] (vgl. Abb. 16-2)!

Oder man kann zeigen, daß die Wärmekapazität aller Ozeane für ein $\Delta T = 1\,K$ etwa 3 Zehnerpotenzen über dem für 2050 projektierten Weltenergieverbrauch liegt.

Auch liegt der Energiewert von 1 Million Tonnen Uranoxid (U_3O_8) unter Ausnutzung des Brüterkonzepts 2 bis 3 Zehnerpotenzen über diesem projektierten Weltenergieverbrauch.

Dies sind beruhigende Feststellungen, die allerdings auf vorerst unmöglichen technischen Bedingungen beruhen, außer vielleicht dem Brüterkonzept, das aber bekanntlich aus politischen Gründen, d.h. der Abneigung gegen die Plutoniumtechnik, abgelehnt wird (s. Umwelt, Kap. 14).

Rowe [1] gibt an, welche Weltvorräte an fossilen Brennstoffen vorhanden sind und wie lange dieser Vorrat reicht. Unter Zugrundelegung eines Energieverbrauchs von nur $3,5 \times 10^8$ GWh/a oder $40\,000\,GW_i$ (W_i = Watt installiert) ergibt sich Tabelle 16-1.

Solche Zahlen werden natürlich als alarmierend bezeichnet und meist im Laufe der Zeit nach oben korrigiert.

Sie geben jedoch ein Bild von der Dringlichkeit einer neuen Energietechnik. Dies wird noch klarer, wenn man den Trend des Energieverbrauchs verfolgt. Zum Beispiel ist in Entwicklungsländern wie Zentralamerika ein ständig steigender Verbrauch an Ölprodukten zu verzeichnen, der mit der Bevölkerungszunahme einhergeht [2]. Die Zunahme beträgt durchschnittlich 50 bis 100% von 1970–1983 bei Preissteigerungen um 100 bis 200%.

Es sind mutige Prognosen für die Energieversorgung in der Zukunft gemacht worden, die zunächst von starken Reduktionen des Verbrauchs durch verbesserte

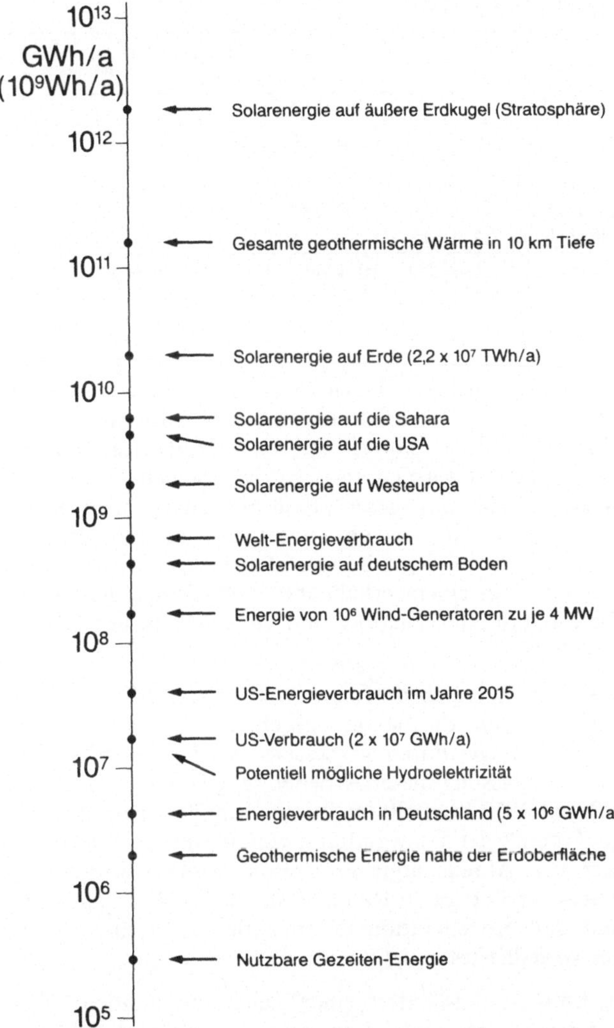

Abb. 16-1. Erneuerbare Energiequellen und Energieverbrauch in GWh/annum.

Wirkungsgrade von Maschinen, Wärmedämmung in den Häusern, Ausnutzung von Fernwärme (Vermeidung des Umsatzes von Elektrizität in Wärme usw.) sowie vom Einsatz der Solarenergie ausgehen [3]. Dabei werden die in den letzten Jahren verzeichneten Verringerungen des PEV/BSP (Primärenergieverbrauch/ Bruttosozialprodukt)-Koeffizienten als ausschlaggebend für eine fast 70% ige

Tabelle 16-1. Weltvorräte fossiler Brennstoffe

Weltreserve (GWa = Gigawattjahre)	Jahre verbleibenden Verbrauchs für 4×10^4 GW$_i$
Kohle $6,3 \times 10^6$	160
Erdgas $3,3 \times 10^6$	8
Erdöl $3,7 \times 10^5$	9
Teersand $3,5 \times 10^4$	0,9
alle fossilen Brennstoffe $7,0 \times 10^6$	180
alle natürlichen Gase und Petroleum $7,4 \times 10^5$	18

(1 Tonne Kohle = $7,3 \times 10^3$ kWh; 1 cft Gas = $2,9 \times 10^4$ kWh; 1 Barrel Öl = $1,6 \times 10^3$ kWh)

Verringerung des Strombedarfs eingeführt. Dazu ist zu sagen, daß tatsächlich in allen Industrieländern durch die Computertechnik, die Entwicklung der Kommunikationstechniken und deren Einfluß auf viele Industriezweige ein Anstieg des BSP ohne gleichstarken Anstieg des PEV zu verzeichnen ist. Das heißt jedoch keineswegs, daß in Zukunft dieser Trend ausschlaggebend bleibt. Zwar entwickelt sich eine große Sparte des unter Service rangierenden Gewerbes in Richtung Hochtechnologie, z.B. satellitengetragene Telephonie und Fernsehen. Es bleibt aber bei einem erheblichen zukünftigen Bedarf an Energie für den Städtebau, die Stadterneuerung und vor allem in der Dritten Welt für Nahrung und Aufbau.

Was nun die Projektion der Energiebedürfnisse weltweit betrifft, so sind detaillierte Studien verfaßt worden, die davon ausgehen, daß vor allem die Technik des Verbrauchs an Energie durch verbesserte Wirkungsgrade Fortschritte macht. Eine Zusammenfassung dieser Arbeiten [6] geht davon aus, daß der Koeffizient PEV/BSP von 1850 bis 1990 im Westen um 70% gesunken ist; ferner, daß die bisherige Technik der Umwandlung von Wärme in Arbeit mit einem hohen Prozentsatz von Abfallenergie arbeitet, daß die Umwandlung von chemischer und elektrischer Energie in Raumwärme durch Wärmepumpen ersetzt werden kann und daß Kogeneration (Wärmeabgabe gleichzeitig mit Elektrizitätslieferung) am vorteilhaftesten ist.

Wenn man daran denkt, Entwicklungsländern einen gleich oder ähnlich hohen Anteil an Energie wie den Industrieländern zu geben, so kommt man auf unmöglich zu realisierende Zahlen [7] [8]. So mußte gefolgert werden, daß die im Pro-Kopf-Verbrauch unter bzw. weit unter 10 MWh/a liegenden Länder keine Chance haben, bald in einen Zustand zu kommen, der dem der Industrieländer vergleichbar wäre. Demgegenüber stellen die Autoren der soft energy lobby fest, daß bei weiterer Steigerung der Wirkungsgrade und Übergang auf erneuerbare Energiequellen, besonders auf die Solartechnik, der Zuwachs an Energie in den Industrieländern in Grenzen gehalten, ja verringert werden kann, wobei der Zugriff auf Energie in der Dritten Welt verdoppelt werden soll.

In einer bekannten Studie [9] wurde angenommen, daß die Industrieländer ihren Verbrauch vom derzeitigen Pro-Kopf-Wert von $6{,}3\,kW_i$ ($55\,MWh/kopf\,a$) auf $3{,}2\,kW_i$ ($28\,MWh/kopf\,a$) würden verringern können. Zugleich sollen die 80% der Menschheit in Entwicklungsländern von $1\,kWi$ ($8{,}8\,MWh/kopf\,a$) auf $1{,}3\,kW_i$ ($11{,}4\,MWh/kopf\,a$) Verbrauch kommen (bis zum Jahre 2020).

Es wurde bereits berechnet [8], daß ein solcher Zuwachs an Energieverbrauch, z.B. in China, Indien und Brasilien, zu mehr als $5 \times 10^{10}\,MWh/a$ führen würde, was dem heutigen Weltverbrauch entspricht. Da der Bau von Hunderten von Kernkraftwerken in den Entwicklungsländern ausgeschlossen werden muß, bleibt nur Solarenergie und Hydroelektrizität, um die Lücke zu füllen. Man könnte 80% eines $10^{10}\,MWh/a$-Bedarfes in den sonnenreichen Gebieten durch Solaranlagen decken. Dabei müßten etwa $1351\,km^2$ ($37\,km \times 37\,km$) mit PV-Zellen belegt werden [8]. Zu ähnlichen Zahlen kommt die IIASA-Studie [7].

Nitsch und Luther [3] geben die Zahl der Oberflächen aller Dächer in Deutschland mit 8000 bis $9000\,km^2$ an. Demnach müßte für die 2,5% des Primärverbrauchs etwa 1/10 der Dächer Deutschlands mit Solarmodulen belegt werden, was bei einer mittleren Dachfläche von $200\,m^2$ Millionen Dächer bedeutet. Bei einem mittleren Preis von $5000\,DM$ je kWi (installiert) sind die Kosten $9 \times 10^6\,kW_i \times 5000$ oder $45\,Milliarden\,DM$. Es ist zu bedenken, daß die Kosten für ein Kohle- bzw. ein Kernkraftwerk bei $2300/kW_i$ oder bei $3680\,DM/kW_i$ liegen. Man könnte die notwendigen $8 \times 10^{10}\,kWh/a$ durch 8 LWR-Anlagen zu je $1\,GW_i$ erzeugen. Die unmittelbaren Kosten hierfür lägen bei 73% der Unkosten für diese Solaranlagen. Für letztere sind hier nicht die Unkosten für Batterien und Umformeraggregate eingeschlossen. Diese Kosten betragen nach ersten Schätzungen 50% der PV-Modul-Kosten. Es ist also leicht zu sehen, warum solch große Projekte nicht leicht anlaufen.

Man muß die Solarprojekte erst dort einsetzen, wo hohe Insolation herrscht und verteilte Energie ausschlaggebend ist, z.B. beim Ersatz von Haushaltselektrizität.

Nun haben wir gesehen (Kap. 14), daß die Kosten der Desaktivierung von Kernkraftwerken durchaus mit den Aufbaukosten vergleichbar sind. Wird dies berücksichtigt, so stellt die Solarenergie besonders über lange Zeiten eine sehr günstige Lösung dar.

Beim Durchdenken der Energiesituation und der möglichen Optionen wird es immer klarer, daß nur eine internationale Planung und Koordinierung der Projekte eine sinnvolle Gesamttechnologie zustande bringen kann.

Wie beschrieben erfordert eine wirklich optimale Sonnenausnutzung hohe PV-Zellenwirkungsgrade. Diese kombiniert mit hoher Insolation (über $4\,kWh/m^2$ Tag) können zu erschwinglichen kWh-Preisen führen (s. Kap. 2 und 3).

In Gebieten hoher Insolation kann man dann große Solarkraftwerke aufbauen, die auch genügend Energie liefern, um Wasserstoff an Ort und Stelle zu erzeugen.

Dies sollte eine realistische Lösung ergeben, durch welche ein großer Teil von den fossilen Brennstoffen ersetzt werden kann.

Der Aufbau großer internationaler Solaranlagen erfordert nun aber auch große Energiebeträge ab initio. Es muß gesagt werden, daß die Quellen für den Übergang zu den erneuerbaren Energietechniken vor allem die Kernenergie und die fossilen Brennstoffe sind (Abb. 16-2). Dazu ist eine abrupte Änderung des Verlaufs der Energie-Zeit-Kurven nicht durchführbar, wenn man starke wirtschaftliche Rückwirkungen und wachsende Arbeitslosigkeit vermeiden will.

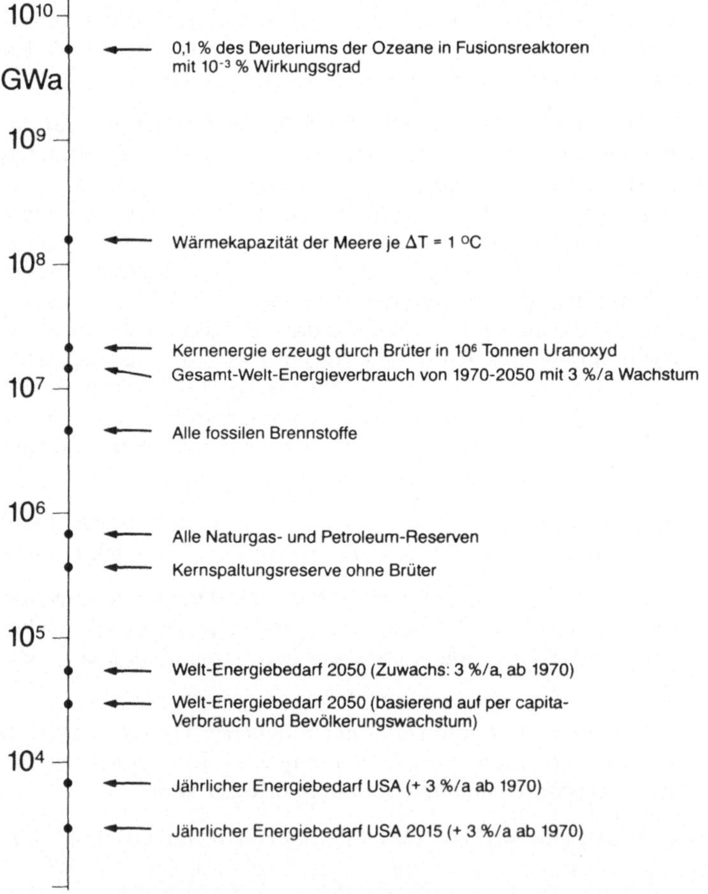

Abb. 16-2. Reserven in Ga (Gigawatt-Jahren) der nicht-erneuerbaren Energien, die während des Übergangs zu den erneuerbaren zur Verfügung stehen, sowie einige Energiebedarfsziffern.

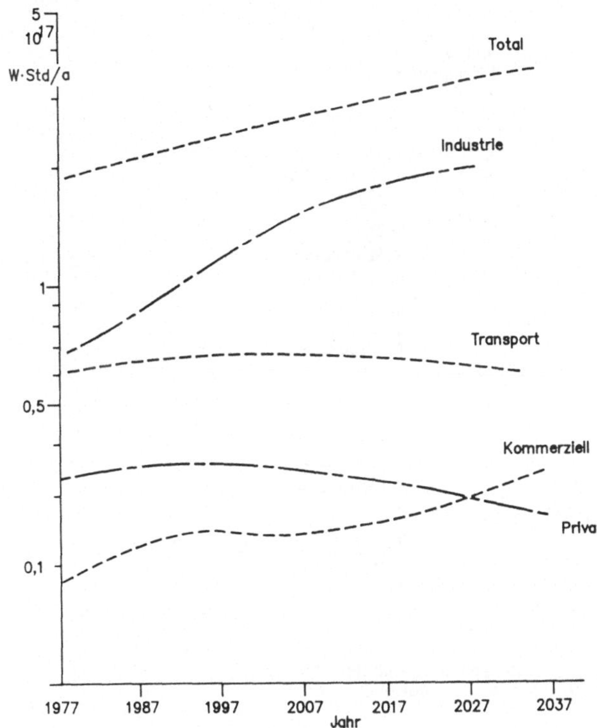

Abb. 16-3. Langzeitverteilung und Veränderung des Energieverbrauchs nach Sparten. Beispiel USA.

Der bis in die Mitte des nächsten Jahrhunderts vorauszusehende Trend in den Industriestaaten wird in Abb. 16-3 am Beispiel der USA deutlich. Dort wird bereits mit einem Abnehmen des Verbrauchs in den Haushalten und im Verkehr gerechnet. Jedoch ist der Gesamtverlauf notgedrungen zunehmend. Ebenso zeigt ein Blick auf die Entwicklung (bis 2000) für die USA und Europa, daß der Abstand zwischen der eigenen Energieproduktion und dem Verbrauch weiter wächst (Abb. 16-4).

Der Zugriff zur Kernenergie kann in den Industrienationen fossile Lücken schließen. Da die Fusionstechnik noch in weiter Ferne liegt, muß angenommen werden, daß die Industrienationen ihr Defizit in Zukunft verstärkt durch Kernenergie decken werden, so daß schließlich etwa die Hälfte des Energieaufkommens der Industrienationen nuklear erzeugt wird. Gleichzeitig wird nun die Technik der Solargeneratoren, der Windgeneratoren, der Gezeitenmaschinen,

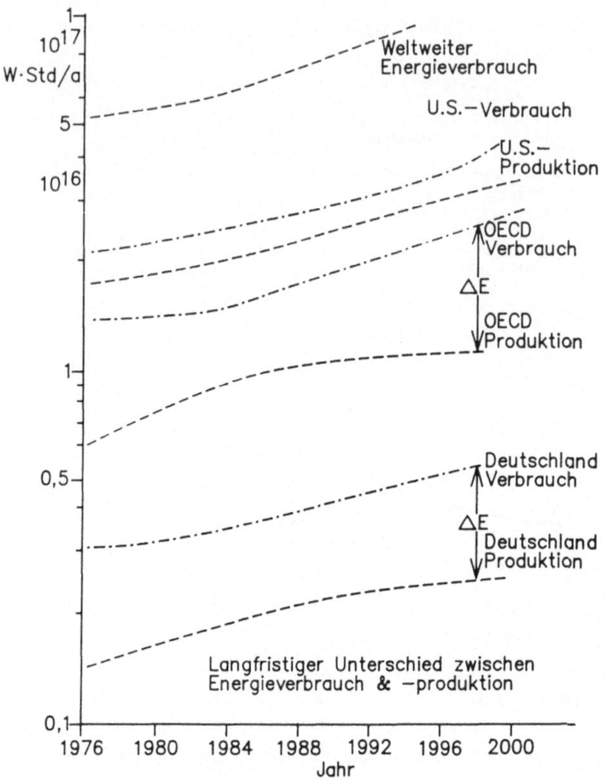

Abb. 16-4. Verschiebung des Energiebedarfs und der eigenen Energieerzeugung für Deutschland, Europa und die USA.

der Hydroelektrizität usw. weiter entwickelt und übernimmt allmählich die anderen 50%.

Dadurch wird die Zukunft der Energieversorgung der nördlichen Industrienationen direkt von den mehr in Äquatornähe gelegenen Erdteilen abhängen. Da dort auch die meisten Entwicklungsländer liegen, ergibt sich eine natürliche Kooperation, indem die Industriestaaten die Technik der Solarkollektoren, der PV-Zellen, der thermischen Anlagen und der Wasserstofferzeuger bzw. -verflüssiger liefern, während zuerst die weniger hochtechnischen Arbeiten, wie Instandhaltung und Versorgung, von den örtlichen Arbeitskräften übernommen werden können. Dazu gehören: Wasserleitungen, Pumpanlagen, Umformer, Wartung der Solarmodule und der Elektrolysegeräte etc.

242

Man kann zeigen, daß hier eine ausgezeichnete Symbiose zwischen nördlicher Hochtechnologie und südlicher Hilfe beim Bau von Großprojekten und deren Instandhaltung möglich ist. Weitere Großprojekte auf See, entweder der PV-Typ oder für eine Energiegewinnung aus Wellengang und Meeresströmung (Gezeiten), können dort angesiedelt werden, um die Sonnenenergie zu ergänzen.

Die bei den hohen Kosten vertretbaren Wirkungsgrade liegen im Minimum bei 30% und sind nur in südlichen Regionen erreichbar. Aber auch dort sind, wie wir gesehen haben, viele km^2 Auffangfläche erforderlich, um z.B. einen Teil des Stromverbrauchs in Deutschland zu übernehmen.

Der Anteil der Industrie z.B. aus dem öffentlichen Netz: 200×10^9 kWh/a würde eine Solaranlage in den Tropen (Insolation von 6 kWh/m² Tag) von der Größe 333 km² (18,2 km × 18,2 km) erfordern, was jedoch erheblich geringer ist als eine notwendige Fläche von Solardächern in Deutschland, wo nur 1 bis 2 kWh/m² Tag Insolation zur Verfügung steht. Dazu sind Dächer nicht immer nach Süden ausgerichtet. Siliziumpanels ergeben außerdem im Durchschnitt nur 10–12% Wirkungsgrad. Man muß dann mit über 6000 km² rechnen oder mehr als die Gesamtfläche aller Dächer in Deutschland.

Allerdings kommt auch in den Tropen zu den 333 km² noch der Raum für Wasserzufluß, Pumpen, Elektrolytische Tankanlagen, Umformer, Verflüssigeranlagen usw. hinzu. Dies kann den Raumbedarf um 50% erhöhen und ist in Wüstengegenden, z.B. in Nordafrika kein Problem. Nahe den Küsten sind solche Projekte machbar, erfordern jedoch eine hohe Investition und laufende Arbeiten der Instandhaltung.

Vom Jahre 2000 an, wenn Kohle und Öl in ein höheres Preisniveau kommen bzw. zur Neige gehen, wird Kernenergie in den Industrieländern einen Teil der Energie zur Herstellung solch großer Anlagen übernehmen müssen. Nimmt man den Verbrauch im Jahre 1950 als 100%, so muß für die Dritte Welt mit einer Zuwachsrate von 1,4 für die nächsten 100 Jahre gerechnet werden. Da es sich hier um 80% der Menschheit handelt, ergibt sich dadurch eine wesentlich höhere Zunahme als für die Industriewelt. Frühere Berechnungen projektieren für das Jahr 2030 rund 24–36 TW Jahre $(2,1 - 3,15 \times 10^{17}$ Wh/a) [7, 10, 11], dies jedoch unter der Annahme, daß hauptsächlich die Industriestaaten mehr Energie benötigen würden, während die Dritte Welt nur einen geringen Mehrbetrag erfordern würde. Angesichts des großen Unterschieds in den Bevölkerungsziffern ist dies jedoch sicher nicht so realisierbar. Teilt man, wie üblich, die Welt in zwei Staatengruppen:

A. Industriestaaten
   I. Nordamerika (USA und Kanada)
  II. Rußland und Osteuropa
 III. Westeuropa, Japan, Australien, Neuseeland, Südafrika und Israel

B. Entwicklungsländer

IV. Lateinamerika

V. Zentralafrika und Südostasien

VI. Mittlerer Osten und Nordafrika (Ägypten, Algerien, Lybien)

VII. China und Zentralasien

so ergibt sich die in Abb. 16-5 gezeigte Steigerung der Energienachfrage.

Danach nimmt der Pro-Kopf-Verbrauch in der B-Gruppe stark zu, was zu einem höheren Gesamtverbrauch nach 2050 führt als bei der Gruppe A infolge der hohen Bevölkerungsziffer, obgleich Gruppe A noch auf einem höheren Pro-Kopf-Wert liegt.

Der Quotient PEV/BSP (Primärenergieverbrauch/Bruttosozialprodukt) ist bei der B-Gruppe 1,5 bis 2, während er für die Gruppe A bei 0,5 bis 1 liegt. Die Gründe haben wir oben gegeben. Mit dem Anwachsen des Pro-Kopf-Verbrauchs in Gruppe B wird aber auch dieser Quotient abnehmen, je weiter moderne Technologien in der Dritten Welt verbreitet werden. Aus den Kurven für den Gesamtverbrauch (Abb. 16-5) geht hervor, daß um das Jahr 2050 das Energieaufkommen der Entwicklungsländer trotz geringeren Pro-Kopf-Verbrauchs weit über das der Industriestaaten hinausgeht.

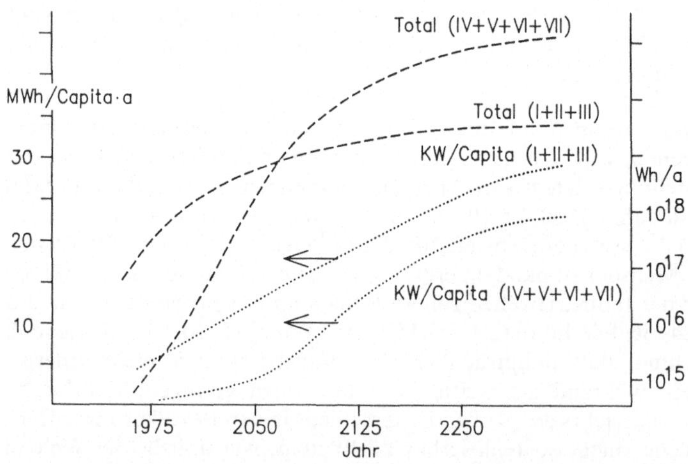

Abb. 16-5. Anstieg des Energieverbrauchs in den Industriestaaten (I, II, III) und in den Entwicklungsgebieten (IV bis VII).
I: USA und Kanada; II: Rußland und Osteuropa; III: Westeuropa, Japan, Australien, Neuseeland, Südafrika und Israel. IV: Lateinamerika; V: Afrika (außer Nord- und Südafrika plus Südostasien); VI: Mittlerer Osten und Nordafrika (Ägypten, Algerien, Lybien); VII: China plus Zentralasien.

Die weitere Basisverteilung des Gesamtenergieaufkommens ist dadurch gekennzeichnet, daß die Ölreserve zur Neige geht und durch erneuerbare Energiequellen ersetzt werden muß. Optimistische Schätzungen gehen von 3×10^{14} kg SKE $= 26 \times 10^{17}$ Wh $= 8870$ Quads aus ($1\ Q = 2,93 \times 10^{11}$ kWh).

Da Öl 35 bis 40% des gesamten Aufkommens deckt, muß man mit höchstens 20 Jahren bis zur Erschöpfung rechnen. In früheren Aufstellungen wurde vor allem die Kernkraft als Ersatz eingesetzt, wobei die Brütertechnologie wegen des höheren Ausnutzungsgrades von Uran angenommen wird [7]. Wir können jedoch aus heutiger Sicht kaum annehmen, daß Tausende Kernkraftanlagen gebaut werden. Daher wird, ehe eine praktische Fusionsquelle erschlossen ist, die nukleare Option in Form der LWR (Leichtwasserreaktoren) zwar weiter ausgenutzt, aber zugleich werden solare Energiequellen und Windenergiequellen verstärkt eingesetzt werden, um das Defizit zu decken. Dies gilt im besonderen für die Dritte Welt.

Diese Tendenz ist in Abb. 16-6 zu sehen. Dort durchlaufen konventionelle Energiequellen, wie Holz und Kohle, ein Maximum. Während Holz graduell als Hauptenergiequelle ausschied, erreichte die Kohle zur Zeit des 2. Weltkrieges ihr Maximum. Der absteigende Ast der Kohle fällt nun zusammen mit dem Ölmaximum in heutiger Zeit. Das Absinken des Ölverbrauchs fällt zusammen mit ansteigendem Erdgasverbrauch und Anstieg der Nuklearkomponente, so daß das Gesamtaufkommen im Jahre 2000 und darüber hinaus durch Gas,

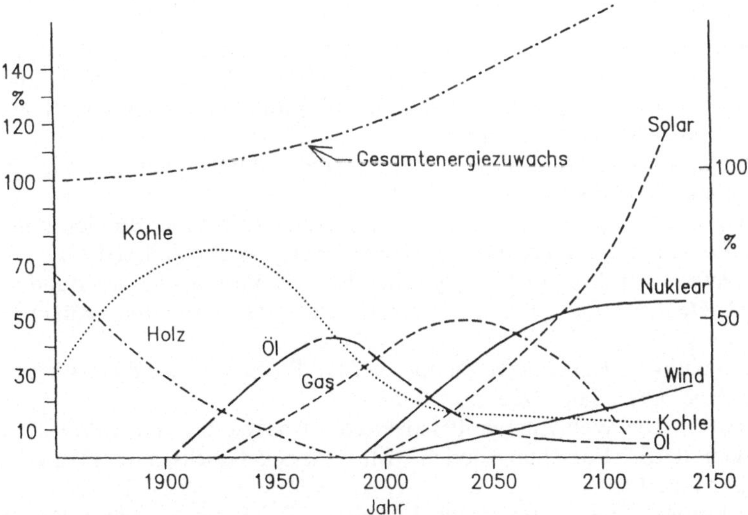

Abb. 16-6. Prozente des Anwachsens des Energieverbrauchs projektiert bis zum Jahre 2150, unterteilt in Energieträger.

Kernkraft, geringere Anwendung von Ol und Kohle und dafür durch steigenden Einsatz der erneuerbaren Quellen aufrecht erhalten bzw. sogar gesteigert wird wegen der Versorgung in den Entwicklungsländern [12].

Solche und ähnliche Prognosen sind vielfach publiziert worden, wobei die Anhänger der soft energy lobby jedoch glauben, ohne jede Nuklearkomponente auskommen zu können [3]. Sieht man jedoch die angegebenen Preise in DM/kWh sowie die angenommenen Leistungen etwas näher an, so wird klar, daß dies nur in einem großen internationalen Rahmen möglich sein wird.

Die schließlich notwendige globale Koordinierung der Energieerzeugung und Verteilung in der Welt wird wahrscheinlich erst dann möglich werden, wenn diese Aufgabe durch eine Weltorganisation, wie die Vereinten Nationen, in die Hand genommen wird, denn die Verteilung der Energie aus südlichen Zonen auf nördliche Industriestaaten muß durch Gegenleistungen der Industriestaaten gedeckt werden. Daher ist vorauszusehen, daß der Nachdruck auf eine Lösung durch Fusionsquellen, für die das Rohmaterial im Norden zugänglich ist, weiter wachsen wird. Es bleibt zu wünschen, daß eine Nord-Süd-Kooperation reibungslos und ohne größere Konflikte vor sich geht.

Literatur:

[1] W. D. Rowe: „Renewable Energy: target 2050". IEEE Spectrum, Vol. 19(2), February 1982, pp. 58-63

[2] „The Energy Situation in 5 Central American Countries" (Costa-Rica, El Salvador, Guatemala, Honduras, Panama). Central American Energy and Resource Project, Los Alamos National Laboratory, Los Alamos, N. M. Report LA-10988, UC-98, June 1987

[3] J. Nitsch und J. Luther: „Energieversorgung der Zukunft". Springer Verlag, Berlin-New York 1990

[4] „Erneuerbare Energien, Stand, Aussichten, Arbeitsziele". Der Bundesminister für Forschung und Technologie. Roco Druck, Wolfenbüttel 1987

[5] H. Schaefer: „Struktur und Analyse des Energie-Verbrauchs der Bundesrepublik Deutschland". Techn. Verlag Resch K. G., Gräfelfing/München 1980

[6] R. H. Socolow: „Reflections on the 1974 APS-Energy Study". Physics Today, Vol. 39(1), Jan. 1986, pp. 60–68

[7] R. Gerwin: „Die Welt-Energie-Perspektive". Analyse bis zum Jahre 2030 nach dem IIASA-Forschungsbericht. Max Planck Gesellschaft. Deutsche Verlagsanstalt 1980

[8] H. F. Mataré: „Energy, Facts and Future", CRC-Press Inc. Boca Raton Florida 1989, pp. 24–28 u. 185–190.

[9] J. Goldenberg et al.: Annual Review on Energy, Vol. 10, 1985, p. 613

[10] S. H. Schurr, J. Darmstadter, H. Perry, W. Ramsay u. M. Russel: „Energy in America's Future". John Hopkins University Press Baltimore, Md. 1982

[11] „Energy Policy". Gesellschaft zum Studium strukturpolitischer Fragen. Ed. Kohlhammer, Germany 1981

[12] L. M. Goldman: „The energy problem-prospects for fossils, fission & fusion power production". Proceed. Soc. Photo-opt. Instrumentation. Eng. 61(2) 1975.

17 Berechnung von Solaranlagen

17.1 Kleine Solaranlagen

Für solche Berechnungen muß man zunächst den Standort der Solaranlage, d.h. die mittlere Insolationshöhe ermitteln. Für Europa liegen die Werte der Einstrahlung zwischen $2\,kWh/m^2$ Tag (Norddeutschland) und $6\,kWh/m^2$ Tag (Südspanien) (Abb. 5-1).

Die jährlich erwartete kWh-Zahl bzw. die Nutzleistung muß dann durch diese Einstrahlhöhe mal dem Zellenwirkungsgrad dividiert werden, um die notwendige Flächengröße der Anlage zu ergeben.

Es sollen z.B. in Norddeutschland 120 MWh/Jahr erzeugt werden entsprechend einem Bedarf von 3 Personen, für welche pro Kopf die Energiemenge von 40 MWh/Kopf a zur Verfügung stehen soll, was dem heutigen Normalverbrauch in England und Deutschland entspricht.

$$\text{Fläche } F = (120\,MWh/a)/(365 \times 0,2\,kWh/m^2a) = 1,64 \times 10^3\,m^2$$
$$= 1640\,m^2 = 40\,m \times 40\,m$$

Man kann also diese Energie von 120 MWh/Jahr erhalten, wenn man z.B. Dachflächen von dieser Größe mit Solarziegeln deckt, die 10% Wirkungsgrad haben. (Wegen $\eta = 10\%$ wurde mit $0,2\,kWh/m^2$ Tag multipliziert.)

Es ist angenommen, daß die Dachflächen nach Süden ausgerichtet sind. Für eine genauere Bestimmung müßte man die Dachneigung und das Verhältnis von direkter zu diffuser Einstrahlung in Rechnung setzen. Wir gehen der Einfachheit halber bei den folgenden Überlegungen von der mittleren Insolationshöhe in kWh/m^2 Tag aus.

Normale Dachflächen liegen bei Einzelhäusern im Bereich von 100 bis $500\,m^2$. Die volle Bedeckung solcher Dachflächen mit Siliziumflachzellen normaler Wirkungsgrade (10 bis 12%) würde also eine Energieausbeute von rund 8 MWh/a und 40 MWh/a liefern je nach Größe der Dachfläche.

Nun ist der direkte Hausbedarf (Licht und Geräteenergie ohne Air-conditioner) für einen 3-Personen-Haushalt etwa 6500 kWh/a oder 6 bis 7 MWh/a. Diese können daher durchaus mittels einer Dachbedeckung mit Siliziumphotovoltaischen Zellen von 10% Wirkungsgrad erhalten werden (ungefähr $100\,m^2$ Solarziegelfläche).

In südlichen Gegenden (Spanien, Italien, Griechenland) schrumpft diese Flächengröße auf 1/2 bis 1/3 der im Norden notwendigen Größe. Dort kann man also schon die notwendigen 6500 kWh/a mit Solardachflächen von 30 m² bis 40 m² erhalten.

Nun sind die Kosten für die 1-kW$_p$-Einheit (W$_p$ = Watt peak oder maximal eingestrahlte Leistung) noch hoch. BMC (Remscheid) gibt 8,50 DM/W$_p$ an, das sind 8500 DM/kW$_p$. Es wird auch von niedrigeren Preisen gesprochen. 1995 soll danach der Preis von etwa der Hälfte (4,67 DM/W$_p$) möglich sein.

Bei einer 30 jährigen Amortisationszeit für die Solaranlage errechnen sich die kWh-Preise zu 0,12 DM.

Wenn man nun berücksichtigt, daß die Erzeugung derselben Energie durch fossile Brennstoffe Umweltschäden verursacht, so ist das Ergebnis wesentlich interessanter, denn die für den Ausgleich bzw. die durch Umweltschäden verursachte Mehrarbeit wird auch mit 0,12 DM/kWh angegeben. Somit hätte der Benutzer der Solarenergieanlage den Strom zum Nulltarif.

Eine Methode für Solardächer besteht darin, Ziegel zur Dachdeckung zu verwenden, welche so gestaltet sind, daß sich die Solarzellen einfach in Nuten einschieben und von hinten verschalten lassen. Auf diese Weise kann ein Dach normal gedeckt werden, und man kann je nach Bedarf mehr und mehr Solarzellenmodule einschieben (BMC, Remscheid).

Eine genauere Stromrechnung basiert auf dem Verhältnis von Einstrahlungsenergie L zu Moduleinheit S in kWh/Tag/kWh/m² Tag dividiert durch den Modulwirkungsgrad. Dieser muß dann noch mit einem Temperaturdegradationsfaktor versehen werden.

Dieser Faktor ist für Silizium: $P_T = 0{,}005 \times \Delta T$, wobei $\Delta T = T_{max} - T_o$ ist, z.B. 60°C − 28°C = 32°C. Die Fläche errechnet sich dann aus:

$$F = \frac{L/S}{\eta(1 - P_T \Delta T)}$$

Außerdem muß noch mit dem Faktor 1,3 multipliziert werden, wodurch die Verluste beim Modulzusammenschalten berücksichtigt werden [5].

So ergibt sich z.B. für eine Leistung L von 6500 kWh/a in Norddeutschland (Insolation = 2 kWh/m² Tag = S) eine Fläche F von 138 m². Hierin ist noch nicht der Raumbedarf für Umwandler, Batterien, Steuergeräte etc. enthalten. Eine komplette Hausanlage muß u.a. die Batterien vor vollständiger Entladung schützen. Das kann eine Computeranlage durch Strombegrenzung bzw. Umschalten von stark stromverbrauchenden Geräten, wie Bügeleisen, auf das Netz bewirken. So gesehen sind die angegebenen DM/kWh-Werte etwas optimistisch.

17.2 Großkraftanlagen

Im Gegensatz zu den auf Hausdächern oder in Gärten anzubringenden Kleinanlagen werden auch große Solarkraftwerke möglich und sind teilweise verwirklicht und in der Planung. Die kalifornische Luz-Solar-thermische-Anlage erhitzt Öl in einer Parabolspiegel-Konzentrator-Anordnung. Das auf einige 100°C erhitzte Öl gibt seine Wärme in Wärmeübertragern an eine Flüssigkeit mit hohem Dampfdruck ab, durch welche dann die Generatoren zur Elektrizitätsherstellung betriebenn werden. Ein Wirkungsgrad von etwa 20% ist so möglich, und die Anlage ist als Zulieferer von Elektrizität in das Ortsnetz akzeptiert.

Bei dem z. Zt. noch niedrigen Ölpreis hat sich der DM/kWh-Preis dieser Anlage jedoch noch nicht als konkurrenzfähig erwiesen. Nun kann dieser Wirkungsgrad durch Einsatz neuerer Solarzellen im Verein mit Kogeneration noch sehr verbessert werden. Ähnliches gilt für die Versuchsanlagen in Deutschland.

Die III-V-(Basis:GaAs)-Solarzellen im Verein mit Konzentratoren und Kogeneration (Kap. 5) erlauben heute eine erhebliche Verbesserung der Wirkungsgrade und damit der DM/kWh-Zahl (vgl. [5]).

Während die besten Siliziumsolarzellen einen η-Wert von 25% erreichen, sind die III-V-Solarzellen mit Vielfachschichten bereits bei 35% angelangt und versprechen noch höhere Werte für die Vielfachschichtenzellen, die auf Heteroepitaxie beruhen (Kap. 3).

Wie erwähnt eignet sich Silizium weniger für Kogenerationsanlagen wegen seiner höheren Temperaturempfindlichkeit. Hier sind die III-V-Verbindungen besser geeignet, wenn man gleichzeitig Wärmemaschinen, wie Stirling-Motoren, betreiben will.

Um die Preise für III-V-Zellen zu senken und zugleich die Möglichkeit auszunutzen, die η-Werte zu steigern, ist optische Konzentration am geeignetsten. Dabei wird die PV-Solarzelle entsprechend dem Konzentrationsfaktor kleiner. Für eine bestimmte Wattzahl ist nur die Auffangfläche/Konzentrationswert maßgebend. Z.B. benötigt man eine 10 cm × 10 cm große Siliziumzelle für eine Leistung von 1 Watt (bei 10% Wirkungsgrad), und für $\eta = 20\%$ würde diese Fläche 2 Watt liefern, da 100 cm² eine Insolationsenergie von durchschnittlich 10 Watt$_p$ erhalten.

Bei Konzentration, z.B. 100 fach, ergibt die 10 cm × 10 cm Fresnel-Linse 100 Sonnen auf eine 1 cm² große III-V-Konzentratorzelle. Diese kann damit leicht 3 Watt erzeugen. Dadurch wird die Halbleiterzellenherstellung für eine bestimmte Endleistung erheblich verringert. Die Funktion des Einfangens des Sonnenlichts wird vom Halbleiter auf die Optik verlagert, was den Anlagepreis senkt. Es wurde berechnet [1], daß die Kristallplatten aus einer vertikalen Bridgman-Ziehapparatur für weniger als 0,5 $ herstellbar sind. Da hier die Zelle 3 Watt liefert, bleibt eine genügende Marge für die Epitaxie sowie die Konzentrator-anordnung. Noch niedriger liegen die Preise bei 400facher Konzentration und Zellen von nur 0,5 cm^2 Fläche [1]. Eine weitere Preissenkung ist möglich, wenn die neuerdings erfolgreichen Abscheidungen der III-V-Verbindungen auf Siliziumbasis weiter entwickelt sein werden [2]. Man hat dann die Möglichkeit, einerseits relativ billige Substrate zu benutzen, und zudem den Vorteil, die bessere Wärmeleitung des Siliziums auszunutzen. Während der aktive Teil der Zelle GaAs oder eine andere III-V-Verbindung ist und im Wirkungsgrad weniger von der Erwärmung beeinträchtigt wird, ist das Substrat nur ein Wärmeableiter. Moderne Epitaxie, insbesondere die SLS (Super-Lattice Structures) oder Vielfachschichten der III-V-Halbleiter, versprechen eine mögliche Anpassung an das Siliziumgitter. Diese Technik hat alle Ingredienzen für eine Massenproduktion und Preissenkung, wie sie von den ICs oder Mikrokreisen her bekannt ist.

Eine 1-MW-Anlage dieser Art sei für eine Strahlungsenergie (Insolation) von 6 kWh/m^2 Tag (Wüstengebiete der Erde), d.h. für eine jährliche Einstrahlung von 2190 kWh/m^2·a oder rund 2,2 MWh/m^2·a errechnet. Ein beträchtlicher Teil dieser Einstrahlung geht allerdings wegen des schrägen Lichteinfalls am Abend und Morgen verloren. So gilt für die maximale Einstrahlung (E_{peak}):1 kW/m^2, welche aber im Mittel über das Jahr nur zur Hälfte wirksam ist. Diese 0,5 kW/m^2 mit der Stundenzahl (12 × 365 = 4380) multipliziert ergibt den oben angegebenen Wert von 2190 kWh/m^2 annum. Da die mittlere Insolation nicht bei 1 kW/m^2 liegt infolge des Schrägeinfalls und der Diffusionsverluste, sondern näher 900 W/m^2, so ergibt sich ein Betrag näher an 1971 kWh/m^2·a. Wir setzen hier der Einfachheit halber 2000 kWh/m^2·a oder 2 MWh/m^2·a an.

Bei 10% Umsatz (Silizium-PV-Module) kann man also mit einer Nennleistung von 200 kWh/m^2·a rechnen, bei III-V-Konzentratorzellen daher mit 600 kWh/m^2·a. Bei Kogeneration kommt u.U. noch der thermische Wirkungsgrad hinzu, wobei man dann mit den η-Werten auf etwa 40% kommen kann. Wie gezeigt (Kap. 3 und 5) ist die Temperaturdegradation bei III-V-Zellen erheblich geringer als bei Silizium. Wir setzen sie hier gleich null, da unsere Rechnung sich auf 100 bis 200 Sonnen bezieht. Dabei wird i.allg. das Maximum von η erreicht.

Als Preisproblem erhebt sich zunächst die Frage nach den Herstellungskosten für die Konzentratorzellen, denn die Kosten für die Konzentratoren—entweder Fresnel-Linsen oder gestufte Flachlinsen mit graduiertem Brechungsindex, wie sie im Solarmarineprojekt vorgeschlagen werden—haben leicht zu ermittelnde Preise.

Die geringe Größe der III-V-Konzentratorzellen ergibt eine hohe Ausbeute je Halbleiterplatte, was zu niedrigen DM/Watt-Werten auch bei Einsatz hochwertiger GaAs-Monokristalle führt. Eine vertikale Bridgman-Apparatur moderner Ausführung erlaubt die Produktion eines Kristallblocks von mindestens 20 cm Länge (etwa 5 kg Rohmaterial) in einem Vorgang (4 Tage-Zyklus), was rund 240 Platten zum Materialeinsatzpreis von 4000 DM ergibt, also einen Gestehungspreis von 16–17 DM je Platte (Wafer). Da bei einem Plattendurchmesser von

7,5 cm (3 inches) rund 40 Substrate à 1 cm^2 entstehen, kostet das Substrat 0,43 DM.

Hinzu kommen die Kosten für die Epitaxie (siehe Kap. 4). Diese kann automatisiert werden, wenn einmal die Sequenz der Epischichten festliegt. Neuere CBE-Produktionsanlagen sind auf Massenproduktion eingerichtet, und es ist vorauszusehen, daß der Preis für die Epitaxie bei Großproduktion so sinkt, wie dies im Bereich der Mikrokreise bereits geschah.

Die heutige Kapazität einer CBE-Apparatur kann mit 50 Substraten pro Tag angegeben werden, was etwa 15000 bis 18000 Platten pro Jahr entspricht, also 600 000 bis 720 000 Solarzellen von 1 cm^2 Fläche. Dies entspricht also dann einer Solarspitzenleistung von 1,8 MW$_p$ bzw. 2,2 MW$_p$ oder einer Jahresleistung von 3900 bis 4800 MWh, wenn die 1-cm^2-Zellen mit 100 Sonnen bestrahlt werden. Die Größe der optischen Linsenfläche ist für 600 000 cm^2-Zellen 6000 m^2. Mit dem oben angegebenen Insolationswert von 2 MWh/m^2 a erhält man bei 30% Wirkungsgrad rund 3600 MWh/a, ein Wert, der wegen der angenommenen Lichtverluste um etwa 10% darunter liegen kann.

Die Kosten hängen natürlich sehr vom jeweiligen System ab. Im Falle der Siliziumdachziegel wurden sie mit 8,5 DM/W$_p$ bzw. nach 1995 mit 4,67 DM/W$_p$ angegeben. Damit ist der Gestehungspreis einer Anlage für nominell 1 MW in der Größenordnung von 8,5 Millionen DM bzw. nach 1995: 4,67 Millionen DM.

Eine Anlage für 1 MW$_p$ (Spitzenleistung) ergibt die oben angegebene Jahresleistung von $0,5 \times 4380$ MWh/a $= 2190$ MWh/a. Mit einer 10%igen Silizium-PV-Zellenanlage können also davon 219 MWh/a gewonnen werden. Bei einer Insolation von 6 kWh/m^2 Tag oder 2190 kWh/m$^2 \cdot$a ergibt sich für die Solarzellenfläche bei $\eta = 10\%$ rund 100 m^2. Bei einer Insolationsrate von nur 2 kWh/m$^2 \cdot$a (Norddeutschland) sind daher 300 m^2 für diese Leistung erforderlich.

Die Nennleistung von 1 MW bedeutet eine Dauerkapazität von 1 MWatt oder 8760 MWh/a. Diese würde eine entsprechend größere Fläche von 4000 m^2 ($\eta = 10\%$) erfordern, wobei die Dunkelzeiten durch Batteriebetrieb, Wasserkraft, Wasserstoff oder andere Speichervorrichtungen überbrückt werden müßten.

17.3 Kostenvergleich, III-V-Technologie

Im Vergleich mit der Silizium-basierten Zelle gehen wir von folgenden Eckdaten aus: Insolation: 6 kWh/m^2 Tag oder 2190 kWh/m^2 Jahr. Dasselbe Ergebnis erhält man ausgehend von der Globaleinstrahlung von 1 kW$_p$/m$^2 \times 0,5 \times 12 \times 365 = 2190$ kWh/m$^2 \cdot$a.

Ein m^2 Linsenfläche konzentriert das Licht durch z.B. 100 Linsen zu je 10 cm $\times$ 10 cm auf 100 1-cm^2-PV-Zellen, welche je die Spitzenleistung von 3 Watt erzeugen, was im Mittel über das Jahr also 657 kWh/m$^2 \cdot$a ergibt anstatt wie bei den 10%-Zellen 219 kWh/m^2·a. Bei 100 m^2 erhält man daher 65 700 kWh/a = 65,7 MWh/a anstatt 21,9 MWh/a der gleichen Fläche mit Siliziumzellen. Ein solcher Unterschied ist entscheidend für den Gestehungspreis von Großanlagen. Wenn insbesondere die durch Konzentration entstehende Wärme noch zusätzlich im Kühlkreis in Energie eines Stirling-Motors umgesetzt werden kann, ist ein großer Teil des Sonnenspektrums ausnutzbar. In diesem Falle kann der Wirkungsgrad nahe an den optimalen Carnot-Wirkungsgrad (50%) herankommen.

Die für 65,7 MWh/a notwendige Zahl von PV-Zellen ist 100 mit je 1 cm^2 Oberfläche. Um dieselbe Wattstundenzahl/annum mit großflächigen Silizium-flachzellen zu erreichen, benötigt man 3 m^2, also 300 mal soviel Zellenmaterial.

Natürlich ist die Siliziumdünnschichttechnologie in der Herstellung billiger als die III-V-Epitaxie. Sie liefert aber kaum die geforderten 10% im Minimum. Dies kann nur mit bulk-kristallinen (polykristallinen) und monokristallinen Si-Zellen erreicht werden. Letztere erlauben η-Werte über 23%, jedoch bei erheblichen Produktionskosten. Sie sind wegen der Temperaturempfindlichkeit nicht für Konzentration geeignet. Ihre natürliche Anwendung ist gegeben, wenn es sich um diffuses Licht handelt.

Der Abstand im Gestehungspreis für eine 1:1-Auffangfläche gegenüber der verkleinerten Konzentratorzellenfläche vergrößert sich laufend durch Verbesserung einerseits der III-V-Kristallziehverfahren, anderseits durch Einstellung der Schichtenepitaxie auf Massenproduktion. Wie bemerkt sind hier bei Massenproduktion ähnliche Preisentwicklungen wie bei den Mikrokreisen zu erwarten.

Man muß zwei getrennte Anwendungen sehen: Einerseits sind Flachzellen die beste Lösung für kleinere, verteilte Solaranlagen, insbesondere in wolkenreichen Gegenden bzw. bei diffuser Insolation. Bei Großkraftanlagen im MW$_p$-Bereich jedoch kommt es darauf an, den Raumbedarf zu begrenzen (Aufbaukosten), ferner die PV-Zellenoberfläche zu verkleinern (geringere Kosten für den Halbleiter) und zugleich den Wirkungsgrad so hoch wie möglich zu bringen.

Wenn man die Tatsache des Raumbedarfs bei Flachplatten-PV-Modulen in Betracht zieht, so ergeben sich diese zwei getrennten Anwendungsbereiche von PV-Zellen, deren Kosten wir im folgenden vergleichen.

17.3.1 Flachzellenanlagen

Angenommen: Es soll eine 10 MW$_p$-Anlage für einen Insolationswert von 2,7 kWh/m^2 Tag (Norddmitteldeutschland) geplant werden. 10 MW$_p$ entsprechen 10 × 0,5 × 4380 MWh/a. Die notwendig zu überdeckende Fläche ist also:

$$F = \frac{10 \times 0,5 \times 4380\,\text{MWh/a}}{2,7 \times 365\,\text{kWh/a}} \times 10\,\text{m}^2 \approx 2,3 \times 10^5\,\text{m}^2$$

(je 10m^2 2,56 kWh/Tag).

Im Falle von Hausdächern zu je $100\,m^2$ wären also 2000 bis 3000 Dächer mit PV-Modulen zu decken, um diese $10\,MW_p$ bzw. $21\,900\,MWh/a$ zu erzeugen. Die Gesamtkosten berechnen sich also ausgehend vom Preis von $8,5\,DM/W_p$ auf 85 Millionen DM.

17.3.2 III-V-Konzentratorzellen mit Kogeneration

Angenommen wird wieder eine $10\,MW_p$-Anlage für eine südliche Position, deren Sonnenposition mittels Tracker verfolgt wird. Da $10\,MW_p \approx 21\,900\,MWh/a$ und eine Insolation von $6\,kWh/m^2$ Tag gegeben ist, so ergibt sich für einen Wirkungsgrad $\eta = 0,3$ eine Fläche von

$$F = \frac{21\,900\,MWh/a}{100 \times 0,3 \times 2190\,kWh/a}\,m^2 = 333\,m^2$$

für den Halbleiter. Für die Lisenkollektoroberfläche ergibt sich demnach

$$F = 3,33 \times 10^4\,m^2.$$

Die oben errechnete Silizium-PV-Zelloberfläche von

$$F = 2,3 \times 10^5\,m^2,$$

ist also um den Faktor 690 größer als die der Konzentratorzellen in der Tropen. Dies ist bedingt einmal durch den Faktor 100 der Konzentration, dann durch die dreifach erhöhten Wirkungsgrade und höhere Insolation.

Man kann bei einem Preisvergleich zwischen Flachzellen und Konzentratorzellen für die Zellen selber von einem 690fachen Flächenunterschied der Halbleiter ausgehen, d.h., die im Süden aufzubauende Konzentratoranlage liefert die gleiche Energie wie eine Flachzellenanlage im Norden aber mit fast 700fach geringerer Halbleiterfläche. Bei Steigerung des Wirkungsgrades über 30% hinaus, durch Kogeneration, erhöht sich dieser Faktor.

Die Mehrkosten durch die Konzentration, das Tracking sowie die Kühlanlagen plus Stirling-Motoren und Generatoren werden durch diese Ersparnis mehr als kompensiert. Das geht aus dem Gestehungspreis von $< 0,5\,DM/cm^2$ für das Halbleitersubstrat und die Zusatzkosten für die Epitaxie hervor. Diese belaufen sich bei einer GaAlAs/GaAs-Heterojunktionszelle mit GaInAs-Zwischenschicht auf etwa $50\,DM/Wafer$, wenn eine CBE-Anlage am Tage nur 50 Wafer, d.h. 18000 Wafer/Jahr epitaxiert. Auf den cm^2 gerechnet werden also pro $1\,cm^2$ Solarzelle (aus einem 3-inch-Wafer) $50\,DM/45$ ausgegeben, d.h. $1,60\,DM/cm^2$ mit dem Substrat.

Nun kann das Substrat (GaAs) ebenfalls durch einen Siliziummonokristall ersetzt werden, wodurch der Substratpreis auf etwa DM 16, – sinkt. Da für diesen Preis auch 4-inch-Wafer mit $75\,cm^2$ Zellfläche möglich sind, so kann für den cm^2 des Wafersubstrats 0,21 DM angesetzt werden (anstatt 0,5 DM). Damit sinkt der Wert des Substrats plus Epitaxieschicht auf 0,87 DM (75 cm^2/Wafer).

Da 1 cm^2 rund 3 Watt liefert, ist der reine Zellpreis hier 0,29 DM/Watt. Hinzu kommt nun der Konzentrationsaufbau. Fresnel-Linsen oder Gradientengläser zur Strahlfokussierung können in Massenproduktion hergestellt werden. Dabei kann ein Richtpreis von 100 DM/m^2 angenommen werden. Damit liegt der Preis der 3,33 $\times$ 10^4 m^2 Linsen im Bereich von 3 330 000 DM. Für die 333 m^2 = 333 $\times$ 10^4 cm^2 Solarzellen ergibt sich mit dem höheren Preis von 1,6 DM/cm^2 ein Gesamtpreis von 5 320 000 DM.

Hinzu kommen die Aufbauten, Kühlanlagen, Umwandler und die thermischen Anlagen. Diese Kosten liegen jedoch weit unter den Kosten für die eigentliche Solaranlage.

In früheren Berechnungen wurde von einem Gestehungspreis von 5 \$/W$_p$ ausgegangen [5]. Ein solcher Modulpreis ist nach heutigen Erkenntnissen zu hoch.

Zunächst ergeben neuere III-V-Zellen bei Konzentration (100 S) 3 W$_p$/cm^2. Durch die verkleinerte Halbleiteroberfläche kann man eine enorme Ersparnis erzielen, die weiten Raum für Konzentratoren und Kühlanlagen läßt. Selbst wenn man zum Vergleich mit den Si-Flach-PV-Modulen den 1995-Preis von 4670 DM/kW$_p$ (10 m^2 Dachziegel) einsetzt, also für 10 MW$_p$, d.h. 100000 m^2, den Preis von 4,67 $\times$ 10^7 DM oder 46,7 Millionen DM, kann man in einer Konzentratoranlage einen viel höheren Preis für die eigentliche Solarzelle ansetzen, ohne unrentabel zu werden.

Es wurde errechnet (BMC, Remscheid), daß eine Flachzellenanlage mit 4670 DM je kW$_p$ Spitzenleistung bei 10-jährigem Betrieb 19418 kWh liefert, was zu einem Preis von 0,44 DM je kWh führt und bei 20-jährigem Betrieb zu 0,22 DM/kWh.

Wir wollen nun errechnen, welche Gestehungskosten man sich für die Konzentratorzellen im tropischen Betrieb erlauben kann, wenn bei 10-jähriger Amortisation der kWh-Preis unter 0,20 DM liegen soll. Angenommene Anlagengröße soll wieder 10 MW$_p$ sein, also eine Leistung von 21 900 MWh/a $\approx$ 22 GWh/a.

Wir berechnen zunächst die notwendige Gesamtoberfläche für die angenommene Insolation von 6 kWh/cm^2 Tag und η = 30%. Hierfür erhalten wir: 21 900 MWh/a/0,3 $\times$ 2190 kWh/m^{2}a = 33000 m^2. Für S = 100 Konzentration werden Fresnel-Linsen von 10 cm $\times$ 10 cm benötigt, die z.B. in Modulen von je 100 auf einem m^2 angeordnet sind. Ein Modul (1 m^2) kann in Massenproduktion zu einem Preis um 100 DM gefertigt werden. Für die 33 000 m^2 ergibt sich daher ein Preis von 3 300 000 DM. Nimmt man für den Aufbau 200 DM je m^2 an und 0,1 DM/W$_p$ für das Tracking, so sind hinzuzufügen: 33000 $\times$ 200 = 6 600 000 + 1 000 000, so daß alle Module den Preis von 7 800 000 + 3 300 000 = 10 900 000 DM kosten.

Es verbleiben somit, verglichen mit den Flachzellen(Si)-Kosten von 46,7 Millionen, volle 35 Millionen DM für die III-V-Konzentratorzellen, ehe man bei 10jähriger Amortisation über 0,20 DM je kWh kommt.

Da $333\,\mathrm{m^2}$-PV-Zellen gebraucht werden, stellt sich der Preisbereich auf $100\,000\,\mathrm{DM/m^2}$ für die PV-Zellen bei gleichem Preis für die Konzentratoranlage wie die Si-Flachzellenanlage. Auf den $\mathrm{m^2}$ kommen 10^4 Zellen von $1\,\mathrm{cm^2}$. Es ergibt sich also für die 1-$\mathrm{cm^2}$-Konzentratorzelle ein Preisniveau von $10,-$ DM, für die 333×10^4 Zellen daher 33 Millionen DM. Die Frage ist, ob die III-V-Konzentratorzelle für einen Preis unter $10,-$ DM herstellbar ist. Dies ist nach dem Vorhergehenden absolut sicher. Ja, es ist sicher, daß nach einmal eingestellter CBE-Massenproduktion der Preis je $\mathrm{cm^2}$ erheblich darunter liegt [1].

In summa: Eine in den Tropen arbeitende Konzentrations-Kogenerationsanlage wird den Strom viel günstiger liefern, da dann noch die thermische Ausnutzung hinzukommt, die allerdings die Erstinvestition erhöht.

So wurde für das *Solarmarineproject* (Pyron Inc. und Physikalisch-Technisches Entwicklungsinstitut Laing, Remseck bei Stuttgart) ein kWh-Preis von unter $0,10\,\mathrm{DM/kWh}$ errechnet; dies für ein Solarkraftwerk von $2,37\,\mathrm{km}$ Durchmesser, ausgelegt für $1300\,\mathrm{MW_p}$ mit einer Jahresleistung von $3,3 \times 10^9\,\mathrm{kWh}$. In einer solchen Anlage ist eine Ausnutzung der Wärme, d.h. des Zellenkühlkreises mittels einer Wasser-Ammoniak-Mischung so ausgelegt, daß im Gegenflußsystem eine Ausnutzung der Energie bis zu geringen Temperaturen am Hochpunkt möglich ist. Durch den Kalina-Prozeß kann man noch im Bereich von $T_1 = 200\,^\circ\mathrm{C}$ bis herunter auf $127\,^\circ\mathrm{C}$ mechanische Energie gewinnen. Es ist dadurch möglich, den Gesamtwirkungsgrad noch um 20% zu steigern.

17.3.3 Berechnung der zusätzlichen Solarzellenfläche für den Betrieb einer Herstellung von Wasserstoff

Es ist in diesem Fall die notwendige Energie für die Elektrolyse und die $\mathrm{H_2}$-Verflüssigung zu errechnen.

Wir gehen von folgenden Fakten aus:

1) Solarstrahlung (Insolation) in südlichen Ländern:

$$6\,\mathrm{kWh/m^2}\ \mathrm{Tag} = 2190\,\mathrm{kWh/m^2 \cdot a} \simeq 2 \times 10^3\,\mathrm{GWh/km^2 \cdot a}.$$

2) Daraus abgeleitete Energie einer Kogenerationsanlage mit 40% Wirkungsgrad:

$$E = 0,4 \times 2 \times 10^3\,\mathrm{GWh/km^2 \cdot a} \simeq 800\,\mathrm{GWh/km^2 \cdot a}.$$

3) Wasserstoffäquivalent:
1 Gramm Wasserstoff ($\mathrm{H_2}$)-Gas entspricht 10^5 Amperesekunden bei $2,5$ Volt, d.h. $70\,\mathrm{Wh}$ entsprechen $1\,\mathrm{g}\ \mathrm{H_2}$ (Gas unter normalen Umständen) oder $70\,\mathrm{kWh}$ entsprechen $1\,\mathrm{kg}\ \mathrm{H_2}$. Da die Dichte von $\mathrm{H_2}$-Gas $0,089\,\mathrm{g/l} = 89,8\,\mathrm{g/m^3}$ ist, erfordert $1\,\mathrm{m^3}\ \mathrm{H_2} = 1000\,\mathrm{l}\ \mathrm{H_2}$ (Gas): $6,28\,\mathrm{kWh}$.
4) Verflüssigung:
Flüssiger Wasserstoff $(\mathrm{H_2})_L$ ist erheblich dichter als gasförmiger Wasserstoff:

$$(\mathrm{H_2})_L/(\mathrm{H_2})_G = 71\,\mathrm{g/l(cdm)}/0,089\,\mathrm{g/l(cdm)} \simeq 800$$

Also: $1 \, cdm \, (H_2)_L \simeq 800 \, cdm \, (H_2)_G$. Der theoretische Energieaufwand für die H_2-Verflüssigung ist $3{,}23 \, kWh/kg(H_2)_G$. Dies ist weit unter dem praktischen Aufwand, der mit 9 bis 10 $kWh/kg(H_2)_G$ angegeben wird, d.h. 9–10 kWh je $1000 \, g \, (H_2)_G$ [3].

Unter Berücksichtigung der Umwandlung von Ortho- in Parawasserstoff muß außerdem mit 20% Mehrenergie gerechnet werden [4]. Dabei treten in den Wasserstoffgroßverflüssigern noch reversible Verluste von rund $7 \, kWh/kg(H_2)_G$ auf. Im ganzen muß mit etwa $20 \, kWh/kg(H_2)_G$ gerechnet werden.

Nach dem Linde-Verfahren (Drücke um 40 bis 60 bar) ist mit etwas höherem Energieeinsatz als nach dem Claude-Verfahren zu rechnen: $3 \, kW/m^3(H_2)_G$ gegen $1{,}3 \, kWh/m^3(He)_G$ [3]. Diese Werte liegen erheblich über den theoretischen Werten und entsprechen beim Linde-Verfahren $24 \, kWh/l(H_2)_L$ und beim Claude-Verfahren $16 \, kWh/l(H_2)_L$. Dieser Aufwand ist der Generationsleistung bei der elektrolytischen Herstellung zuzurechnen. Geht man aus von der Dichte des flüssigen Wasserstoffs, $d = 71 \, g/l$ oder $71 \, kg/m^3$, so benötigt man zur elektrolytischen Herstellung von $1 \, l(H_2)_L$ rund 5 kWh (oder $70 \, kWh/kg(H_2)_L$). Der Gesamtaufwand für z.B. $1 \, l(H_2)_L$ muß daher mindestens mit $20 \, kWh/l(H_2)_L$ angegeben werden.

Soll z.B. 1/10 der in Deutschland verbrauchten Benzinmenge für den Verkehr durch Wasserstoff ersetzt werden, d.h. 1/10 von 1,6 EJoule/a $= 16 \times 10^{16} \, J/a = 56 \times 10^8 \, kg \, SKE/a = 4{,}55 \times 10^{10} \, kWh/a$, so muß man noch den Unterschied im Brennwert zwischen H_2 und Benzin berücksichtigen: $(H_2)_L : 2{,}36 \, kWh/l$ und Isooctan: $9{,}5 \, kWh/l$, also Faktor 4. Es müssen also $18 \times 10^{10} \, kWh/a$ dafür erzeugt werden. Da die Herstellung von $1 \, l(H_2)_L$ 20 kWh kostet und das Äquivalent für die $18 \times 10^{10} \, kWh/a = 7{,}7 \times 10^{10} \, l \, (H^2)_L$ ist, ist eine Energie von $7{,}7 \times 10^{10} \times 20 \, kWh/a$ aufzubringen, also $154 \times 10^{10} \, kWh/a$. Für die dazu benötigte Solarenergieanlage mit einer Kapazität von $800 \, GWh/km^2$ a ist also eine Fläche von

$$F = \frac{154 \times 10^{10} \, kWh/a}{800 \times 10^6 \, kWh/a} \cdot km^2 = 1900 \, km^2 \, (44 \, km \times 44 \, km)$$

bereitzustellen (in südlichen Ländern mit $6 \, kWh/h^2$ Tag Insolation). In einer solchen Anlage mit Kogeneration (40%) könnten also 1/10 der für den deutschen Autoverkehr notwendigen Wasserstoffmenge hergestellt werden. Der volle Ersatz des Verkehrsbenzins durch Wasserstoff würde also eine Solaranlage von $19\,000 \, km^2$ oder eine Fläche von $138 \, km \times 138 \, km$ erfordern.

Es ist technisch jedoch sinnvoller, den Wasserstoff am Verbraucherort in Magnetohydrodynamischen Umformern in Strom zu verwandeln und elektrisch zu fahren, um den Gefahren der Wasserstoffspeicherung im Fahrzeug zu entgehen [5] (für die Erzeugung von Ammoniak, siehe Anhang).

Die Herstellung großer Kogenerationsanlagen ist gerade für tropische Verhältnisse im einzelnen geplant und durchdacht worden. Hier ist vor allen das *Solarmarineprojekt* zu nennen (Pyron Inc., La Jolla, Kalifornien, bzw. Physikalisch- Technisches Entwicklungsinstitut Laing, Remseck bei Stuttgart).

Die Technik der auf Wasser ruhenden flachen Konzentratorscheibe, welche optisch die Sonnenstrahlen auf die III-V-Solarzellen fokussiert, basiert auf einer Sammlung der Sonnenstrahlen durch Gradientengläser, die, ähnlich den Fresnel-Linsen das Licht auf die Konzentratorzellen so ablenken, daß es fast senkrecht auf die Zellen fällt. Dabei sorgt die Drehung der Plattform für eine azimutale Mitführung, während auf eine Höheneinstellung verzichtet wird. Durch kleine Schrittmotoren wird die Plattform während eines Tages mit der

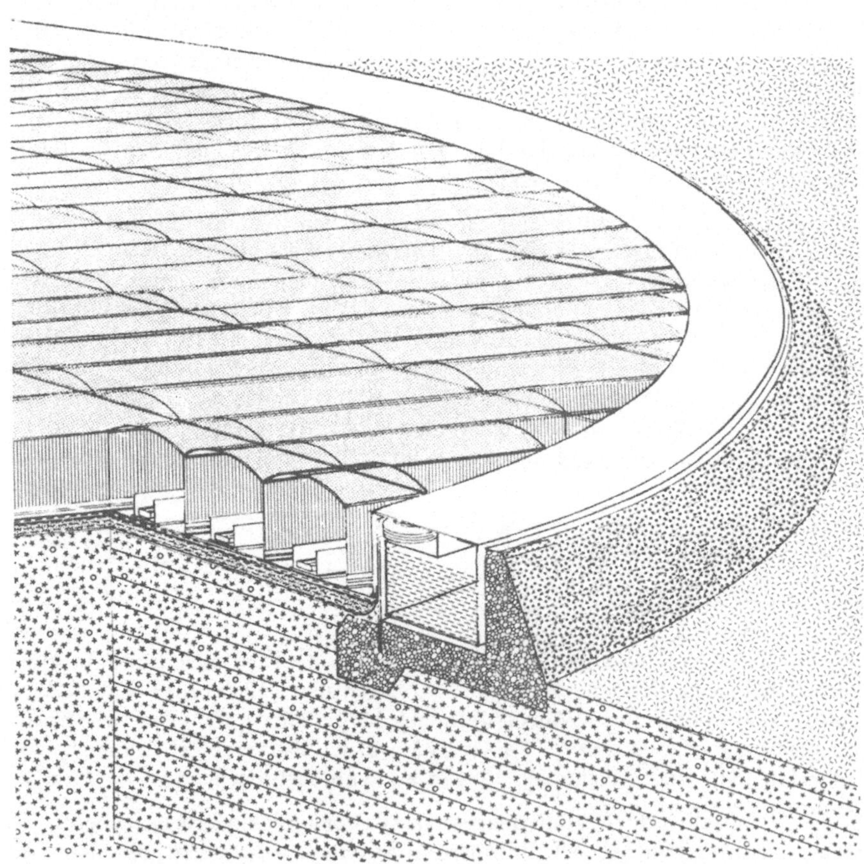

Abb. 17-1. Untergrund, Fundament und Flüssigkeitsführung der Dom-Zellen.

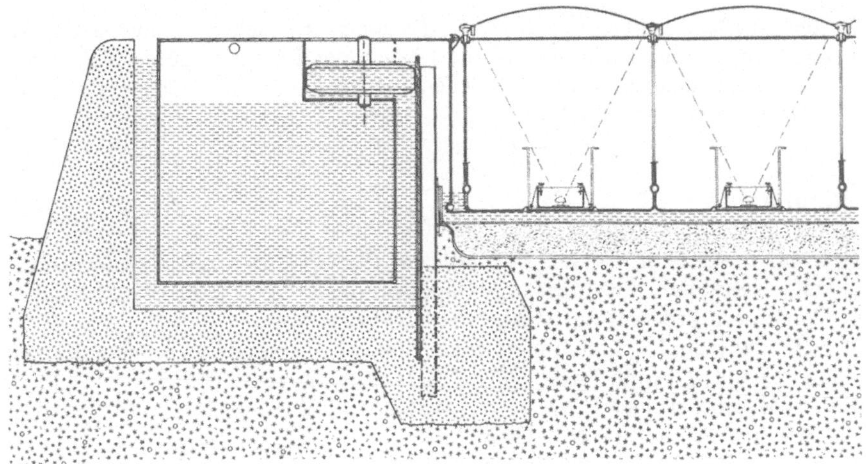

Abb. 17-2. Detailschnitt, Fundament und schwimmende Zellen.

Sonne (180°) gedreht. Es entstehen keine Kosten für die sonst notwendigen windfesten Konzentratorpanels (s. Abb. 5-10). Hinzu kommt eine Ausnutzung des Kühlmediums in einem thermischen Nutzkreis und die weitere Verwendung der Wärme im Wasserbad für organisches Wachstum (Muschel- und Fischzucht).

Selbst für kleinere Anlagen im 200-kW$_p$-Bereich sind Strompreise um 0,18 DM/kWh bzw. 0,17 DM/kWh (für Anlagen mit hochwertigen III-V-Zellen) errechenbar.

Solche Anlagen können auch mit Desalinationsanlagen verbunden werden, insbesonderedort, wo es an Süßwasser mangelt (Kalifornien). Dort kann die benötigte Energie für Umkehrosmose oder Verdampfung durch Solaranlagen zugeführt werden, ohne daß Öl verbraucht wird.

Die Energie, die für Destillationsanlagen (MSF = Multi-Stage-Flash Type) notwendig ist, ist etwa zweimal so hoch wie diejenige für RO (Reverse Osmosis)-Anlagen. Für RO rechnet man mit 3 kWh/1000 Gallonen = 3 kWh/4500 l Wasser.

Eine 200 kW$_p$-Solarmarineanlage mit einer Plattformfläche von 1100 m^2 (40 m Durchmesser) würde in Kalifornien 2717 kWh/m$^2 \cdot$a oder eine Gesamtjahresleistung von 500 MWh ergeben.

Dies wäre ausreichend für die Entsalzung von $7{,}5 \times 10^8$ l/a oder 2×10^8 Gallons/a. Bei einem Verbrauch pro Haushalt von z.B. 300 Gallons (1350 l) pro Tag oder 109 500 Gallons/a wäre diese Wassermenge ausreichend für 2000 Haushalte.

Da der Aufbau größerer Städte in trockenen Bereichen immer auch ein Wasserproblem mit sich bringt, ist die Lösung der Energiefrage im Verein mit der Süßwasserversorgung durch solche umweltfreundliche Anlagen durchaus möglich (s. Abb. 17-1 und Abb. 17-2).

Literatur:

[1] L. M. Fraas et al.: „Over 35% efficient GaAs/GaSb stacked concentrator cell assemblies for terrestrial applications". 21. IEEE-PV-Specialists Conference Proceedings, 1990, pp. 190–195
[2] S. F. Fang et al.: „Gallium-Arsenide and other compound semiconductors on silicon". J. Appl. Phys. 68(7), 1. Oct. 1990, pp. R31–R58
[3] J. O'M. Bockris and E. W. Justi: „Wasserstoff, die Energie für alle Zeiten". Udo Pfriemer Verlag, München 1980
[4] W. Peschka: „Flüssiger Wasserstoff als Energieträger". Springer-Verlag, Wien-New York 1984
[5] H. F. Mataré: „Energy, Facts and Future". CRC Press Inc. Boca-Raton, Florida 1989

Anhang

I Herstellung von Ammoniak

NH_3 ist vielfach als Speichermaterial für Energie vorgeschlagen und untersucht worden, da es mit einer Dichte von 114 g/l und einer Energiedichte von 5,14 kWh/kg oder 4,21 kWh/l etwa die Hälfte von Benzin erreicht und dazu bei Raumtemperatur und geringem Überdruck flüssig gehalten werden kann. Es hat Entwicklungsarbeiten gegeben, die NH_3 als Antriebsmittel in Automobilen und militärischen Fahrzeugen, wie Tanks, zum Gegenstand hatten. Eine patentierte Lösung für einen solchen Vergaser ist in Abb. A-1 zu sehen.

Um den Brennwert zu erhöhen, wird der Stickstoff möglichst vom Wasserstoff getrennt. Dies kann durch Metallkatalysatoren bei geringer Temperaturerhöhung erreicht werden. Die direkte Verbrennung von NH_3 ist verlustreich, da die endothermische Reaktion mit Luftsauerstoff nur langsam vor sich geht und nur geringen Brennwert hat:

$$4NH_3 + 3O_2 \rightarrow 6H_2O + 2N_2 + 365 \, cal.$$

Eine vorherige Zerlegung durch Erhitzen oder Zumischen von H_2 kann die Verbrennung fördern. Katalytische Zerlegung von NH_3 liefert eine Mischung von H_2 und NH_3 plus Stickstoff.

Man kann auf dieser Basis Motoren betreiben. Das Beispiel eines NH_3-Vergasers zeigt Abb. A-1 [1].

Das in der Druckflasche B aufbewahrte flüssige Ammoniak $(NH_3)_L$ fließt zunächst in einen aufgeheizten Zylinder V, und zwar durch ein Ventil V_2. Von hier wird es über den Wärmeübertrager HE-1 und den Katalysator C in einen Wärmeübertrager HE-2 geleitet, von wo aus die Mischung V von H_2, N_2 und NH_3 in den Vergaser gelangt. Auf dem Weg zum Vergaser ist ein Wasserauffangfilter S und ein Ventil V_1 eingeschaltet. Durch die obere Leitung von der Druckflasche B über das Druckausgleichventil Q zum Vergaser wird vermieden, daß der Druck in V größer wird als der Druck in B.

Der Wirkungsgrad solcher Anlagen ist nicht hoch, da zusätzlich noch der Zylinder V durch elektrische Heizwicklungen auf Temperatur gehalten werden muß. Ein Verhältnis H_2/NH_3 von 0,3 bis sogar 0,05 genügt, einen Motor anzutreiben.

Der Nachteil der NH_3-angetriebenen Motoren liegt in der Verbrennungschemie, wobei es eine sehr kritische Balance einzustellen gilt. Ist nämlich zu wenig Sauer-

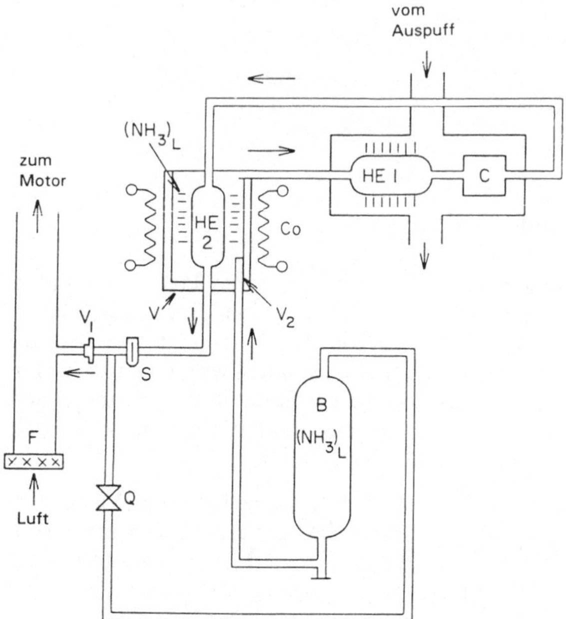

Abb. A-1. Ammoniak-Vergaser (s. Text).

stoff vorhanden, bilden sich NH_3-Dämpfe, die in den Auspuff gelangen und zu schweren Gesundheitsschädigungen (Atmungsbeschwerden) führen. Wird anderseits zu viel Sauerstoff dem Vergaser zugeführt, bilden sich Stickoxide (NO_x), ein wesentlicher Teil des Smogs.

Man muß also zusätzlich Katalysatoren für NH_3 und NO_x einbauen, wodurch die Anlage dann an Effizienz einbüßt und sich über Gebühr verteuert sowie häufige Wartung erfordert.

Die Herstellung von Ammoniak hat aber ganz allgemein Bedeutung, da seine Herstellung ein bedeutender Schritt zur Herstellung von Kunstdünger bzw. Ammoniumphosphat und anderer Ammoniumderivate ist. NH_3 kann aus Kohle durch Destillieren gewonnen werden oder auch durch Drucksynthese aus N_2 und $3H_2 = 2NH_3$ im Haber-Prozeß bzw. dem entwickelten Claude-Haber Prozeß, wobei Drücke von 1000 bar und Temperaturen um 600 °C erforderlich sind.

Als Katalysatoren haben sich Eisen, Aluminiumoxid und Kalium bewährt. Der notwendige Wasserstoff wird elektrolytisch gewonnen, der Stickstoff durch Luftverflüssigung und fraktionierte Destillation.

Es sind also drei energieaufwendige Schritte erforderlich:

1. Wasserstoffelektrolyse plus Verflüssigung,

2. Luftverflüssigung und Stickstoffdestillation,

3. Claude-Haber-Drucksynthese von NH_3.

1. Um ein praktisches Beispiel zu geben, soll der Umfang einer tropischen Solarkonzentratoranlage errechnet werden, mit welcher alle drei Schritte durchführbar sind.

Gehen wir aus von der bereits erwähnten Zahl der Liter $(H_2)_L$, die für 1/10 der in Deutschland verbrauchten Benzinmenge einen Ersatz darstellen. Dies entspricht dem Verbrauch an Benzin von fünf Millionen Automobilen im Verkehr über 20000 km/a. Der Verbrauch ist mit 10 l je 100 km angesetzt bzw. mit 40 l $(H_2)_L$/100 km wegen der Äquivalenz Benzin/$(H_2)_L = 4:1$ (Literäquivalent).

Es ergibt sich die Wasserstoffmenge: $5 \times 10^6 \times 4 \times 2000 (H_2)_L$ in Litern per annum oder 40×10^9 l/a. Da der Brennwert 4,97 kWh/l ist, so ist dies äquivalent $198,8 \times 10^9$ kWh/a $= 19,8 \times 10^{10}$ kWh/a.

Für die Wasserstoffelektrolyse plus Verflüssigung hatten wir bereits in Kap. 17 den Richtwert von 20 kWh/l$(H_2)_L$ angegeben. Daher werden hierfür 8×10^{11} kWh/a benötigt.

Die entsprechende Solaranlage hat die Fläche:

$$F = \frac{8 \times 10^{11}\ \text{kWh/a}}{438 \times 10^6\ \text{kWh/a}}\ \text{km}^2 = 1,8 \times 10^3 = 1800\ \text{km}^2\ (42\ \text{km} \times 42\ \text{km})$$

2. Für die Luftverflüssigung und fraktionierte Destillation (bei $-200\,°C$; Siedepunkt von $N_2\ -195,8\,°C$ und von $O_2\ -183\,°C$) ist eine konservative Annahme 5 PS je 20 l Luft; das sind 5×736 Wh $= 3,6$ kWh (für 20 l Luft oder 15,6 l $(N_2)_L$), d.h. 23 kWh liefern 100 l$(N_2)_L$.

Um nun 1/10 der in Deutschland verbrauchten Benzinmenge bzw. die errechneten 20×10^{10} kWh/a durch Ammoniak zu ersetzen, d.h. den Brennwert von 20×10^{10} kWh/a in Form von Wasserstoff zu erzeugen, müßten wegen 4,97 kWh/l $(H_2)_L$ etwa 4×10^{10} l $(H_2)_L$/a zur Verfügung stehen. Da die Molfraktion $N_2/3H_2 = 4,6$ ist, so sind

$$4,6 \times 4 \times 10^{10}\ \text{l}(N_2)_L/\text{Jahr} = 18,4 \times 10^{10}\ \text{l}(N_2)_L$$

pro Jahr für die Synthese herzustellen. Die hierfür notwendige Leistung ist:

$$P = \frac{23\ \text{kWh}}{100\ \text{l}(N_2)_L} \times 18 \times 10^{10}\ \text{l}(N_2)_L/\text{a} = 4 \times 10^{10}\ \text{kWh/a}.$$

Bei einer Insolation von 6 kWh/m^2 Tag oder 2190 kWh/m^2 annum oder $2,19 \times 10^9$ kWh/km^{2}a $= 2,19 \times 10^3$ GWh/km^{2}a und einem PV-Zellentyp mit 20%

Wirkungsgrad, also 438×10^6 kWh/km²a Energieoutput, ist die notwendige Fläche

$$F = \frac{4 \times 10^{10} \text{ kWh/a}}{438 \times 10^6 \text{ kWh/a}} \text{ km}^2 \simeq 90 \text{ km}^2 \ (9,5 \text{ km} \times 9,5 \text{ km}).$$

Bei optischer Konzentration ($\times 100$) ist die eigentliche Halbleiterfläche nur 0,9 km² oder 900 000 m². Hiermit werden also die notwendigen $18,4 \times 10^{10}$ l$(N_2)_L$/a erzeugt. Nimmt man wie in Kap. 17 eine Kogenerationsanlage an, so schrumpft die Luftverflüssigungsanlage auf 50 km² (7 km $\times$ 7 km).

3. Im Claude-Haber-Prozeß ist der Wirkungsgrad der Katalyse kaum 20% in einem Zyklus. Man muß deshalb mit mehreren Zyklen arbeiten, wobei die einzusetzende Energie für die fraktionierte Luftdestillation sich mindestens verdoppelt:

$$F = 180 \text{ km}^2 \ (13 \text{ km} \times 13 \text{ km}).$$

Zusätzlich ist eine Kompression der Gasmischung $H_2 + N_2$ notwendig:

1500 Wh/22,4 l NH_3 (Mol)/1000 atm oder 1,5 kWh/17 g NH_3/1000 atm.

Da 100 l NH_3 etwa 6,44 kW auf 100 atm Kompression benötigen, braucht man für 19×10^{10} l$(N_2)_L$/a:

$$64,4 \times 19 \times 10^{10} \text{ Wh/a} = 1,22 \times 10^4 \text{ GWh/a}$$

Die erforderliche Solarfläche ist also:

$$F = \frac{1,22 \times 10^4 \text{ GWh/a}}{438 \text{ GWh/a}} \text{km}^2 = 27 \text{ km}^2 \ (5 \text{ km} \times 5 \text{ km})$$

Außerdem ist die Reaktionswärme für die NH_3-Bildung zu liefern. Sie wird nach der Formel für die Eisenkatalyse bestimmt [2]:

$$H(\text{cal/Mol}) = -0.54 + 840,6/T + 460 \times 10^6/T^3 \times p - 5,34T$$
$$- (0,25 \times 10^{-3})T^2 + (1,69 \times 10^{-6})T^3 - 9157 \ (T \text{ in K}).$$

Für unsere Bedingungen gilt dann:

$$H = 14,4 \text{ kcal/Mol } NH_3 = 15,82 \text{ Wh/17 g } NH_3 = 67,68 \text{ Wh/100 l } NH_3.$$

Die Menge NH_3, welche die Benzinmenge von $5 \times 10^6 \times 2000$/a $= 10^{10}$ l/a $= 10^{11}$ kWh/a oder 4×10^{10} l/a Wasserstoff ersetzt, ist 3×10^{10} l$(NH_3)_L$. Hierfür würden $0,678 \times 3 \times 10^{10}$ Wh oder 2×10^{10} Wh $= 20$ GWh/a erforderlich sein. Das entspricht einer Solarfläche von:

$$F = \frac{20 \text{ GWh/a}}{438 \text{ GWh/a}} \text{ km}^2 = 0,045 \text{ km}^2 = 45\,000 \text{ m}^2 \ (212 \text{ m} \times 212 \text{ m}).$$

Was schließlich die Parabolspiegel-Konzentratoranlage betrifft, welche die Hitze für das Gasgemisch $H_2 + N_2$ auf 600 °C liefert, so sind bei einem Gasfluß von

4×10^{10} l/a (H$_2$) und $16,5 \times 10^{19}$ 1 N$_2$ oder rund 20×10^{10} 1 Gas (H$_2$ mit 71 g/l; N$_2$ mit 1,3 g/l) pro Stunde $2,3 \times 10^7$ l zu erhitzen.

Bei einer NH$_3$-Dichte von 6,73/l sind also $1,5 \times 10^8$ g/h auf 600 °C zu erhitzen. Da die spezifische Wärme von NH$_3 = 1,13$ cal pro g/°C ist, so ist der Gesamt-wärmefluß

$$H = 1,13 \times 1,5 \times 10^8 \times 600 \, \text{cal/h} \simeq 10^8 \, \text{kcal/h} \; (1,163 \times 10^{-3} \, \text{kWh} = 1 \, \text{kcal})$$

also
$$H = 10^9 \, \text{kWh/a}.$$

Daraus folgt für F die Größe der Parabelkonzentratoren:

$$F = 2,28 \, \text{km}^2 \; (1,5 \, \text{km} \times 1,5 \, \text{km}).$$

Rechnet man die Solaranlagengrößen zusammen, so ist also für die Synthese von NH$_3$ (für den Betrieb von 10^6 Automobilen über eine Strecke von 20 000 km/a) folgende Anlagengröße erforderlich:

1. Wasserstoffelektrolyse + Verflüssigung: 1800 km^2
2. Luftverflüssigung (Stickstoffdestillation):   180
    Kompression: 27
3. Claude-Haber-Reaktionswärme: 0,045
    Parabelerhitzung: 2,28

Insgesamt werden also rund 2000 km^2 (45 km $\times$ 45 km) Fläche für eine solche Anlage, die den Betrieb von 10^6 Automobilen über 20 000 km/a betreiben könnte, benötigt.

Das Beispiel soll einen Begriff von der Größenordnung solcher Anlagen vermitteln. Abgesehen von Anwendungen im Verkehr, die wohl wegen der Gefahren mit NH$_3$ nicht sinnvoll sind, ist die Ammoniaksynthese jedoch von allgemeiner Bedeutung.

Literatur:

[1] S. A. Cassale: Ammonia Application. French Patent No. 799,610 von 1935 und No. 802,905 von 1936
[2] Nielsen Anders: „An Investigation of promoted Iron catalysis for the synthesis of ammonia". Jul. Gjellerup Verlag, Copenhagen, 3rd Edit. 1956.

II Einheiten und Umrechnungen

Thermische Einheiten

1 SKE (1 kg Steinkohle Einheit) = 7000 kcal = 8,14 kWh

Diese Einheit entspricht der französischen tec:

1 tec (Tonne d'équivalent charbon): 7×10^6 kcal ($= 1$ T SKE)

Eine weitere Einheit, die im französischen Sprachraum benutzt wird, ist das tep (Tonne d'équivalent de pétrole):

$1 \text{ tep} = 10^7 \text{ kcal} = 1,163 \times 10^4 \text{ kWh}$

$1 \text{ tep} = 10^3 \text{ kep} = 10^7 \text{ kcal} = 1,163 \times 10^4 \text{ kWh}$

$1 \text{ M tep} = 10^6 \text{ tep} = 11,63 \times 10^9 \text{ kWh} = 252 \text{ Quads} (1 \text{ Quad} = 10^{18} \text{ J})$

An Stelle von T-SKE wird häufig eine hohe Potenz von Joule angewandt, z. B.

$1 \text{ Tera Joule} = 10^{12} \text{ J} = 2,78 \times 10^5 \text{ kWh} = 34,1 \text{ t SKE}$

$1 \text{ Penta Joule} = 10^{15} \text{ J} = 2,78 \times 10^8 \text{ kWh} = 34,1 \times 10^3 \text{ t SKE}$

$1 \text{ Ekta Joule} = 10^{18} \text{ J} = 2,78 \times 10^{11} \text{ kWh} = 34,1 \times 10^6 \text{ t SKE}$

Im englischen Sprachraum wird mehr die Einheit BTU (British thermal unit) angewandt:

$1 \text{ BTU} = 0,252 \text{ kcal} = 252 \text{ cal} = 0,293 \text{ Watt hours (Wh)}$

$1000 \text{ BTU} = 293 \text{ Wh oder } 1 \text{ Wh} = 860 \text{ cal} = 3,4 \text{ BTU}; 1 \text{ kWh} = 3400 \text{ BTU}$

Wärmeinhalte

- Kohle (hoch qualifizierte Steinkohle): 3×10^4 BTU/kg
  (Braunkohle) 1×10^4 BTU/kg
- Öl (mittlere Qualität): $5,5 \times 10^6$ BTU/Barrel
- Gas (Erdgas): $1,025$ BTU/ft^3 oder $36,6$ BTU/m^3
- Uranium: 390×10^9 BTU/metric Ton

Kenndaten für fossile Brennstoffe:

- Kohle:
  Wärmeinhalt $H = 8000 \text{ cal/g (Steinkohle)}$
  $= 3,2 \times 10^3 \text{ BTU/kg}$
  $= 1,6 \times 10^4 \text{ BTU/1b}$
  $= 8 \times 10^9 \text{ cal/Tonne}$
  $= 3,17 \times 10^7 \text{ BTU/Tonne} = 10^4 \text{ kWh/Tonne}$
  $1 \text{ kg SKE} = 7 \times 10^6 \text{ cal} = 2,93 \times 10^7 \text{ Joule}$
  $1 \text{ t SKE} = 8,14 \text{ MWh}$
- Öl:
  US-Einheit $1 \text{ Barrel} = 42 \text{ Gallons} = 159 \text{ l} (1 \text{ gal} = 3,78 \text{ l})$
  Wärmeinhalt:
  $H_c = 5,5 \times 10^6 \text{ BTU/Barrel}$
  $= 130 \times 10^3 \text{ BTU/Gallon}$
  $= 1,65 \times 10^6 \text{ Wh/Barrel} = 0,864 \times 10^4 \text{ Wh/l}$
  (allgemein zwischen 8000 und 9000 Wh/l)
- Erdgas:
  Wärmeinhalt: Mittelwert: 11 kWh/m^3
  Vergleich verschiedener Gase:

Wasserstoff $- H_c$ = 35 kWh/kg oder 2,98 kWh/m^3 (Dichte d = 85 g/m^3)
Benzin (C_6H_6)   = 11,6 kWh/kg oder 38 kWh/m^3 (Dichte d = 3,3 kg/m^3)
Methan (CH_4)   = 10,76 kWh/kg oder 7,3 kWh/m^3 (Dichte d = 0,68 kg/m^3)
Naphta ($C_{10}H_8$) = 246 kWh/kg oder 45,3 kWh/m^3 (Dichte d = 5,4 kg/m^3)
Methyl (CH_3OH) = 11,3 kWh/kg oder 8,3 kWh/m^3 (Dichte d = 1,35 kg/m^3)
Ammonia (NH_3) = 5,4 kWh/kg oder 3,95 kWh/m^3 (Dichte d = 730 g/m^3)

Vergleich der Wärmeinhalte verschiedener nicht-erneuerbarer Energiequellen

Typ	Menge	kWh
Anthrazit	1 kg	8,14
Braunkohle	1 kg	3 bis 6
Holz	1 kg	4
Erdgas	1 m^3	9
Öl	1 kg	11
Ölschiefer	1 kg	1,6
Müll	1 kg	2,0
Heizöl	1 kg	11,9
Benzin	1 kg	11 bis 12

Umrechnungstabelle 1

	Joule	cal	eV	kWh
Joule	1	0,239	$0,624 \times 10^{19}$	$2,78 \times 10^{-7}$
calory	4,186	1	$2,63 \times 10^{19}$	$1,163 \times 10^{-6}$
eVolt	$1,6 \times 10^{-19}$	$3,83 \times 10^{-20}$	1	$4,45 \times 10^{-26}$
kWh	$3,6 \times 10^6$	$0,86 \times 10^6$	$2,25 \times 10^{25}$	1
TWa	$3,16 \times 10^{19}$	$7,53 \times 10^{18}$		$8,77 \times 10^{12}$
BTU	1040	251		$0,3 \times 10^{-3}$
Quad	10^{18}	$2,51 \times 10^{17}$		$2,93 \times 10^{11}$
1 kg SKE	$2,93 \times 10^7$	7×10^6		8,14
10^6 Barrel (Öl)	$5,94 \times 10^{15}$	$2,15 \times 10^8$		$1,65 \times 10^9$

Umrechnungstabelle 2

	TWa	BTU	Quad	kg SKE	10^6 Barrel (Öl)
Joule	$3,16 \times 10^{-20}$	$9,5 \times 10^{-4}$	10^{-18}	$3,41 \times 10^{-8}$	
cal		4×10^{-3}			
eVolt					
kWh	$0,114 \times 10^{-12}$	$3,33 \times 10^3$	$3,33 \times 10^{-12}$	0,123	6×10^{-8}
TWa	1	29×10^{15}	29,2	$1,08 \times 10^{12}$	$5,3 \times 10^3$
BTU	$3,4 \times 10^{-17}$	1	10^{-15}	$3,7 \times 10^{-5}$	
Quad	$3,4 \times 10^{-2}$	10^{15}	1	$3,7 \times 10^{10}$	170
1 kg SKE	$0,9 \times 10^{-12}$	$0,27 \times 10^5$	$2,7 \times 10^{-11}$	1	$4,9 \times 10^{-9}$
10^6 Barrel (Öl)	$1,9 \times 10^{-4}$	$5,5 \times 10^{12}$	$5,5 \times 10^{-3}$	$0,2 \times 10^9$	1

Sachwortverzeichnis

270

PV-Zelle, hochwirksame 25
Pyrolyse 76, 79

Q

Quadrupol-Massenspektrometer 72
Quarzapparatur 64
Quarzrohr 69
Quelle, geothermische 17, 203
Quellreaktion 216
QWD (Quantum Well Device) 51

R

Radarschirm, seitensichtiger (phased
    array radar) 97
Radioaktivität 223, 225
Rankine-Zyklus 28
Raumfahrtprojekt 118
Raumtransport 95
Raumtransporter 101
Reaktion, endothermische 261
–, exothermische, chemische 17
Reaktionszyklus 216
Reaktivitätskoeffizient 227
Reaktor 223
Reaktorbau 227
Reaktorgas 70
Reaktormaterial 178
Reaktorstillstand 225
Reaktorwand 99
Rectantenne 95, 98, 181
Reduktionsprodukt 107, 108
Reflektanz 30
Reflektion 27
–, innere 28
–, optische 110
Reflektionsverlust 29
Reflexion 208
–, innere 203
Reflexionsgrad 40
Reflexionsverlust 45
Regolith 98, 99
Regressionskoeffizient 188
Reindarstellung 176
Reinigungsmittel 219
Reinwasser 121
Rekombination 30, 132
Rekombinationsverlust 54
Rekristallisation 41, 59, 60, 77

Rekristallisationstiefe 63
Repository 224
Resonanz 182
Resonanzeffekt 14
Restgasabsorption 55
Reststrahl 213
Risikofaktor 223
RO (Reverse Osmosis) 259
Robotronics 100
Rodung 202
Rohmaterial 177
Rohöl 114
Rohr, öldurchflossenes 179
Rohstoffpreis 143
Röhrchenelektrode 130
Rotation 187
Rotationsverfahren 64
RTA (Rapid Thermal Anneal) 48
Rückstrahlung 208
Rüstungssektor 199

S

Saatkristall 46
Salzkombination 26
Salzmine 224
Salzverbindung, eutektische 25
Saphir 59, 78
Satelliten-Solarzellen 56
Satellitenanwendung 56
Satellitenmessung 219
Sauerstoff 35, 99
–, Absorptionsquerschnitt 213
–, statu nascendi 209
Sauerstoffdichte 213
Sauerstoffherstellung 99, 111
Sauerstoffverbindung 213
Saurer Regen 220
Schadgas 7
Schattenstab 32
Schicht, amorphe 46, 47
–, –, Instabilität 48
–, dünne 79
–, feinkristalline 42
–, hochdotierte 41
–, intrinsicleitende 47
–, monomolekulare 77
–, polykristalline, amorphe 42
–, stagnierende 79